全国海洋经济发展“十三五”规划前期研究项目
（海洋经济发展金融政策措施研究 SOA–JJGH–1427）

蓝色金融：
助力海洋经济发展

温信祥等　编著

中国金融出版社

责任编辑：吕冠华
责任校对：刘　明
责任印制：陈晓川

图书在版编目（CIP）数据

蓝色金融：助力海洋经济发展（Lanse Jinrong: Zhuli Haiyang Jingji Fazhan）/温信祥等编著. —北京：中国金融出版社，2016.7
ISBN 978－7－5049－8509－5

Ⅰ. ①蓝…　Ⅱ. ①温…　Ⅲ. ①海洋经济—经济发展—研究—中国　Ⅳ. ①P74

中国版本图书馆CIP数据核字（2016）第084303号

出版发行　中国金融出版社
社址　北京市丰台区益泽路2号
市场开发部　（010）63266347，63805472，63439533（传真）
网上书店　http://www.chinafph.com
（010）63286832，63365686（传真）
读者服务部　（010）66070833，62568380
邮编　100071
经销　新华书店
印刷　北京市松源印刷有限公司
尺寸　169毫米×239毫米
印张　23.25
字数　286千
版次　2016年7月第1版
印次　2016年7月第1次印刷
定价　58.00元
ISBN 978－7－5049－8509－5/F.8069
如出现印装错误本社负责调换　联系电话（010）63263947

《蓝色金融：助力海洋经济发展》编写组人员名单

编写组负责人： 温信祥　中国人民银行货币政策司副司长　研究员

编写组主要成员：

中国人民银行研究局：唐　滔、唐晓雪

中国人民银行济南分行：郭　琪、王　媛、王　营、王　营（威海）、姜　全（烟台）

中国人民银行天津分行：李西江

中国人民银行广州分行：张　浩、阮湛洋

中国人民银行宁波市中心支行：周　豪、余霞民、俞佳佳

中国人民银行福州中心支行：杨少芬、赵晓斐、潘再见

中国人民银行海口中心支行：肖　毅、丁　攀

序　一

海洋对于中国有着不同寻常的意义。1405年，郑和下西洋开辟了古代海上丝绸之路航程最长的远洋航线，使中国成为当时世界上最强大的海洋强国。之后，基于陆权思想的“海禁”发展战略和接连不断的外敌入侵与掠夺、战争摧损与消耗，使得中国在短短几百年时间里长期捍卫的海洋强国地位消失殆尽。

新中国成立后，尤其是改革开放以来，我国海洋事业蒸蒸日上，不断发展并取得新成就。同时，随着经济社会发展，陆域资源日趋紧张，海洋资源的开发与利用将极大地拓宽我国的资源储备。潜力无限却仍未充分开发的海洋经济是未来中国经济的新增长点和突破口。向海洋要资源、向海洋要环境、向海洋要发展，是中国建设现代化强国及实现“中华民族伟大复兴”必不可少的条件。党的十八大做出了“建设海洋强国”的重要战略部署，对我国海洋事业和海洋经济的发展提出了全新的要求，海洋经济是海洋强国的物质基础，高度发达的海洋经济是海洋强国最重要的组成部分。

2003年，国务院印发《全国海洋经济发展规划纲要》，我国海洋经济发展的大幕正式拉开。2010年4月，国务院同意开展全国海洋经济发展试点工作，国家发展改革委相继批复山东省、浙江省、广东省、福建省和天津市5省（直辖市）试点地区工作方案。各试点地区围绕海洋经济发展的体制机制、支持政策和配套制度等方面大胆创新，探索了一系列可复制、可推广的经验。2012年，国务院批复《全国海洋经济发展“十二五”规划》，“十二五”期间，在世界经济持续低迷和国内经济增速放缓的大背景下，我国海洋经济保持了总体平稳的增长势头，从2011年的45 580亿元提高到2015年的64 669亿元。2015年，海洋生产总值占国内生产总值的比重近9.6%，全国涉海就业人员3 589万人。海洋经济发展在取得巨大成就的同时，仍存在着诸多体制机制方面的障碍，比如海洋经济发展尚缺乏完善、有效、可持续的支持政策体系和机制，从而导致在海洋产业调整与发展、海洋科技创新与支撑、临海（港）工业和海洋生态环境保护等方面缺乏宏观调控和统筹协调。

2016年，是“十三五”规划的开局之年。创新、协调、绿色、开放、共享的发展理念，为海洋经济快速可持续发展指明了新方向。拓展蓝色经济空间、推动海洋经济适应新常态、加快海洋经济领域供给侧结构性改革、推进海洋生态文明建设与海洋经济协调发展等成为“十三五”时期海洋经济发展的重中之重。为此，国家海洋局全面启动“全国海洋经济发展‘十三五’规划系列专题研究”工作，金融促进海洋经济发展是其中的一个重要的研究项目。金融作为现代经济的核心和媒介，其对经济发展的支持和推动作用毋庸置疑。自海洋经济发展大幕拉开，国家海洋局围绕金融支持海洋经济的总体设计进行了广泛调研和充分论证，并正在着力打造海洋产业投融资公共服务平台，国家海洋局与国家开发银行联合推动开发性金融促进海洋经济发展试点工作，取得了一定成效。但海洋经济与金融体系的脱节问题仍然突出，例如，银行信贷供给与企业需求存在错位，导致涉海企业融资结构性短缺；金融在支持海洋高新技术产业和科技转化产业上存在诸多断层和空白，抑制海洋新兴产业和科技成果转化的进程；涉海企业融资仍以银行信贷为主，增加对抵押担保的依赖，降低了企业融资可得性；专业性融资机构和融资模式缺乏，降低了涉海企业资金使用的有效性；投向海洋产业的金融资源重点不突出，难以体现产业规划导向等。为此，我们亟须深入了解和准确掌握金融支持海洋经济的现状、金融体系与海洋经济的契合度、海洋经济的金融需求特征以及适合我国海洋经济特征的金融服务方案，从而为“十三五”期间拓展蓝色经济空间、坚持陆海统筹、壮大海洋经济、夯实海洋工作五大体系和实施六项重点工程提供有效的金融支持和支撑。

围绕上述亟待了解和掌握的问题，我们特邀请中国人民银行温信祥研究员为课题组组长的研究团队承担该项工作。该团队拥有丰富的金融机构从业经验，长期关注金融服务创新，熟知有关金融政策的背景和制定过程，政策研究经验丰富。同时，该团队利用人民银行系统分支机构直达市县的优势，多次组织开展实地调研，调研地域覆盖山东、广东、福建、宁波、天津等地区，为研究提供了翔实的案例和数据，也为有针对性地提出问题和解决问题奠定了基础。

《蓝色金融：助力海洋经济发展》一书应时而生，其提出的政策建议和案例实践将为“十三五”蓝色金融体系的构建与完善提供有效参考与指引，同时希望该书的研究成果对推动中国的海洋经济发展和实现海洋强国战略目标提供有益的帮助。

张占海

序　二

伴随辽东半岛、渤海西南部、山东半岛等11个海洋经济区的设立，以及浙江、山东、广东、福建等省海洋经济示范区战略规划的提出，我国海洋经济发展布局已经基本形成。与此同时，“一带一路”合作发展理念的提出，迎来了海上贸易、海洋产业发展的良好契机，也是推进海洋经济发展的关键时刻。

从先行国家海洋经济的发展历程看，无论是海洋产业创立起步、海洋科技成果转化、海洋贸易融资便利化、海洋经济风险缓释以及海洋经济国际合作等，都离不开金融资金的可持续注入与支持。在此，我们提出“蓝色金融”的概念，是指为海洋经济及其相关产业发展提供充分、多元化金融服务的全部交易活动，包括涉海信贷服务、金融产品创新、多元融资机制、海洋经济风险分担机制、激励补偿机制等一系列涉海金融服务体系。发展“蓝色金融”，助力海洋战略，进而合理开发利用海洋资源，培育海洋特色优势产业，是实现海陆统筹、培育中国新的经济增长点、实现经济社会可持续发展的重要途径。

金融要素在新兴领域的价值发现、资源吸纳、融资支持、风险管理等功能，使金融成为推进海洋经济可持续发展的关键条件。从当前实践看，金融体系紧跟国家海洋发展战略的步伐，积极探索和创新，对海洋经济的发展发挥着越来越重要的作用。一是基于政府对海洋经济发展战略的认识和把握，推动搭建促进海洋经济发展的银政企合作平台，实现有限金融资源的最大化利用和最有效投放。二是探索建立海洋经济专营服务机构，为海洋产业提供专业化服务。三是拓宽海洋经济抵质押方式，制定专项授信管理政策，创新金融产品和服务，满足中小海洋企业的资金需求。四是设立海洋经济专项投资基金，发行涉海企业债券，拓宽海洋企业融资渠道。

尽管金融体系已围绕海洋经济做出了积极的尝试和创新，但由于专业化、具有较强针对性的"蓝色金融"体系尚未完全建立，以现有陆地金融为依托的"蓝色金融"体系难以承载海洋战略规模化、多层次、高科技发展的需要，海洋经济的进一步发展面临金融掣肘，"蓝色金融"体系存在明显短板。主要表现在：一是服务于海洋经济的专业金融机构不足。海洋经济的高风险特征与现有成熟金融体系服务审慎经营、规避风险的原则相悖，因此，尽管目前在部分地区已成立相关的海洋金融部门或海洋支行，但规模和发展速度有限，相对海洋经济的金融需求，仍存在很大差距。二是适应海洋经济发展的新兴抵押融资类产品较少。海洋经济中存在大量潜在的用益物权，如海域使用权、滩涂从事养殖捕捞的权利、码头使用权、船坞使用权等，但用益物权在产权确认和交易流转方面的制度障碍限制了新兴抵押融资类产品的发展，制约了金融与用益物权结合拓展海洋经济融资渠道和规模的路径。三是民间资本进入海洋经济领域的渠道和规模有限。海洋经济发展所需的大规模、可持续资金仅靠正规金融难以完全满足，不仅融资规模受限，而且融资成本也高，民间资本通过股权、债券、项目融资等开展创业投资、天使投资的渠道有限，民间资本进入海洋领域仍存在资金准入、资格审查等准入限制，难以形成良好的创投环境。四是风险规避的金融工具和产品缺失。海洋经济面临较多的政策风险、行业风险、汇率风险、自然灾害风险等，而目前金融市场和机构缺乏足够的风险出清产品和手段，在很大程度上制约了资金向海洋经济产业的投入。五是资源环境约束和资金监管要求制约了银行对海洋企业的资金支持力度。与海洋经济相关联的海洋自然资源、生产要素、专用设备、涉海知识产权与技术、涉海企业产权等缺乏有效的交易流转平台，使开展涉海融资业务的金融机构面临更大的流动性风险，而且金融监管政策中的一些资金使用规定也对金融支持海洋产业形成了制约。

海洋经济是未来我国经济增长和结构调整的突破口，行业发展存在特殊的金融需求。例如，海洋产业在空间上的高度聚集性决定了该产业资金投向与资金需求在地域上的集中。目前，国内11个海洋经济区的设立以及5个海洋经济战略规划区的提出，使得基于区位、行政、产业等因素的海洋经济更加向区域内海洋中心城市集中，并基于规模优势和产业聚集的发展在区域内表现出更多的同质性，比如山东海洋经济发展重在海洋科技、浙江海洋经济发展重在港口经济、广东海洋经济重在南海开发和“三生共融”的综合发展上等。由此，不同海洋产业产生了空间的集聚和差异，对资金的需求也存在较高的地域聚集度。再如，海洋经济产业化的多阶段特征存在对资金供给主体和方式多元化的需求，海洋产业的发展周期长要求提供持续有效的中长期资金供应等。

海洋经济特殊的行业发展特点对“蓝色金融”体系的构建和完善提出了更专业、更有针对性的要求。因此，综合考虑党的十八届五中全会提出的“创新、协调、绿色、开放、共享”五大发展理念，以及对“十三五”海洋战略发展重点的展望，可以考虑通过设立“蓝色金融”创新综合试验区来推进“蓝色金融”体系的构建并助力海洋经济发展。具体而言，在现有海洋经济战略规划区中选择部分产业特色鲜明、金融资源聚集度高的省份作为试点，创设“蓝色金融”创新综合试验区，以创新为核心，以综合发展为基调，以“多方介入解除杠杆约束、层次细化匹配风险收益、创设工具缓释金融风险”为原则，在试验区内对现有陆地金融体系进行局部突破和完善，以此促进服务海洋经济的金融组织机构体系和市场体系的丰富和发展、金融产品和服务的重构与优化，为全国“蓝色金融”服务体系建设探索可复制、可推广的经验。

《蓝色金融：助力海洋经济发展》正是基于上述思考，从全国及主要海洋经济区的发展现状出发，对“蓝色金融”体系构建的理论基础、海洋经济的金融支持现状及金融需求特征、海洋产业与金融工具的匹配等进行了深入分析，并对国内外金融支持海洋经济发展的典型案例进行了归纳和整理，以期从理论和实践两个层面对“蓝色金融”的发展框架和方向加以明确，从而更专业、更有效、更精准地服务于国家的海洋强国战略。

温信祥

内容摘要

当前经济发展的资源瓶颈约束愈加明显，海运通道对贸易发展的战略意义日益凸显，推进战略新兴产业和“转调控”发展方式也对经济发展方向提出新的要求，基于此，合理开发利用海洋资源，培育海洋特色优势产业，尽快实现海陆统筹，对中国培育新的经济增长点、实现经济社会可持续发展具有重要的战略意义。

随着国家对海洋经济发展的重视和支持，近年来，国内海洋经济呈现总量快速增长，产业结构不断优化；传统海洋产业处于支柱地位，新兴海洋产业不断发展；地域特征明显，环渤海、长三角和珠三角等区域海洋经济生产总值占绝对比重等特点。从山东、浙江、广东、福建等主要海洋经济战略区域来看，现代海洋产业体系已基本建立，海洋产业逐渐实现了均衡发展，海洋产业已成为这些区域经济“转调创”的突破口和新引擎。

但是，海洋经济自身高风险、不确定性大等特点使其缺乏足够的金融支持，因此往往存在资金困境。金融要素在新兴领域的价值发现、资源吸纳、融资支持、风险管理等功能，使得金融成为推进海洋经济可持续发展的关键条件。从当前实践看，金融系统紧跟国家发展海洋经济的战略步伐，加强海洋经济融资的对策研究，加大信贷扶持和创新力度，不断提升海洋金融服务水平，对海洋经济的发展发挥着越来越重要的作用。同时，在不断加大海洋经济资金扶持力度的基础上，金融系统在服务创新支持海洋经济发展方面也进行了一些积极的探索。例如，推动搭建银政企合作平台，发展多层次资本市场拓宽企业融资渠道，根据海洋经济风险特征建立保险、担保、补偿机制等，并取得了一定的成效。但海洋经济融资仍存在突出的问题，主要表现在两个层面。

首先，理念层面存在海洋经济与陆地金融的脱节。目前，支持海洋经济的金融机构及体系仍为传统的陆地金融，一方面使得较为成熟的陆地金融体系和金融资源难以与海洋经济的发展需求有效对接；另一方面造成向海洋经济倾斜的金融资源仍较多地集中在与海洋经济相关的陆地产业，并未能给未来可持续的海洋经济增长点提供有效支撑。

其次，金融体系层面缺乏适合海洋经济特点的金融安排，主要表现在服务于海洋经济的专业金融机构不足、契合海洋产业特点的金融产品和服务不够丰富、海洋保险尤其是政策性保险的保障功能不健全、民间资本进入海洋经济领域的渠道和规模有限、资源环境约束和资金监管要求制约了银行对海洋企业的资金支持力度、财政的风险补偿和资金激励诱导作用尚未显现等。

本书针对国内海洋产业资金需求的地域聚集性高、阶段性明显、融资期限长、风险规避要求高等特点，对银行信贷、非银行信贷类融资工具、融资租赁、政策性金融、股票、债券、信托、风险资本等主要金融工具在海洋经济领域的适用性进行了比较分析，并对这些工具与主要海洋产业（海洋渔业、海洋生物医药业、海洋船舶工业、滨海旅游业、海洋交通运输业及相关产业、海洋工程建筑业）的匹配性进行了论证，结论认为金融工具在海洋产业中尚存在很大的开发和应用空间。

通过对美国、欧洲、日本、新加坡和挪威等发达国家金融支持海洋经济发展的实践梳理，并从海洋经济贸易融资便利化、海洋经济风险化解与缓释、海洋经济国际合作等方面选取典型案例，发现国外海洋经济发展的成功经验在于六个方面：立法形成国家意志、财政支持至关重要、多元融资体制构建、保险制度相应匹配、科技创新资金支持、政府与市场清晰定位。回望国内金融支持海洋经济的发展，从信贷制度创新、抵质押品创新、金融服务方式创新、互助方式发展、涉海保险创新、综合服务规划等方面选取国内成功案例，例如，农业银行潍坊市分行的盐田产业链融资、日照市的“惠渔通”船东优惠贷款、福建和宁波的海域使用权抵押贷款、青岛的活物抵押“海参贷”、宁波的渔业互助保险等，介绍国内的成功做法和经验。

最后，本书结合对国内海洋经济发展的融资需求特征、国内金融产品工具与海洋产业的匹配度以及国内外成功的实践经验，提出下一步国内海洋金融服务体系的构建与发展需要从健全政策体系、完善海洋金融组织体系、建立多元化融资机制、加大金融创新力度、完善海洋风险分担机制、加快海洋金融基础设施建设、推进海洋金融合作开放、构建金融激励与补偿机制八个方面深入。

目　录

第一章　引　言 / 001

第二章　我国海洋经济发展总体情况 / 005

第一节　全国海洋经济总体情况 / 007

一、海洋经济总量快速增长，产业结构不断优化 / 007

二、传统海洋产业处于支柱地位，新兴海洋产业不断发展 / 008

三、地域特征明显，环渤海、长三角和珠三角等区域海洋经济生产总值占绝对比重 / 010

第二节　区域海洋经济情况 / 013

一、山东省海洋经济发展现状 / 013

二、浙江省海洋经济发展现状 / 017

三、广东省海洋经济发展现状 / 020

四、福建省海洋经济发展现状 / 022

第三章　蓝色金融发展的理论基础 / 029

第一节　蓝色金融发展的理论依据 / 031

一、金融发展的动力机制 / 031

二、金融体系结构 / 033

三、金融深化与金融开放 / 035

四、小结 / 037

第二节 蓝色金融发展的路径分析 / 038

一、总体规划: 统筹规划蓝色金融的协调发展 / 038
二、总量支持: 拓宽海洋经济融资渠道 / 039
三、集约发展: 通过产融资本的融合提高金融资源利用效率 / 039
四、保障机制: 优化金融生态环境 / 039

第四章 我国海洋经济融资现状分析 / 041

第一节 我国金融支持海洋经济发展的主要做法及成效 / 049

一、推动搭建银政企合作平台 / 049
二、加大金融创新力度 / 051
三、拓宽企业融资渠道 / 053
四、建立保险、担保机制 / 057

第二节 我国海洋经济融资存在的问题 / 060

一、理念层面：海洋经济与陆地金融的脱节 / 060
二、金融体系层面：缺乏适合海洋经济特点的金融安排 / 063

第三节 小结 / 067

第五章 我国海洋经济发展的融资需求特征分析 / 069

第一节 战略层面的海洋经济金融需求特征 / 071

一、海洋经济发展对多元化金融机构的需求 / 071
二、海洋经济发展对多样化金融产品的需求 / 073
三、海洋经济对多层次资本市场的需求 / 075

第二节 产业层面的海洋经济金融需求特征 / 076

一、海洋产业资金需求的地域聚集度高 / 077
二、海洋产业资金需求的阶段性明显 / 077
三、海洋产业融资期限长 / 078
四、海洋产业存在高风险规避需求 / 079

第六章 现行金融工具与海洋经济的匹配分析 / 081

第一节 主要金融工具的比较分析 / 083

一、银行信贷 / 083
二、非银行信贷类融资工具 / 084
三、融资租赁 / 085
四、政策性金融 / 086
五、股票 / 087
六、债券 / 087
七、信托融资 / 088
八、风险资本融资 / 089

第二节 融资工具与海洋行业的匹配分析 / 090

一、海洋渔业 / 090
二、海洋生物医药业 / 099
三、海洋船舶工业 / 099
四、滨海旅游业 / 100
五、海洋交通运输业及相关产业 / 105
六、海洋工程建筑业 / 109

第七章 金融支持海洋经济发展的国际经验及比较 / 111

第一节 发达国家金融支持海洋经济发展的实践模式 / 113

一、美国模式 / 113
二、欧洲做法 / 115
三、日本经验 / 120
四、新加坡实践 / 121
五、挪威经验 / 121

第二节 国外金融支持海洋经济发展的经典案例 / 123

一、海洋经济贸易融资的便利化：英国东印度公司的融资安排 / 123
二、海洋经济风险的化解：南海泡沫事件的融资机制 / 125

三、海洋经济风险的缓释：英国“劳合社”的保险机制 / 127
四、海洋经济的国际合作：多国共同开发 / 130

第三节 发达国家金融支持海洋经济发展的经验借鉴 / 135

第八章 国内金融支持海洋经济发展的实践及创新案例 / 139

第一节 信贷制度创新 / 141
第二节 抵质押品创新支持海洋经济发展 / 151
第三节 金融服务方式创新 / 161
第四节 互助方式助推海洋经济发展 / 163
第五节 大力发展涉海保险 / 167
第六节 围绕海洋经济确立综合服务方案 / 169
第七节 小结 / 172

第九章 我国海洋金融服务体系的构建与发展 / 175

第一节 科学定位、明确重点 / 177

一、健全融资政策和法规体系 / 177
二、推动金融与产业、财政政策的协同配合 / 177
三、处理好政府与市场在支持海洋经济中的关系与作用 / 178
四、通过产融资本融合提高金融资源利用效率 / 178

第二节 加大对海洋经济的金融扶持力度 / 179

一、保持涉海信贷持续稳定增长 / 179
二、完善涉海金融服务体系 / 180
三、加大政策性金融支持力度 / 180

第三节 建立多元化融资机制 / 181

一、扩大直接融资规模和渠道 / 181

二、引导民间、境外资本介入 / 182
三、注重发挥PPP模式在推动海洋经济发展中的作用 / 182

第四节 加大海洋金融创新力度 / 186

一、加快涉海金融产品创新 / 186
二、推动抵质押方式创新 / 187
三、加快中介服务体系创新 / 187

第五节 完善海洋风险防控体系和风险分担机制 / 188

一、提高保险对海洋经济的有效覆盖 / 188
二、规范发展风险投资 / 188

第六节 加快金融基础设施体系建设 / 189

一、建立符合海洋经济发展需求的交易平台和市场 / 189
二、加快支付体系建设 / 189
三、完善涉海企业信用体系 / 190

第七节 推进金融合作与开放 / 190

一、改善涉海经济外汇管理服务 / 190
二、创新国际金融业务产品 / 190
三、推动跨境人民币结算业务和离岸金融业务发展 / 191

第八节 构建金融激励与补偿机制 / 191

一、加强信贷政策与财政政策的协调配合 / 191
二、完善金融机构与地方政府共同参与的风险共担体系建设 / 192
三、加大优化金融生态环境工作力度 / 192
四、构建高层次金融人才培养长效机制 / 193

参考文献 / 194

附录1 全国海洋经济发展规划纲要 / 201

一、我国海洋经济的发展现状和存在的主要问题 / 203

二、发展海洋经济的原则和目标 / 205
三、主要海洋产业 / 207
四、海洋经济区域布局 / 211
五、海洋生态环境与资源保护 / 216
六、发展海洋经济的主要措施 / 218

附录2　全国科技兴海规划纲要（2008 ~ 2015年）/ 221

一、现状与需求 / 223
二、指导思想、基本原则和发展目标 / 225
三、重点任务 / 226
四、保障措施 / 235

附录3　山东半岛蓝色经济区发展规划 / 239

第一章　发展基础与战略意义 / 241

第一节　海洋资源环境综合评价 / 241
第二节　发展成就 / 242
第三节　机遇与挑战 / 243
第四节　重大意义 / 244

第二章　总体要求 / 245

第一节　指导思想 / 245
第二节　发展原则 / 246
第三节　战略定位 / 246
第四节　发展目标 / 247

第三章　优化海陆空间布局 / 248

第一节　提升核心 / 249
第二节　壮大两极 / 249
第三节　构筑三条开发保护带 / 250
第四节　培育三个城镇组团 / 253

第四章　构建现代海洋产业体系 / 254

第一节　加快发展海洋第一产业 / 254
第二节　优化发展海洋第二产业 / 255
第三节　大力发展海洋第三产业 / 257
第四节　推动海洋产业集聚和区域联动发展 / 259

第五章　深入实施科教兴海战略 / 260

第一节　完善海洋科技创新体系 / 260
第二节　提升海洋教育发展水平 / 261
第三节　构筑海洋高端人才高地 / 262

第六章　统筹海陆基础设施建设 / 263

第一节　交通网络建设 / 263
第二节　水利设施建设 / 264
第三节　能源建设 / 265
第四节　信息基础设施建设 / 267

第七章　加强海洋生态文明建设 / 267

第一节　节约集约利用资源 / 267
第二节　加强海洋生态建设 / 269
第三节　强化海陆污染同防同治 / 270
第四节　大力发展循环经济 / 271
第五节　完善海洋防灾减灾体系 / 272

第八章　深化改革开放 / 272

第一节　推进重点领域和关键环节的改革 / 273
第二节　完善开放型经济体系 / 274
第三节　加强国内区域合作 / 275

第九章　保障措施 / 276

第一节　创新蓝色经济区一体化发展机制 / 276
第二节　加大政策支持力度 / 276

第三节　加强规划组织实施 / 279

附录4　福建海峡蓝色经济试验区发展规划 / 281

第一章　发展基础与重大意义 / 283

第一节　综合优势 / 283
第二节　发展成就与问题 / 284
第三节　重大意义 / 286

第二章　总体要求和发展目标 / 286

第一节　指导思想 / 286
第二节　基本原则 / 287
第三节　战略定位 / 288
第四节　发展目标 / 289

第三章　优化海洋开发空间布局 / 290

第一节　打造海峡蓝色产业带 / 290
第二节　建设两大核心区 / 290
第三节　推进六大海湾区域开发 / 291
第四节　加强特色海岛保护开发 / 293

第四章　构建现代海洋产业体系 / 294

第一节　提升发展现代海洋渔业 / 295
第二节　培育发展海洋新兴产业 / 296
第三节　加快发展海洋服务业 / 298
第四节　集聚发展高端临海产业 / 300

第五章　提升海洋科技创新能力 / 301

第一节　积极打造海洋人才高地 / 301
第二节　加快完善区域海洋科技创新体系 / 302
第三节　高效推进海洋科技成果转化 / 303

第六章　强化海洋资源科学利用与生态环境保护 / 304

第一节 科学保护与利用海洋资源 / 304
第二节 构建蓝色生态屏障 / 305

第七章 加强涉海基础设施和公共服务能力建设 / 307

第一节 加强涉海基础设施建设 / 307
第二节 加强海洋公共服务体系建设 / 309

第八章 深化闽台海洋开发合作 / 310

第一节 全面推进闽台海洋开发合作 / 310
第二节 构建两岸海洋经济合作示范区域 / 312
第三节 加强闽台海洋环境协同保护 / 313
第四节 深化闽台海洋综合管理领域合作 / 313

第九章 推进海洋经济对内对外开放 / 313

第一节 提升海洋经济开放水平 / 314
第二节 深化闽港澳海洋经济合作 / 314
第三节 加强与周边地区涉海领域合作 / 315

第十章 健全海洋科学开发体制机制 / 315

第一节 创新海洋综合管理体制 / 315
第二节 完善海洋开发政策 / 317

第十一章 保障措施 / 319

第一节 强化组织领导 / 320
第二节 加强监督检查 / 320

附录5 《宁波市海域使用权抵押贷款实施意见》 / 321

附录6 《宁波市海域使用权抵押登记办法》 / 327

附录7 《宁波市渔业互助保险管理办法》 / 335

后记 / 345

第一章

引　言

海洋经济是指一定地域空间范围内，人们开发、利用和保护海洋资源的各类产业活动以及与之相关联的各类活动的总和，主要包括为开发海洋资源和依赖海洋空间而进行的生产活动，以及直接或间接为开发海洋资源及空间的相关服务性产业活动。当前，海洋经济已成为拉动国民经济发展的重要动力和新的增长点，海洋经济示范区建设已上升为国家战略，大力发展海洋经济具有重要的现实意义。

蓝色金融是应海洋经济发展而生的，蓝色金融可追溯至16世纪西班牙、葡萄牙和荷兰海外殖民地，以及英国、法国海上战略据点的建立和海上贸易的兴起。不同于海洋经济相对成熟的概念及内涵，蓝色金融的概念与内涵理论界目前尚未有统一、明确、权威的界定。本书从海洋经济发展的实际出发，认为蓝色金融是与蓝色经济相对的概念，是指为海洋经济及其相关产业发展提供充分、多元化金融服务的全部交易活动，包括涉海信贷服务、金融产品创新、多元融资机制、海洋经济风险分担机制、激励补偿机制等一系列涉海金融服务体系。发展蓝色金融是构建海洋经济示范区的重要基石，是推进海洋经济可持续发展的关键条件，也是提升国民经济综合竞争实力、转变经济增长方式的重要途径。

2015年，是“十二五”规划实施的收官之年，也是“十三五”规划启动谋划之年，更是新常态下海洋经济发展迈上新台阶的关键之年。推动海洋经济金融持续稳定发展，具有重要的现实意义和时代特征：一是经济发展新常态下的转型升级要求。当前，我国经济形势正经历复杂而深刻的变化，进入经济发展的新常态阶段，产业转型升级的要求更加突出，合理开发利用海洋资源，培育海洋特色优势产业，转变发展陆域金融理念，助推海洋经济发展至关重要。二是示范区与“一带一路”建设的战略机遇。伴随辽东半岛、辽河三角洲、渤海西部、渤海西南部、山东半岛、苏东、长江口及浙江沿岸、闽东南、南海北部、北部湾、海南岛11个海洋经济区的设立，以及浙江、山东、广东、福建等省（市）海洋经济示范区的战略规划提出，我国海洋经济发展布局已经基本形成，推动海洋金融发展迎来了战略机遇。与此同时，“一带一路”合作发展理念的提出，迎来了海上贸易、海洋产业发展的良好契机，也是推进海洋金融发展的关键时刻。三是蓝色经济与蓝色金融推进契机。围绕蓝色理念发展的海洋经济为金融业提供了巨大的发展机会，我国金融业发展应当抓住这一契机，从陆地走向海洋，找寻金融业的蓝海领域，推进蓝色经济和蓝色金融协调发展，进一步激发海洋经济主体活力，持续推动海洋经济繁荣发展。

基于此，本书立足我国海洋经济发展情况及其融资现状，重点分析我国海洋经济发展的融资需求特征，揭示现有金融工具与海洋经济的匹配程度，在借鉴国内外金融支持海洋经济发展的有效经验和创新案例的基础上，以蓝色金融理念构建我国海洋金融服务体系。本书编写组希望通过对我国海洋经济、海洋金融的系统研究，为国家“十三五”海洋经济规划提供理论支撑和政策参考。

第二章
我国海洋经济发展总体情况

第一节　全国海洋经济总体情况

一、海洋经济总量快速增长，产业结构不断优化

我国海洋经济居世界沿海国家中等水平，目前正处于快速成长期。近年来，我国海洋经济总量高速增长，已成为我国经济可持续发展的新的增长点。2014年，我国海洋生产总值为59 936亿元，比2001年增长了5.30倍。2014年，我国海洋生产总值占GDP的比重达到9.4%，比2001年提高0.71个百分点。其中，2014年，主要海洋产业增加值25 156亿元，比上年增长8.1%（见图2-1）。

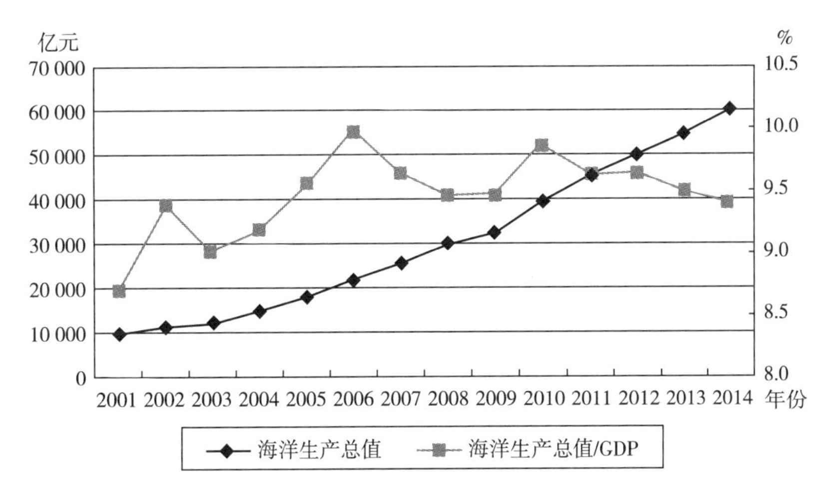

数据来源：Wind数据库。

图2-1　2001～2014年全国海洋生产总值及其占比

目前，我国海洋经济正进入调结构、增质量的关键时期。在《全国海

洋经济发展“十二五”规划》的指导下，我国加快调整海洋经济结构，积极培育海洋战略性新兴产业，着力推动海洋传统产业优化升级，促进海洋经济协调健康发展，海洋经济产业结构更趋合理，发展质量稳步提升。据核算，2014年，我国海洋第一产业增加值3 226亿元，第二产业增加值27 049亿元，第三产业增加值29 661亿元，海洋第一、第二、第三产业增加值占海洋生产总值的比重分别为5.4%、45.1%和49.5%。我国海洋经济基本完成了由第一产业向第二、第三产业的转型。2001—2014年全国海洋经济三次产业占比（见图2–2）。

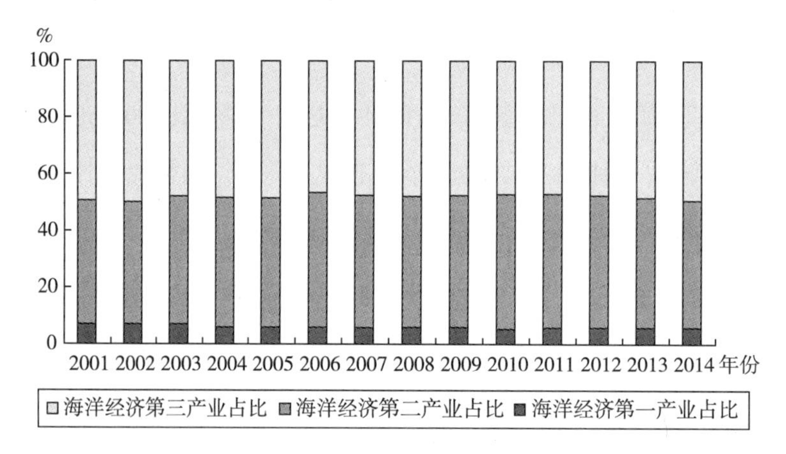

数据来源：Wind数据库。

图2–2　2001～2014年全国海洋经济三次产业占比

二、传统海洋产业处于支柱地位，新兴海洋产业不断发展

我国海洋经济在保持传统海洋产业发展优势的基础上，以传统海洋产业和新兴海洋产业为重点发展方向。2014年，我国海洋经济前五大产业为滨海旅游业、海洋交通运输业、海洋渔业、海洋油气业和海洋工程建筑业，合计占海洋经济总产值的89%，传统海洋产业依然处于支柱地位。目前，我国海洋渔业和盐业产量继续保持世界第一，造船业总产值居世界第

三，商船拥有量居世界第五。海水养殖和远洋渔业捕捞能力显著增强，海洋水产品加工和出口能力不断提高，其中，远洋渔业较快增长，2014年实现增加值4 293亿元，比上年增长6.4%。船舶出口覆盖全球169个国家和地区，海洋交通运输业保持增长，2014年实现增加值5 562亿元，比上年增长6.9%。海洋产业对外出口不断拓展，近十年，中国与“海上丝绸之路”沿线国家的贸易额年均增长18.2%。2014年我国海洋生产总值情况（见表2-1）。

表2-1　2014年我国海洋生产总值情况

单位：亿元、%

指标	总量	增速
海洋生产总值	59 936	7.7
海洋产业	35 611	8.1
主要海洋产业	25 156	8.1
海洋渔业	4 293	6.4
海洋油气业	1 530	−5.9
海洋矿业	53	13.0
海洋盐业	63	−0.4
海洋化工业	911	11.9
海洋生物医药业	258	12.1
海洋电力业	99	8.5
海水利用业	14	12.2
海洋船舶工业	1 387	7.6
海洋工程建筑业	2 103	9.5
海洋交通运输业	5 562	6.9
滨海旅游	8 882	12.1
海洋科研教育管理服务业	10 455	8.1
海洋相关产业	24 325	—

数据来源：国家海洋局《2014年中国海洋经济统计公报》。

我国海洋战略新兴产业已成为海洋经济发展的新热点，主要海洋产业门类由1997年的7个产业门类发展为2014年的13个产业门类。“十二五”前四年海洋战略性新兴产业年均增速达到15%以上。其中：海洋生物医药业持续较快发展，2014年实现增加值258亿元，比上年增长12.1%；海洋矿业实现增加值53亿元，比上年增长13.0%；海水利用业实现增加值14亿元，比上年增长12.2%。此外，邮轮游艇、休闲渔业、海洋文化、涉海金融及航运服务业等一批新型服务业态加快发展，成为海洋经济发展的新亮点。2014年主要海洋产业增加值构成（见图2–3）。

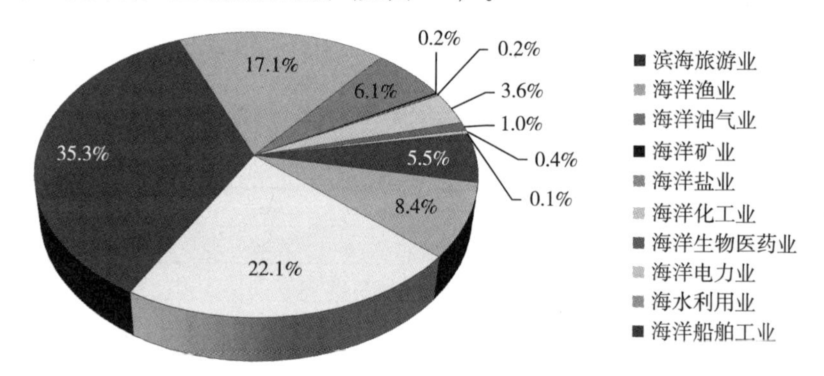

图2–3　2014年主要海洋产业增加值构成

三、地域特征明显，环渤海、长三角和珠三角等区域海洋经济生产总值占绝对比重

从地域分布来看，我国海洋经济主要分布于沿海地区，包括环渤海、长三角和珠三角地区等，地域特征较为明显。2014年，环渤海地区、长江三角洲地区以及珠江三角洲地区的海洋生产总值分别为22 152亿元、17 739亿元和12 484亿元。其中，环渤海地区占全国海洋生产总值比重最高，为37.0%。长三角和珠三角地区分别占全国海洋生产总值的29.6%和20.8%。同时，从国家海洋经济发展战略来看，山东、广东、浙江、福建、天津、江苏等地先后获批海洋经济试点省（市），并设立省（市）海洋经济示范区，进一步强化了海洋经济发展战略的区域布局。其中，山东、广东、浙江、福建等我国重要的海洋战略区海洋经济均得到了长足的发展。

专栏2-1

海洋先行区的海洋经济发展比较

基于我国海洋经济的地域属性，以及地区海洋经济的发展实际，选择福建、上海、天津、浙江、广东、海南、江苏、山东等地区的海洋经济发展情况（规模和产业结构等方面）来做比较，分析不同地区海洋经济的特点和差异。

（一）海洋经济综合实力

从8省（市）海洋经济产值占GDP的比重（见图2-4）来看，除江苏以外，其他7省（市）的占比均高于全国水平。横向比较来看，上海、天津、海南、福建4地的占比居于较高水平，其中，上海尤为突出；相对地，山东、广东、浙江、江苏4地的占比居于较低水平，其中，江苏最低。这表明各地区海洋经济发展基础及发展程度存在差异，海洋经济在国民经济中的地位存在差异。纵向比较来看，大部分地区的占比维持在平稳上升的区域，但上海、海南的占比有一个较为明显的下降。

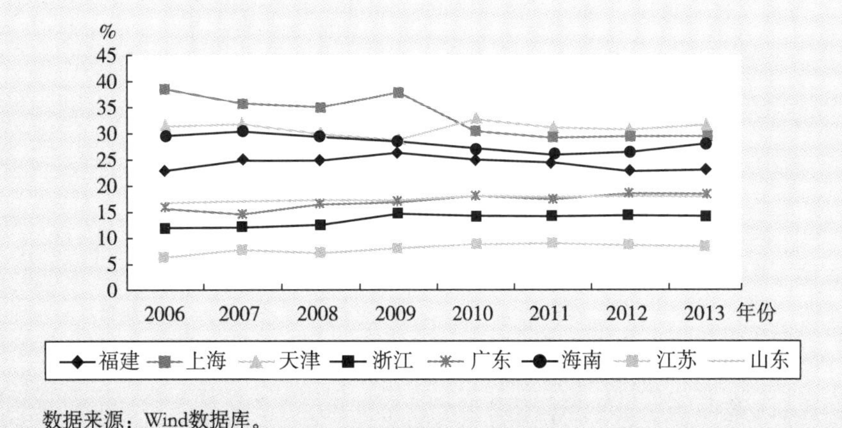

数据来源：Wind数据库。

图2-4　8省（市）海洋经济产值占GDP比重

（二）海洋经济产业结构

对比8省（市）海洋经济三次产业的构成（见表2-2）不难发现：一是第二、第三产业占据各地区海洋经济产业的主体地位，第二、第三产业的比重均达到90%以上（海南除外），这表明涉海工业、海洋服务业发展迅速且前景良好。二是8省（市）三次产业的构成存在差异。福建、上海、浙江、广东、海南第三产业占比更大，而天津、江苏、山东则在第二产业上更具优势。此外，海南是8省（市）中唯一的第一产业表现突出的地区，这表明，各地区既有经济发展模式以及海洋经济发展思路等还存在一定的差异。

表2-2　8省（市）海洋经济三次产业构成比较

单位：%

年份		2006	2007	2008	2009	2010	2011	2012	2013
福建	第一产业	10.00	10.00	9.40	8.50	8.60	8.40	9.30	9.00
	第二产业	40.40	39.80	40.80	44.00	43.50	43.60	40.50	40.30
	第三产业	50.10	50.60	49.80	47.50	47.90	48.00	50.20	50.70
上海	第一产业	0.20	0.40	0.10	0.10	0.10	0.10	0.10	0.10
	第二产业	48.20	45.40	44.30	39.50	39.40	39.10	37.80	36.80
	第三产业	51.90	54.60	55.60	60.40	60.50	60.80	62.10	63.20
天津	第一产业	0.30	0.30	0.20	0.20	0.20	0.20	0.20	0.20
	第二产业	65.80	64.40	66.40	61.60	65.50	68.50	66.70	67.30
	第三产业	33.90	35.30	33.30	38.20	34.30	31.30	33.10	32.50
浙江	第一产业	7.40	6.90	8.70	7.00	7.40	7.70	7.50	7.20
	第二产业	39.70	40.50	42.00	46.00	45.40	44.60	44.10	42.90
	第三产业	52.90	52.60	49.40	47.00	47.20	47.70	48.40	49.90
广东	第一产业	4.40	4.60	3.80	2.80	2.40	2.50	1.70	1.70
	第二产业	39.90	38.30	46.70	44.60	47.50	46.90	48.90	47.40
	第三产业	55.70	57.10	49.50	52.60	50.20	50.60	49.40	50.90
海南	第一产业	18.30	23.40	20.30	24.50	23.20	20.20	21.60	23.90
	第二产业	29.20	22.60	26.50	21.80	20.80	19.90	19.20	19.40
	第三产业	52.60	58.00	53.20	53.70	56.00	59.90	59.20	56.70
江苏	第一产业	5.40	4.60	4.10	6.20	4.60	3.20	4.70	4.60
	第二产业	42.50	46.40	45.80	51.60	54.30	54.00	51.60	49.40
	第三产业	52.50	49.30	50.10	42.10	41.20	42.80	43.70	46.00
山东	第一产业	8.30	7.60	7.20	7.00	6.30	6.70	7.20	7.40
	第二产业	48.60	48.10	49.20	49.70	50.20	49.30	48.60	47.40
	第三产业	43.10	44.30	43.60	43.30	43.50	43.90	44.20	45.20

数据来源：Wind数据库。

第二节　区域海洋经济情况

一、山东省海洋经济发展现状

山东是海洋大省，海洋区位优势、资源优势和科技优势十分突出。大力发展海洋经济是优化经济结构、拓展发展空间的必然选择。山东省海岸线全长3 121千米，占全国的1/6；500平方米以上的海岛326个，海岛面积147平方千米，沿岸有海湾200余处，其中，优良港湾70余处。近海海域面积15万平方千米，与陆地面积基本相当，其中，水深20米以内的浅海面积29万平方千米，滩涂3 200平方千米，滩涂面积占全国滩涂总面积的15%。

近年来，山东省充分发挥资源优势、区位优势，结合山东半岛蓝色经济区建设的国家发展战略，加快推进海洋经济发展。目前，山东省海洋经济已形成了较为完整的产业体系，海洋渔业、海洋旅游、海洋交通运输业、海洋船舶工业和海洋工程建筑业、海洋生物医药业、海水综合利用业等传统和新兴产业都得到了迅速发展。2014年，全省海洋生产总值达1.04万亿元，比上年增长8%，总量、增速均位居全国前列，占全省地区生产总值的17.6%。初步核算渔民人均纯收入为1.6万元，比上年增长11.3%，高于全省农民人均收入3 000元以上。山东省海洋经济发展迅速，远快于山东省地区生产总值增长率，山东省海洋经济对地区经济增长的贡献不断提高。从山东省海洋经济总产值与全国海洋经济总产值的比较看，产值增长速度快于全国水平，产值占比不断提高。截至2014年年末，全省海洋生产总值约占全国的1/5，山东海洋经济在全国的地位也在逐步提高。

第一，海洋第一产业逐渐形成生态、高效、快速的产业化发展模式。2014年，全省海洋第一产业总产值达794.17亿元，占全省海洋经济总产值的7.30%。山东省海洋第一产业主要是海洋渔业，这一传统产业经过多年的发展，逐渐形成了以名优高效养殖和远洋捕捞为代表的生态、高效、快速的产业化发展模式。一是海水养殖业迅速发展，养殖品种日趋多元化，养殖方式趋向立体化，养殖面积和养殖产量日益增大。截至2014年，鱼、虾、贝、藻多品种立体化养殖逐渐普及，名优水产品养殖规模逐渐扩大。海参、鲍鱼、对虾、扇贝等海珍品驰名中外。近海较重要的经济鱼类和无脊椎动物有109种、贝类20余种，山东省已进行增养殖的海洋生物有70余种。山东省水产品总产量、产值、出口创汇等指标连续多年保持全国领先水平。二是海洋捕捞业在稳定近海捕捞的基础上，大力发展远洋捕捞。在山东海洋资源环境出现了刚性约束的情况下，山东开始做大做强远洋渔业，先后形成了以西南大西洋及南北太平洋鱿钓船队、太平洋金枪鱼钓船队、印度尼西亚拖网船队为主体的远洋捕捞体系，远洋船队规模位居国内前列。截至2014年年末，山东省具有农业部远洋渔业资格企业已达34家，专业远洋渔船规模达到419艘。2014年，山东省实现远洋渔业产量37.5万吨，比上年增长232%。

第二，海洋第二产业凸显支柱作用和主导地位。2014年，全省海洋第二产业总产值达5 080.49亿元，占全省海洋经济总产值的46.70%。一是传统海洋产业稳步发展。截至2014年，山东省海洋水产品加工、海盐生产、造船及海洋机械制造等均实现了跨越式发展，产品产量均居全国前列。二是临港工业规模不断膨胀。以石化、造船、海洋重工等为主的一批临港工业项目陆续建设完成，涌现了莱佛士造船、大宇造船、京鲁渔业、巨涛海洋重工等龙头企业。三是新兴海洋产业规模不断壮大。其中，海洋生物制药业、海洋化工业、海洋风电等产业增加值居全国前列。例如，海洋化工主导产品均有较高的市场占有率，溴素深加工产品已达八大系列50多个品种，镁盐系列及纯碱深加工产品达到十几种。新能源方面，山东半岛及附近岛屿年平均风速5.4米/秒，是全国风能资源最丰富的地区之一。全省沿海潮汐能蕴藏量为4 000万千瓦，波浪能总蕴藏量为411.7万千瓦。已经建成乳山白沙口潮汐电站、即墨岸边摆式波浪发电站、长岛海上风力发电系统等。海水综合利用也逐步发展，前景广阔。随着海水淡化工程的推进，年产淡水能力不断提高。海洋矿产业技术先进，资源开发进入全新领域。渤海近岸海域已探明石油地质储量11.8亿吨、海洋矿产资源丰富，在101种矿产中已探明储量的有53种，居全国前三位的有9种。

第三，海洋第三产业彰显活力、贡献突出。海洋第三产业以滨海旅游、海洋交通运输及其他海洋服务业为主，2014年完成产值5 004.34亿元，占全省海洋经济总产值的46%，对全省海洋经济发展做出了重大贡献。一是滨海旅游业长足稳步发展。近年来，山东省以打造国际度假旅游目的地为中心，充分发挥海滨和海岛特色优势，滨海旅游业实现了较快发展。目前，全省主要滨海景点有34处，位居全国第三。特别是在海滩浴场、奇异景观、山岳景观、岛屿景观和人文景观方面，优势更为突出。二是海洋交通运输业依托省内优越的港口资源，发展迅速。山东省海岸2/3以上为山地基岩港湾式海岸，是我国长江口以北具有深水大港预选港址最多的岸段，可建万吨级以上深水泊位的港址有51处。2014年，山东省沿海港口货物吞吐量累计完成12.86亿吨，同比增长8.85%，吞吐量居全国第四位。

总的来看，山东省海洋经济的发展突出了以下特点：

第一，现代海洋产业体系基本建立。据统计，“十二五”期间，山东半岛蓝色经济区现代海洋产业体系基本建立，主营业务收入过10亿元的海洋优势产业集群达131个，其中，海洋装备制造、海洋生物等五大主导产业继续在全国领先，其地位不断得到巩固和加强。海洋产业已在山东经济转变增长方式、加快结构调整、促进产业转型的过程中发挥出重要作用，其对省内其他战略新兴产业发展的引领、带动和示范作用使其成为山东省“转调创”的突破口。

第二，海洋经济发展空间巨大。从山东海洋经济的产业结构和行业发展情况看，海洋渔业、盐业、化工、交通运输、滨海旅游等传统优势产业在全国占有举足轻重的地位，尤其是海洋渔业和盐业位居全国首位，而且山东已经成为全国四大海盐产地之一，是全国最大的海蜇批发市场，也是全国唯一拥有3亿吨港的省份。海洋油气、矿业、生物医药、海水利用等新兴产业虽然基础较弱，但保持了平稳较快发展趋势。据调查，山东省海洋油气、海洋生物医药、海洋渔业、海洋化工、海洋电力行业具有较好的发展空间，市场前景得分评价均在“较好”等级以上。未来以海洋高新技术、海洋能源以及以渔业为代表的海洋第一产业将成为山东省海洋经济发展的重要方向。

第三，海洋产业逐渐实现均衡发展。集中化指数是用来分析和衡量区域内产业部门均衡化（或专业化）程度的一项重要数量指标。其计算公式为$I=\frac{A-R}{M-R}$。其中，I为集中化指数，A为海洋各产业实际产值的累计百分比之和，R为海洋各产业产值均匀分布时的产值累计百分比之和，M为海洋各产业产值最不均匀分布时的产值累计百分比之和。集中化指数取值范围在$0\leqslant I\leqslant 1$。I值越大，表明海洋产业越集中于某一产业，I=1时，海洋产业完全集中于一个部门。山东省海洋产业2008~2014年的集中化指数分别为58.21%、55.16%、50.38%、48%、47.1%、47%、46.12%。由此可见，随着海洋经济规划出台和战略推进，海洋产业中新兴产业不断壮大，海洋产业将在传统与新兴、三次产业间逐渐实现统筹、协调发展。①

二、浙江省海洋经济发展现状

浙江是海洋大省，海洋资源丰富，区位优势突出，产业基础较好，体制机制灵活，在全国海洋经济发展中具有重要的地位。全省海岸线达6 696千米，居全国首位；可规划建设万吨以上泊位的深水岸线506千米，约占全国的30.7%；面积500平方米以上海岛3 061个，数量居全国首位；近海渔场22.27万平方千米，可捕捞量居全国第一；海洋能蕴藏丰富，潮汐能占全国的40%、潮流能占全国一半以上；港口、渔业、旅游、油气、滩涂五大主要资源组合优势显著。近年来，浙江海洋经济取得了迅速的发展，为推进海洋经济发展示范区建设打下了坚实基础。

第一，海洋综合实力提升。伴随着浙江海洋经济的发展，海洋综合实力稳步提升，海洋经济总量和发展速度增长较快。截至2013年年末，全省海洋经济总产值已经达到5 405.96亿元，是2006年的2.91倍，年均增长23.90%；海洋经济占GDP的比重由2006年的11.80%提高到2013年的14.4%，且2013年当年比重高于全国4.9个百分点。这表明，浙江海洋经济的发展在体量上累积的优势开始逐步显现出来。浙江省海洋经济总产值及其占GDP的比重（见图2-5）。

第二，产业结构积极调整。立足海洋优势资源和产业基础，近年来，浙江省海洋经济产业结构积极调整，实现海洋经济产业均衡发展。从图2-6可知，截至2013年年末，三次产业总产值比例为7.5：40.7：50.9，第

① 张立光、郭琪. 推进山东省海洋经济发展的金融创新与改革[J]. 公司金融研究，2013(5).

二、第三产业占到海洋经济总量的90%以上；总体来看，浙江海洋经济第一产业占比相对较小，第二、第三产业占据主导地位，且第三产业略高于第二产业。

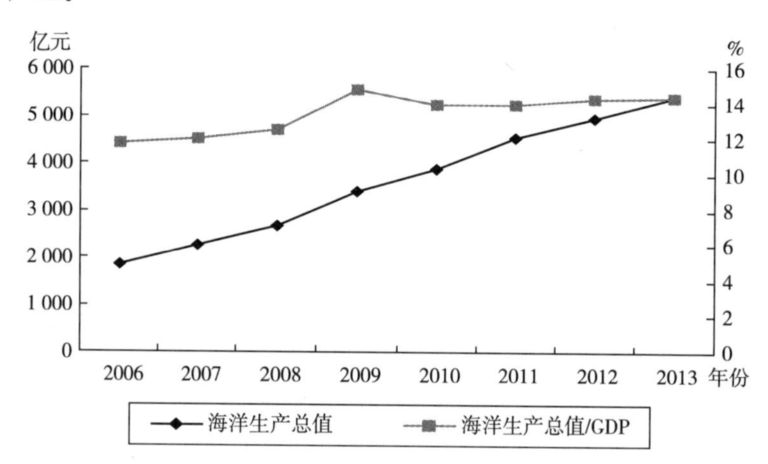

数据来源：Wind数据库。

图2-5　浙江省海洋经济总产值及其占GDP的比重

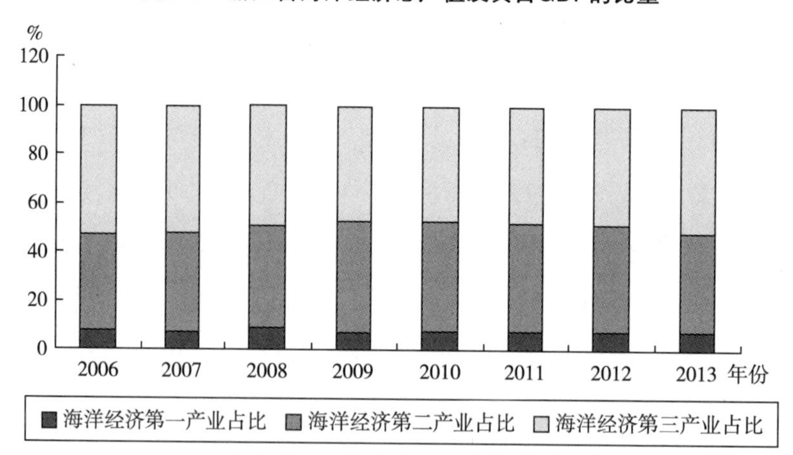

数据来源：Wind数据库。

图2-6　浙江省海洋经济三次产业占比构成

第三，主要产业增长较快。海洋经济分为海洋产业和海洋相关产业。海洋主要产业增长较快，2013年，海洋产业增加值达到3 025.90亿元，其中，主要产业增加值为2 078.20亿元；2006~2013年，海洋主要产业增加值年均增长21.51%。海洋相关产业发展迅速，2006~2013年，海洋相关产业增加值年均增长28.50%。从产业具体构成来看，全省海洋渔业、工程建筑业发展稳定；涉海工业、滨海旅游业增长较快；海洋交通运输规模持续扩大，港口物流发展迅速。

依据《浙江海洋经济发展示范区规划》，浙江的战略地位是，我国大宗商品国际物流中心、舟山海洋综合开发试验区、大力发展海洋新兴产业、海洋海岛开发开放改革示范区、现代海洋产业发展示范区、海陆统筹协调发展示范区和生态文明及清洁能源示范区。立足于此，结合当前浙江海洋经济发展的实际情况，浙江海洋经济发展的重点主要有：

第一，港航物流建设。按照“整合沿海、延伸海岛、加强互通、扩大共享”和“大岛建、小岛迁、有条件陆岛连”的总体要求，加快建设结构合理、功能完善的沿海港口体系和干支直达、通江达海的集疏运体系，推进宁波—舟山港一体化建设。

第二，临港产业发展。依托新型工业化道路的战略定位，围绕先进临港工业、临港物流业和现代临港服务业等重点来发展。一是临港工业。重点发展以船舶为核心的海洋装备制造业，加快发展海洋清洁再生能源，积极争取高端重大项目，形成产业链。二是临港物流业。打造以集装箱为主的现代国际物流基地，加快建设大宗商品战略物资储备基地。三是临港服务业。推动航运融资、保险、交易、咨询、运输代理等现代航运服务业发展，构建跨区域、一体化、高效便捷的现代物流网络。[①]

第三，新兴科技产业。立足海水利用、海洋能源、海洋生物工程三大

① 苗永生. 浙江发展海洋经济的重点领域[J]. 浙江经济，2008（5）.

领域的资源条件和发展优势，培育具有高成长性的海洋高新技术企业，拓展海洋经济发展空间。围绕海洋科技基础研究、海洋技术应用开发和海洋技术服务三大体系建设，进一步提高科技对海洋经济的贡献率。

第四，渔业及旅游业。一是海洋渔业。构建以渔港建设为主的沿海防灾减灾体系，发展高效生态的养殖业，进一步拓展水产品加工领域，推广现代物流模式，发展集观赏、垂钓、渔村旅游、渔业文化等涉渔产业。二是海洋旅游业。从现代旅游、服务和文化等理念出发，增加海洋旅游的内涵和底蕴，打造浙江海洋旅游的品牌。

三、广东省海洋经济发展现状

第一，海洋经济规模持续快速增长，对国民经济贡献度不断提高。从总量来看，2014年，广东省实现海洋经济总值1.35万亿元，在全国海洋经济总量中的占比为22.5%，海洋经济规模自1995年以来连续十九年排名全国第一位。从增速来看，2014年，广东省海洋经济同比增长13.8%，比2005年增长227%，年均增速14.1%，略高于同期全省地区生产总值增长速度；从经济贡献度来看，海洋经济占全省生产总值的比重从2005年年初的15.8%上升为19.5%，提高了3.7个百分点。海洋经济对全省经济发展的贡献率愈来愈高，已成为广东省国民经济的重要组成部分和新的经济增长点。

第二，海洋产业结构不断优化，海洋第三产业明显提升。按2014年产业增加值排序，广东省居前四位的海洋产业依次为滨海旅游业、海洋交通运输业、海洋油气业和海洋渔业。其中，滨海旅游业持续稳步发展，2014年滨海旅游业产值达2 065.5亿元，同比增长11.2%，占全省海洋生产总值的15.3%，对拉动海洋经济和优化海洋产业结构发挥举足轻重的作用。广东海洋经济三大产业结构从2005年的23：40：37调整为2014年的

1.7：47.1：51.2，海洋第三产业活力彰显，比重逐渐上升，使广东海洋经济“三、二、 ”的产业结构态势不断强化，建设海洋经济强省的基础进一步稳固。

第三，海洋产业体系逐渐完备，海洋综合开发的广度和深度不断拓展。经过多年发展，广东省已基本形成海洋渔业、海洋交通运输、船舶工业、海洋油气、滨海旅游等传统产业和海洋电力、海水利用、海洋生物医药等新兴产业全面发展、较为完整和具有较强竞争力的现代海洋产业体系。其中，广东海洋石油和天然气工业总产值、滨海旅游收入、渔业经济总产值、水产品总产量等多项指标多年居全国前列。2014年，全省海洋渔业总产值2 250亿元，同比增长10.6%，其中，水产品总产值1 080亿元，同比增长7.5%；作为海洋经济创新发展区域示范、国家海洋高技术产业基地试点的首批试点省，广东海洋新能源、海洋工程装备、海洋生物医药等新兴产业正加快发展，已促进一批海洋高新技术产品化、产业化，培育了一批上规模的高端制造企业和海洋生物制药龙头企业，形成了较好的产业链。

第四，海洋经济发展的辐射带动力增强，促进产业空间布局优化和区域发展格局调整。按照《广东海洋经济综合试验区发展规划》对海洋经济布局的规划，广东海洋经济发展高地已初步形成了“一核二极三带”的发展格局。其中，2014年，珠三角地区海洋生产总值为1.25万亿元，占全省海洋生产总值的92.59%，继续保持发展核心地位；同时，粤东、粤西沿海地市将临海产业园作为引进重大项目、加快转型升级的重要依托，产业集聚水平明显提高，工业化进程提速，追赶珠三角步伐加快，形成了以石化、钢铁、船舶制造、能源生产为主的沿海重化产业带发展，湛江、汕头等逐渐发展成为海洋经济重点市，在滨海旅游、现代海洋渔业、临海能源产业等方面居全省领先地位。

四、福建省海洋经济发展现状

福建是海洋资源大省。全省海域面积13.6万平方千米，比陆域面积大12.4%；海岸线总长3 752千米，面积大于500平方米以上的海岛1 374个；海岸线曲折率达1∶7.01，为全国之最，由此形成众多天然良港。全省共有大小港湾125个，可建万吨级以上泊位的深水岸线长210.9千米，优越的港口岸线条件和优美的海岸、海岛景观十分有利于发展临港产业和滨海旅游业。全省滩涂广布，沿海尚未开发利用的浅海滩涂面积900多万亩；近海生物种类3 000多种，可作业的渔场面积12.5万平方千米，水产品总产量和人均占有量分别居全国第三位和第二位，发展现代海洋渔业和海洋生物医药潜力巨大[①]。海洋矿产资源种类多，全省海岸带和近海已发现有工业利用价值的矿产20余种；台湾海峡盆地有1.6万平方千米的油气蕴藏区域，全省陆上风能总储量超过4 100万千瓦；50米以下水深海域风能理论蕴藏量1.2亿千瓦以上，可开发潮汐能装机容量1 033万千瓦，占全国可开发潮汐能年电量的46%，居全国首位[②]，海洋可再生能源、海水综合利用、海洋油气业等海洋战略性新兴产业发展具有广阔空间[③]。

福建是继山东、浙江、广东之后，国务院批准的第四个试点海洋经济发展规划的省份，且以此为依据制订的《福建海洋经济发展试点工作方案》也获得了国家发展改革委的批复，福建省海洋经济发展上升为国家战略，面临新的重大历史机遇。《全国海洋经济发展“十二五”规划》对福建省沿岸及海域的定位是，两岸交流合作先行先试区域、服务周边地区发

① 《福建海峡蓝色经济试验区发展规划》。

② 赖馨玫、王慧红. 科技创新助力福建海洋经济发展[J].福建农机，2014（6）.

③ 《福建海峡蓝色经济试验区发展规划》。

展新的对外开放综合通道、东部沿海地区先进制造业的重要基地、我国重要的自然和文化旅游中心。“十二五”以来，福建省海洋经济进入一个新的发展阶段。面对宏观经济下行压力加大的形势，福建省海洋经济快速发展的势头不减，成为全省经济发展的重要推动力量。

第一，海洋经济实力进一步增强。2013年，全省海洋生产总值5 900亿元，年均增长近20%，占全省GDP的27.1%，总量规模保持在全国第五位，增幅居全国前列。海洋主要产业增加值从2010年的1 659.9亿元提高到2013年的3 251亿元，年均增长近30%。海洋新兴产业异军突起，增幅超过26%。现代海洋渔业发展取得新突破，2013年全省渔业经济总产值2 197.5亿元，居全国第三位。其中，水产品总产量658.8万吨，居全国第三位；水产品出口创汇51.1亿美元，居全国第一位。远洋渔业发展增速加快，全省远洋渔业企业达到28家，外派远洋渔船420艘，分别比2011年增长250%、123%。2013年实现产值29.2亿元，居全国第二位。

2014年，全省海洋生产总值6 500亿元，同比增长13.6%，居全国第五位。其中，水产品总产量695.98万吨，居全国第三位；水产品出口创汇55.92亿美元，居全国第一位（见图2-7）。

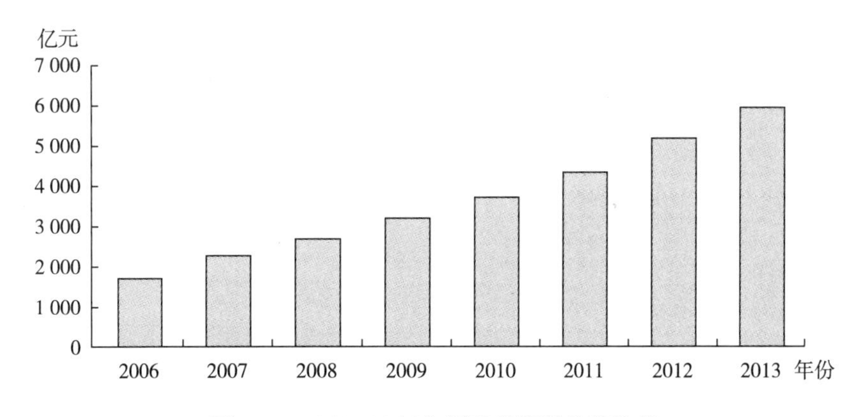

图2-7　2006~2013年福建省海洋生产总值

第二，海洋产业结构持续优化。海洋三次产业比例由2010年的8.6：43.5：47.9调整为2013年的8：43.1：48.9，呈现第一产业比重下降、第三产业比重上升的良好态势。

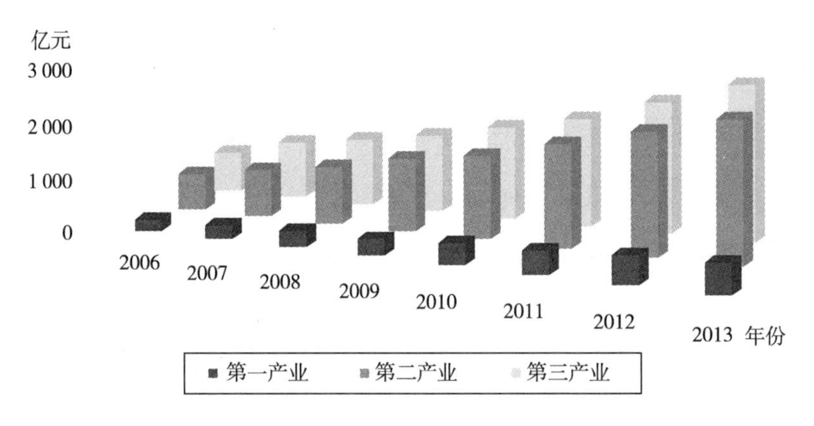

图2-8　2006~2013年福建省三次产业结构生产总值

第三，海洋产业集聚度明显提升。2013年海洋渔业、海洋交通运输业、滨海旅游业、海洋建筑业、海洋船舶修造业五大主导产业增加值近1 860亿元，占海洋经济主要产业增加值总量的72%左右。海洋主导产业对壮大海洋经济起到了重要作用[①]。海洋产业特色园区建设步伐加快，全省已建成13个海洋特色产业园，其中，诏安金都海洋生物产业园、石狮市海洋生物科技园、霞浦台湾水产品集散中心3个园区被评为第一批福建海洋特色产业示范园。目前入园企业280家，产值超千亿元（见图2-8至图2-10）。

① 陈琳. 福建省海峡产业集聚与区域经济发展耦合评价研究[D]. 福建农林大学硕士论文，2012.

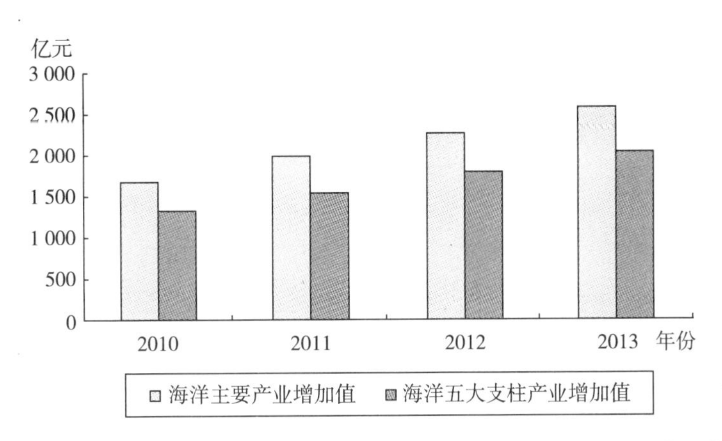

图2-9　2010~2013年福建省海洋五大支柱产业与主要产业增加值

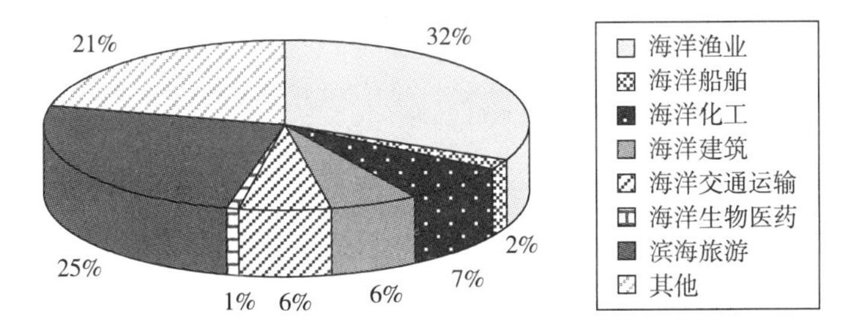

图2-10　2013年福建省海洋五大支柱产业增加值比例

第四，海洋产业竞争力增强。福建省海洋渔业、矿业、海水利用业、滨海旅游业等产业发展在全国位居前列，海洋产业龙头企业不断壮大，2013年已形成80家海洋产业龙头企业。培育一批具有竞争力的区域品牌，打造形成了南日鲍、宁德大黄鱼等福建十大渔业品牌，海洋品牌影响力持续扩大[①]。海洋新兴产业发展亮点突出。海洋生物医药、邮轮游艇、海洋工程装备、海洋新能源、海洋信息服务等海洋新兴产业迅速崛起，涌现出一批科技含量高、发展潜力大的现代海洋企业[②]。据统计，2013年，福建

① 许嫣妮. 积极培育海洋与渔业经济新增长点[N]. 福建日报，2016-01-02.

②《福建海峡蓝色经济试验区发展规划》.

海洋高新产业总产值增幅超26%，是福建省确定的七大战略性新兴产业中增长速度最快的行业。2013年福建海洋主要产业总产值的全国排名情况（见图2-11）。

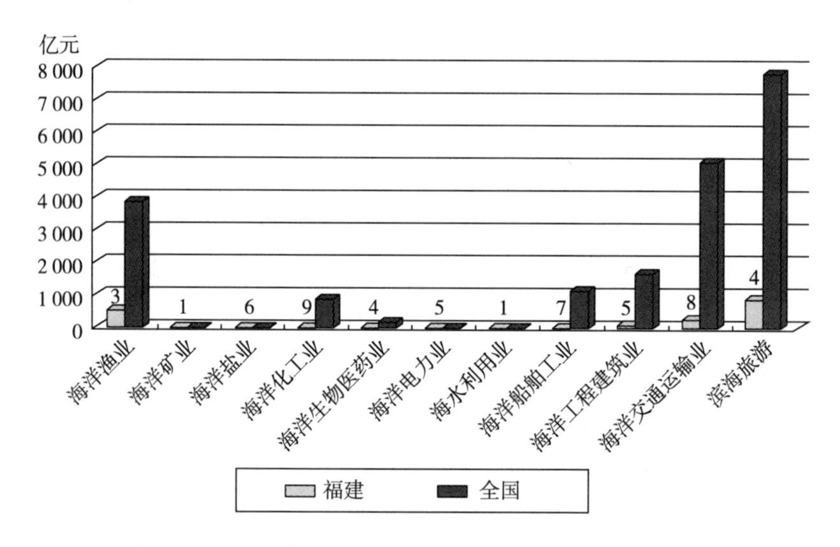

图2-11　2013年福建海洋主要产业总产值全国排名情况

第五，海洋经济区域布局基本形成。以闽江口、厦门湾为代表的区域海洋经济发展迅速，2013年两大海洋产业集聚区海洋生产总值之和约占全省海洋生产总值的64%。环三都澳海洋经济集聚区、湄洲湾海洋经济集聚区、泉州湾海洋经济集聚区、东山湾海洋经济集聚区等区域海洋经济发展迅速[①]。

第六，远洋渔业发展实现新跨越。在一系列扶持政策的推动下，2013年外派远洋渔船数量420艘，实现产值29.2亿元；水产品出口创汇51.09亿美元，跃居全国第一位。

① 伍长南. 福建打造海峡蓝色经济区建设海洋强省再研究[J]. 福建金融，2014（6）.

结合当前海洋经济发展的实际情况，福建省拟定了海洋经济产业发展的方向和重点，主要包括：

第一，海洋渔业发展方向和重点。按照“优质、高效、外向、生态、安全”的总体要求，推进渔业发展方式转变，调整优化渔业产业结构，推动现代渔业的发展。[①]一是通过创建现代渔业产业园区、推进设施水产养殖业发展、大力发展健康生态养殖，积极引导渔业企业、合作社、群众实施集约、高效、生态养殖。利用中央和省级财政资金扶持一批现代渔业产业园区、设施水产养殖基地和健康养殖示范场，充分发挥典型示范作用，引导福建省水产养殖业发展提升。二是通过加快远洋渔船更新改造、拓展远洋渔业发展空间、建设远洋渔业综合基地、建设海外养殖基地，积极推动21世纪“海上丝绸之路”的构建与发展，逐步形成龙头带动、布局合理、装备优良、配套完善、管理规范的现代远洋渔业产业体系。三是通过培育加工产业集群、培育加工龙头企业、推进区域品牌建设，提高海洋渔业精深加工水平和市场竞争能力。四是按照“因地制宜、合理规划、形成特色、示范带动”的要求，结合渔港建设、增殖放流、海洋牧场建设，大力发展滨海港湾、休闲垂钓、观光体验、观赏渔业、展示教育等多元化的休闲渔业。五是充分发挥科技和人才在现代海洋渔业建设中的支撑和保障作用，建设水产良种、动物防疫、质量安全、科技创新、防灾减灾、资源保护、社会化管理七大工程，促进渔业发展方式的转变[②]。

第二，海洋新兴产业发展方向和重点。一是通过加大海洋药物研发力度、推进海洋生物制品的产业化、积极开发海洋功能食品、强化海洋微生

---

①《福建省“十二五”渔业发展规划》.

②《福建省“十二五”渔业发展规划》.

物产品的技术攻关，以及打造海洋生物医药技术创新区、成果孵化区和产业聚集区，优先发展海洋生物医药产业[①]。二是通过推进游艇产业基地建设、培植游艇配套产业链、推进建设邮轮母港，大力发展邮轮游艇业。三是通过突破关键技术、开发高端产品、扩大生产能力、建设装备制造业基地，集约发展海洋工程装备业。四是积极发展海水综合利用业。五是加快发展海洋可再生能源业。六是加快海洋生物种业创新、推进工业化循环水养殖基地建设、扶持发展离岸型智能化深水网箱养殖、培育工业用藻类和动物新种高效养殖，巩固提升海洋生物育种及健康养殖业。

第三，现代海洋服务业发展方向和重点。一是着力推进港口基础设施建设、畅通通道网络，着力拓展港口腹地、提升港口竞争力，着力推进港口转型升级、拓展服务功能，着力建设现代物流载体、加快港口物流发展，着力深化闽台港航合作。二是深化闽台海洋旅游合作，积极发展海洋蓝色旅游，实现海洋旅游业的可持续发展。以海洋生态和海洋文化旅游为重点，实施海洋旅游精品战略，优化海洋旅游产品结构，壮大海洋旅游产业[②]。三是扶持发展创意设计、文艺创作、影视制作、出版发行、动漫游戏、数字传媒等海洋文化创意产业，打造一批海洋文化创意产业示范园区和项目，把海洋文化与创意产业培育成现代海洋服务业未来的支柱产业，建立结构比较合理、特色鲜明、效益逐步显现的海洋文化与创意产业体系。四是以创新、融合为动力，不断发掘现代海洋服务业新型业态，加强产业融合，提升产业层次和附加值。加快突破现代海洋产业发展瓶颈，培育发展金融保险、信息服务、海洋综合技术服务业等新型服务业。[③]

① 林永健. 大力提高福建海洋经济综合竞争力[J]. 综合竞争力，2011（9）.

②《关于印发福建省现代海洋服务业发展规划的通知》.

③ 福建省海洋与渔业厅. 福建海洋经济发展报告（2014）[R]，2014.

第三章
蓝色金融发展的理论基础

蓝色金融的产生有其必要性，其发展遵循了一定的发展路径。本书基于金融发展视角对蓝色金融的产生及其发展路径进行理论探讨。

第一节　蓝色金融发展的理论依据

作为现代市场经济的核心，金融体系承担着动员和集中储蓄、筛选投资项目和监督投资行为、便利风险的交易分散与管理以及提高产品和服务的交换效率等基本功能。长期以来，金融发展通过影响资本形成过程和技术进步，对经济增长施加巨大的推动力。从金融体系的基本功能及其对经济增长和宏观经济稳定性的积极作用出发，金融发展战略必然成为经济发展战略的重要组成部分。

一、金融发展的动力机制

在主流的金融发展理论中，关于金融发展路径，一般认为其可划分为需求引致型和供给驱动型。在需求引致型发展路径下，金融发展是对实体经济金融服务需求的被动反应，发展动力是经济体系内生的。随着分工和实体经济的发展，经济体系会内生出对各种金融服务的需求，一旦金融服务需求达到一定规模，相应的金融产品、金融机构和金融市场就会产生并不断发展。这就是罗宾逊所说的“实业先行、金融跟随”。供给驱动型的发展路径是指金融发展先于实体经济的发展，在实体经济的发展还没有产生足够需求时，利用政府的外生力量推动金融的发展，以此动员资源流向优先发展的实体经济部门。政府通过主动的制度和政策调整，一方面消除直接和间接制约金融服务供给增长的制度和结构性因素，包括直接的金融抑制政策以及更深层次的人力资本存量水平、法律体系、金融基础设施和文化传统等；另一方面通过前瞻性的金融供给政策，鼓励和引导金融服务供给的增加和金融体系的发展。

两种不同的发展路径隐含着两种不同的政策导向。如果金融发展动力是内生的，那么金融自由化就应该是政策的主导；反之，就应该采取政府干预。麦金农和肖通过对比两种路径的具体实现形式、结果和效率，指出在政府干预思想的主导下，外生动力往往演变成金融抑制，并导致整体经济的落后。所以，必须进行金融自由化改革，让市场的内生力量主导金融的发展路径，这样才能促进金融的顺利发展。沿着该理论逻辑，主流理论认为自由化和对外开放是实现金融迅速发展的动力。

然而，从历史上各国金融发展过程的变化来看，金融发展过程并不是由需求或供给层面的某个单一因素决定的，而是多种因素共同作用的结果。从理论逻辑来看，金融发展过程在本质上是金融层面的整体性制度变迁过程，金融发展水平作为这一过程的结果，应该是各种相互影响的力量或因素共同作用的结果。由此，金融发展过程必然是离散变化和渐进学习过程的综合。离散变化主要是指规则的一次性调整，包括各种制度、规则和政策的调整，这往往是由政府主动驱动的。渐进学习过程是指各种市场主体在特定规则、制度或政策之下逐步调整和改善自身行为的过程，这代表了市场行为的自发变化。政策和规则的一次性调整，只有引起市场行为的实质性变化，才能导致金融发展水平的变化。但是，新的规则和政策能否引导市场行为向期望的方向调整，取决于市场主体对于新制度的可信度和“可计算性”的判断。由于新制度的可信度和可计算性在短期中很难建立起来，需要经过漫长的学习和适应过程。所以，政策和制度调整对市场行为的影响要经过很长一段时间才能体现出来，这种行为惯性来自于“习惯形成”，即不确定条件下的适应性学习过程[①]。

然而，金融自由化改革作为制度或政策的离散变化，对金融发展的推动作用，一方面取决于宏观经济基本面因素和其他支撑性制度条件，另一方面取决于市场微观行为的适应性调整和变化。所以，单一维度的自由化改革和前瞻性的金融供给政策无法有效推动金融发展过程。

二、金融体系结构

银行为主抑或市场为主。金融发展理论和实证研究中另一个争议的焦点是以银行为主的金融体系与以市场为主的金融体系的相对重要性。这方面的研究主要是从金融体系基本功能出发，对比银行与金融市场的相对优势。

一些学者基于如下几个理由，支持发展以银行为主导的金融体系。（1）金融市场在信息收集和处理过程中存在外部性、“免费乘车”和“激励不相容”问题，导致市场的信息供给不足和信息效率低下。（2）由于内部人和外部人之间的信息不对称，资本市场并不能有效监督企业、提高企业治理效率。（3）资本市场存在流动性悖论，流动性是市场效率的基础。但是，流动性可能导致投资者的“短视行为”，“用脚投票”的便利性使个人投资者不愿花费精力研究企业和监督企业。不同于金融市场，银行可以通过信息内部化维持与企业的长期关系，实现信息收集和处理的成本和收益的内部化。而且，借助于与企业之间所保持的长期联系，银行能够更有效地监督企业、提高企业治理效率。

① 于春海.西方主流金融发展观念的演变及其对我国的启示[J].政治经济学评论，2014（1）.

另一些学者从下面几个理由出发，认为以金融市场为主导的金融体系能有效实现金融体系的基本功能。（1）在以银行为主导的金融体系中，银行拥有大量的企业内部信息，并且控制绝大部分信贷供给，所以，企业不得不向银行让渡更多的生产性投资收益。这会抑制企业的创新动机。（2）债务契约具有内在的不对称性，使得银行行为倾向于保守和谨慎，这不利于企业创新和增长。（3）虽然银行能够实现信息收集和处理的规模经济，但是在技术迅速进步、产业结构迅速调整的环境中，由于企业异质性较高，银行在收集和处理信息方面的规模经济效应无法发挥。（4）在以银行为主导的金融体系下，银行与企业的长期联系也不利于公司治理效率的提高。银行倾向于选择与自身关系良好的经理人，而不是最有效率的经理人。银行也不愿轻易让与自身保持长期联系的企业破产，这样，在出现外生结构性冲击的情况下，银行可能会人为地阻碍产业结构的调整步伐。（5）以银行为主导的金融体系还面临着银行自身的治理问题。内部人和外部人之间的信息不对称在银行中表现得更加明显，这就使银行内部人有能力以牺牲储蓄者乃至整个社会纳税人的利益为代价，谋取自身的利益。（6）在分散风险方面，银行虽然能够提供一些标准化的风险管理工具，但是不能根据个体的风险偏好定制个性化的风险管理工具。与银行不同，金融市场能够根据市场参与者的不同偏好，为其量身定做个性化的风险管理工具，能够更有效地分散风险、动员储蓄和促进资本形成[①]。

关于银行与金融市场各自相对优势的争议，很大程度上把银行与金融市场对立了起来，认为银行和金融市场在本质上是相互竞争的。但事实

① 于春海. 西方主流金融发展观念的演变及其对我国的启示[J]. 政治经济学评论，2014（28）.

上，银行与金融市场在实现金融体系基本功能的过程中，存在既竞争又互补的关系。有学者认为，从金融体系的基本功能出发，没有必要在银行和金融市场之间进行优劣比较。就经济增长和宏观经济稳定而言，最重要的是是否存在一个运作良好的金融体系，而金融体系的结构，即银行与金融市场的相对重要性，则是一个次要问题。也有部分学者通过对宏观和微观层面的历史经验的研究，指出银行和金融市场都能提供有利于经济增长的金融服务，而且银行和金融市场在经济和金融发展过程中是相互补充的。一些学者基于跨国宏观数据的实证研究表明，金融体系的结构差别既不能解释各国金融发展程度的差别，也不能解释各国经济发展水平的差别。此外，个别学者基于行业和企业层面数据的实证研究也给出了同样的结论。这意味着就经济增长而言，并没有所谓的“最优金融结构”，能够最有效地促进经济增长的金融结构依赖于各国的法律、监管、政治以及其他经济和社会因素①。

三、金融深化与金融开放

古典经济理论认为，只有在一个自由的环境中，金融市场才能发展起来，金融市场的效率优势才能充分体现出来。沿着这样的理论逻辑，发展中国家围绕着金融自由化改革展开其金融发展战略，目的是促进金融深度的提高，进而发挥金融对实体经济的推动作用。当经济从封闭走向开放时，分工跨越国界，市场的范围也突破了国界的限制。表现在金融领域，就是金融的对外开放问题。因此，在开放的背景下，金融发展应该包括两个层次的问题：对内深化和对外开放。金融开放是广义的金

① 常玉春. 货币与经济增长——理论思辨与东亚实践[D]. 复旦大学博士学位论文，2006.

融自由化改革的一部分，也是国内金融深化的延伸[①]。在理论上，金融开放可以通过如下渠道对经济增长和宏观经济稳定施加积极影响。（1）外资的流入可以弥补国内储蓄的不足，在其他条件相同的情况下，经济增长率提高；（2）导致更多的具有正外部性的投资，包括人力资本投资和实物投资；（3）增加东道国产业的竞争性，促使本地企业采用更有效率的生产方法、加大人力资本和实物资本投资；（4）通过外资参股本地企业，改变东道国的产业结构和经济结构，增强东道国产业的竞争力和外向性；（5）外资的进入可以增加对劳动力的培训，通过劳动力的流动对本地企业产生积极影响；（6）带动技术转让，促进先进技术从发达国家向发展中国家转移；（7）推动国内金融机构的发展，提高国内金融机构的效率，降低储蓄—投资转化过程的交易成本，增强国内金融机构的信息功能、风险分担功能、监督功能，提高国内金融机构筛选生产性投资项目的能力。此外，金融开放还可以通过提高专业化程度和对政府行为施加纪律约束，从而间接推动经济增长和稳定。

20世纪90年代中后期以来的实证研究表明，金融开放对经济增长和稳定的影响，无论是宏观层面还是微观层面，都依赖于国内金融市场和金融机构的发展程度、制度质量、人力资本存量、宏观经济平衡状况以及宏观经济政策质量等因素，如果在这些维度上存在很多缺陷，金融开放带来的可能主要是风险和成本，而不是增长与稳定。金融开放影响宏观经济运行的关键环节是资本流动性的变化。但是，金融开放和资本流动性的提高并不是一回事，两者之间的联系是有条件的，资本流动性的变化能否影响一

① 雷达、于春海. 金融自由化发展战略的内部深化与外部开放的冲突——发展中国家的经验及其对中国的的启示[J].国际经济评论，2005（4）.

国储蓄—投资平衡关系、资本形成过程以及生产率，也依赖于政府政策、公共部门效率、法律体系、初始经济发展水平、教育水平以及国内市场体系的完备程度等“社会基础设施”。

四、小结

在金融发展过程的动力机制方面，金融自由化改革作为制度或政策的离散变化，对金融发展的推动作用，一方面取决于宏观经济基本面因素和其他支撑性制度条件，另一方面取决于市场微观行为的适应性调整和变化。在金融体系的结构方面，不存在一个无条件的最优金融结构，金融结构的选择应该适应法律、监管、政治以及其他经济和社会方面的条件。在金融开放的宏观经济绩效方面，无论是宏观层面还是微观层面，金融开放的积极作用都依赖于国内金融市场发展程度、制度质量和宏观经济政策质量等因素，而且金融开放主要是通过推动国内制度变迁、政策调整和金融体系的发展，进而对经济增长发挥作用。

近年来，我国金融改革路径探索大致可分为两个维度：一个是涉及全局性的金融改革，通过统揽全局的顶层制度设计，“自上而下”统一部署和行动，在全国范围内贯彻实施，如利率、汇率和资本项目可兑换等事关总量和调控机制的改革；另一个是与区域经济金融特征相联系的专项金融改革试点，注重充分发挥地方积极性和能动性，采取“先试点、再总结、后推广”的模式，尊重“自下而上”的市场选择，如自由贸易试验区以金融开放为重点的金融创新改革、珠三角和深圳前海以金融对外开放和粤港澳金融合作为重点建设金融改革创新综合试验区①。改革中初步探索

① 易诚. 坚持先行先试与顶层设计相结合的金融改革之路[J]. 浙江金融，2012（11）.

形成了“自上而下”与“自下而上”相结合推进金融体制机制改革的路径模式，也符合我国经济体制改革整体推进、重点突破、条块结合的基本经验[①]。

蓝色金融的发展就应该在国家金融发展改革总体战略下，依据海洋经济发展条件和特色，对现有金融政策法规实现局部突破和完善，以此促进各区域现有金融组织机构体系和市场体系的丰富和发展，以及现有金融产品和服务的重构与优化，并以此促进金融资源在海洋经济领域的集聚，扩大金融资源存量，壮大区域金融市场，畅通融资渠道，提升金融服务实体经济的能力，从而提升海洋经济竞争力，推动海洋经济健康发展。

第二节　蓝色金融发展的路径分析

在海洋经济尚未构建起有效的资本运作机制和完善的投融资机制的情况下，金融市场的协调发展、金融供给能力的提高、产融资本融合机制的完善对海洋经济增长、产业结构的优化调整具有重要的作用。

一、总体规划: 统筹规划蓝色金融的协调发展

建立总体的蓝色金融发展规划，根据蓝色金融发展的实际情况明确不同区域蓝色金融支持的侧重点，促进全国范围内蓝色金融的协调发展。结

① 中国人民银行福州中心支行课题组. 金融发展理论视角下平潭自由港金融发展战略研究[D].载吴国培、晏露蓉主编. 金融改革发展研究与海峡西岸经济区实践[M]. 北京，中国金融出版社，2015.

合国家出台的产业政策，深入挖掘海洋经济的区位比较优势，按照区别对待、统筹发展的思路，针对不同行业、不同产业及其所处的不同阶段出台不同的金融政策。

二、总量支持：拓宽海洋经济融资渠道

从健全银行业金融服务体系、构建资本市场服务体系、完善保险市场服务体系三方面入手，多层次、多方面推动蓝色金融体系建设，增加金融支持的总量，提高海洋经济金融支持能力。

三、集约发展：通过产融资本的融合提高金融资源利用效率

做好蓝色金融与涉海实体经济的对接工作，推动金融中介的发展，加强部门间协调沟通，形成产融资本融合、保证涉海产业发展、促进海洋经济发展的长效机制。

四、保障机制：优化金融生态环境

继续加大政府的支持引导力度，完善金融管理部门职能，培养高层次金融人才，优化金融生态环境，保障蓝色金融运行。[①]

① 贾卓鹏、王晋.金融支持半岛蓝色经济区发展的路径选择[J].中国农村金融，2012（23）.

第四章

我国海洋经济融资现状分析

海洋是潜力巨大的资源宝库，也是支撑经济未来发展的战略空间。经过多年发展，我国海洋经济取得显著成就，海洋经济迈上新台阶，站在了新的历史起点上，正成为我国经济特别是东部沿海地区转型升级的新引擎。作为现代经济的核心，金融具有融通资金、优化资源配置、参与社会管理等重要功能，通过多层次、多主体参与的金融政策、投融资环境的优化以及金融体系组织架构、融资模式、担保模式、抵质押物等方面的创新和拓宽，构建可持续的海洋金融支撑体系，实现了金融资本与海洋产业资本的有效对接，促进了海洋经济的快速稳定发展，为国家战略的实施提供了强有力的资金保障。

在我国，党和国家历来高度重视发展海洋经济，近年来相继出台各层级、各方向的纲要、规划、意见等，有效地支持和促进了海洋经济的健康快速发展。金融作为一项重要支持政策，在各规划、方案、法规中频频出现。尤其是2010年4月山东、浙江、广东、福建和天津先后被确定为全国海洋经济发展试点地区以来，国务院相继批复了《山东半岛蓝色经济区发展规划》、《浙江海洋经济发展示范区规划》、《广东海洋经济综合试验区发展规划》、《福建海峡蓝色经济试验区发展规划》和《天津海洋经济发展试点工作方案》等发展规划和方案。这些规划与方案获批后，各海洋经济发展试点地区随后出台的一系列规划、意见和方案更加明确了金融对海洋经济的支持（参见表4-1、表4-2）。

表4-1 中央层面出台的促进海洋经济健康快速发展的文件及金融支持措施[①]

序号	单位	年份	文件名称	主要内容
1	国务院	2003	《全国海洋经济发展规划纲要》	《全国海洋经济发展规划纲要》是我国制定的第一个指导全国海洋经济发展的宏伟蓝图和纲领性文件，是党中央、国务院贯彻落实党的十六大提出的“实施海洋开发”战略部署的重大举措。该纲要中有关金融支持海洋经济发展的主要措施是加大海洋经济发展的投融资力度，包括拓宽投融资渠道，确立企业在发展海洋经济过程中的投资主体地位，发挥大型海洋产业企业集团参与国内外市场竞争的作用，努力提高重点海洋产业的国际竞争力；加大扶持力度，逐步扩大沿海岛屿对外开放领域，多渠道吸引资金参与海岛建设
2	国家海洋局连同各有关单位	2006	《国家“十一五”海洋科学和技术发展规划纲要》	该纲要是我国首个国家海洋科学和技术发展规划，具有里程碑式的积极意义。从金融对海洋经济的支撑作用考虑，《国家“十一五”海洋科学和技术发展规划纲要》提出要通过政府财政资金的合理配置和引导，建立多渠道、多元化的投融资渠道，增加全社会海洋科技投入；积极推进科研院所参加职工养老、基本医疗和失业保险；加大对科技创新体系建设的投入，各级海洋、科技主管部门，要结合本地区实际，把解决海洋科技投入作为海洋科技工作的根本保障加以落实等

① 表4-1和表4-2中的部分文件内容详见附录。

续表

序号	单位	年份	文件名称	主要内容
3	国务院	2008	《国家海洋事业发展规划纲要》	该纲要指出实施规划的措施包括加大政府投入力度，提高资金使用效益。各级政府对发展海洋事业要有紧迫感和忧患意识，在国民经济和社会发展规划、计划和财政预算中要把海洋事业发展放在重要地位，加大对海洋事业发展、基础设施、重大专项等的投入力度。进一步完善海洋事业投入的绩效考评机制，加强监督和稽查。建立、完善重大专项和基本建设项目的验收制度，对国家投入海洋事业所形成的各类资产实施有效管理。该纲要是新中国成立以来首次发布的海洋领域总体规划，是海洋事业发展新的里程碑，对促进海洋事业的全面、协调、可持续发展和加快建设海洋强国具有重要的指导意义
4	国家海洋局、科技部	2008	《全国科技兴海规划纲要（2008~2015年）》	该规划纲要是中国首个以科技成果转化和产业化促进海洋经济又好又快发展的规划。规划纲要的保障措施包括强化融资引导，建立多元资金投入机制：发挥国家财政的引导作用，鼓励和引导地方财政、企业和社会加大对“科技兴海”的投入力度，推进多元化、社会化的“科技兴海”投入体系建设，有效形成政府资金和市场资金的对接。国家海洋局和科学技术部进一步加大对科技兴海项目的支持力度，相关计划向科技兴海项目倾斜支持。沿海省市要设立“科技兴海专项资金”，海域使用金要按一定比例重点支持科技兴海；鼓励设立创业风险投资引导基金。充分利用“科技型中小企业技术创新基金”，对海洋科技型中小企业重点支持，鼓励和引导企业自主创新。促进政策性金融机构建立和完善对海洋高技术产业化项目的支持机制，积极探索科技兴海风险投入机制

续表

序号	单位	年份	文件名称	主要内容
5	国务院	2012	《全国海洋经济发展“十二五”规划》	本规划内容提出要积极发展涉海金融服务业：加强金融市场建设，拓宽海洋经济融资渠道，创新金融保险工具，完善海洋金融服务体系。探索海域使用权抵押贷款等创新模式，发展和培育海域使用权二级交易市场。积极支持符合条件的涉海企业以发行股票、公司债券等多种方式筹集资金。探索海洋灾害保险新模式，建立和完善海洋保险和再保险市场
6	国家海洋局和国家开发银行	2014	《关于开展开发性金融促进海洋经济发展试点工作的实施意见》	按照该实施意见确定的目标，到“十二五”末期，力争为海洋经济发展提供100亿～200亿元的中长期贷款额度，使涉海中小企业融资难的现状有效缓解，海洋经济发展方式明显转变，达到资金扶持方向明确、融资服务水平明显提升、融资服务体系基本健全的目的，形成引导、推进开发性金融参与海洋经济建设的良好局面

表4-2　地方层面出台的促进海洋经济健康快速发展的文件及金融支持措施

序号	地方名称	年份	文件名称	主要内容
1	山东省	2011	《山东半岛蓝色经济区发展规划》	在金融支持方面，该规划提出投融资政策：国家在安排重大技术改造项目和资金方面给予支持；设立蓝色经济区产业投资基金；开展船舶、海域使用权等抵押贷款。该规划的批复实施是我国区域发展从陆域经济延伸到海洋经济、积极推进陆海统筹的重大战略举措，标志着全国海洋经济发展试点工作进入实施阶段，成为国家海洋发展战略和区域协调发展战略的重要组成部分

续表

序号	地方名称	年份	文件名称	主要内容
2	山东省	2011	《山东半岛蓝色经济区改革发展试点工作方案》	该方案提出打造现代海洋服务业基地，包括：支持城市商业银行等地方金融机构发展壮大，条件成熟时可根据需要对现有金融机构进行改造，做出特色；积极引进全国性证券公司，支持区内证券公司做大做强，支持设立蓝色经济区产业投资基金，重点扶持区内海洋优势产业发展；积极推进金融体系、金融业务、金融市场、金融开放等领域的改革创新，支持开展船舶、海域使用权等抵押贷款；支持城市商业银行等地方金融机构发展壮大，对现有金融机构进行改造；积极发展现货竞价交易和现货远期交易；支持符合条件的企业发行企业债券和上市融资等
3	浙江省	2011	《浙江海洋经济发展示范区规划》、《2011~2015年浙江海洋经济发展系统性融资规划》	《2011~2015年浙江海洋经济发展系统性融资规划》旨在通过构建投资主体多元、融资方式多样、融资风险可控的融资体系，为示范区建设和发展提供强有力的融资保障。此外，浙江省政府与28家国有及股份制商业银行总行和证券、保险、资产管理等金融机构总部就支持浙江海洋经济发展示范区建设签署了战略合作协议，积极引导各金融机构加大对海洋经济的资金投放
4	广东省	2011	《广东海洋经济综合试验区发展规划》	国务院在批复中明确提出，《广东海洋经济综合试验区发展规划》的实施要突出科学发展主题和加快转变经济发展方式主线，优化海洋经济发展格局，构建现代海洋产业体系，促进海洋科技教育文化事业发展，加强海洋生态文明建设，创新海洋综合管理体制，将广东海洋经济综合试验区建设成为我国提升海洋经济国际竞争力的核心区、促进海洋科技创新和成果高效转化的集聚区、加强海洋生态文明建设的示范区和推进海洋综合管理的先行区

续表

序号	地方名称	年份	文件名称	主要内容
5	福建省	2012	《福建海峡蓝色经济试验区发展规划》	该规划提出，福建应积极推进海洋产业转型升级，集聚发展高端临海产业，培育壮大海洋新兴产业，大力发展海洋服务业，提升现代海洋渔业发展水平，突出龙头带动，着力延伸产业链、壮大产业群，构建优势突出、特色鲜明、核心竞争力强的现代海洋产业体系；明确了海峡蓝色经济试验区六大战略定位，即深化两岸海洋经济合作的核心区、全国海洋科技研发与成果转化重要基地、具有国际竞争力的现代海洋产业集聚区、全国海湾海岛综合开发示范区、推进海洋生态文明建设先行区和创新海洋综合管理试验区
6	天津市	2013	《天津海洋经济发展试点工作方案》	根据该方案，天津市将打造现代海洋渔业、海水综合利用业、海洋工程装备制造业、海洋石油化工业、现代港航物流业、海洋旅游产业六条核心产业链，构筑现代海洋产业体系。该方案试点规划期限为2013~2015年。根据批复，实施试点方案要以提高海洋科学开发和综合管理能力为目标，以加强海洋生态环境保护为前提，以科学开发海洋资源为着力点，以培育海洋优势产业为突破口，在海洋经济发展的重点领域先行先试，努力探索有利于海洋经济持续健康发展的体制机制，为我国海洋经济科学发展提供有益借鉴

在中央层面，“十二五”之前的四大纲要主要关注“科技兴海”，金融支持方面只是比较笼统地提到拓宽融资渠道，加大对海洋科技的投入，而对于金融支持海洋经济发展的具体政策少有提及。《全国海洋经济发展“十二五”规划》开始提及发展涉海金融服务业，金融对发展海洋经济的重要作用更加凸显。但是，相关政策还比较零散，尚没有专门针对海洋经济特点的金融业发展安排。在地方层面，更多地考虑到了发展金融服务业

和拓宽融资渠道在区域海洋经济发展规划和相关经济发展政策中的重要性，并且强调要充分运用信贷、资本、保险等各类金融资源和工具来促进海洋经济发展。

第一节　我国金融支持海洋经济发展的主要做法及成效

随着海洋经济的发展，“十二五”期间，金融部门紧跟国家发展海洋经济的战略步伐，加强海洋经济融资的对策研究，加大信贷扶持和创新力度，不断提升金融对海洋产业的服务水平，对海洋经济的发展发挥着越来越重要的作用。在不断加大海洋经济资金扶持力度的基础上，金融部门还在创新支持海洋经济发展方面进行了一些积极的探索，取得了一定的成效。

一、推动搭建银政企合作平台

一是深化与政府及海洋经济有关部门的战略合作。为拓宽海洋经济发展的资金渠道，引导和鼓励金融机构创新金融服务，各地积极推动银政合作，基于政府对海洋经济发展战略的认识和把握，引导金融机构支持海洋经济发展的方向和目标，实现有限金融资源的最大化利用和最有效投放。例如，2013年以来，建设银行福建省分行、中国银行福建省分行、福建省农村信用社、中国邮政储蓄银行福建省分行、民生银行福州分行、厦门银行、恒丰银行福州分行、浦发银行福州分行、中国大地财产保险股份有限公司福建分公司、福建省投资开发集团有限公司等10余家金融机构分别与福建省海洋与渔业厅签订了战略合作协议（备忘录），双方就共同推动海洋银行成立、现代海洋渔业产业升级、海洋新兴产业和海洋服务业发展、金融产品和服务方式创新、外资外债和现金管理业务等方面开展全方位合作，共同推进海洋经济发展。

二是推动建立海洋经济发展平台。为提高企业抗风险能力，推动银行与海洋企业的有效对接，各地陆续将小而散的海洋企业整合在一起抱团发展，着力打造海洋经济发展新平台，金融对海洋经济的支持也由传统的信贷支持向投资银行及产业整合、商业撮合等非金融服务延伸。例如，2013年11月，福建省合并成立了福建省海洋实业股份有限公司、北海洋实业股份有限公司和南海洋实业股份有限公司，着力打造海洋经济发展航空母舰，实现银行和海洋龙头企业的跨界大联合，海洋经济发展金融支持延伸到投资银行及产业整合、商业撮合等非金融服务。

三是设立海洋经济创业投资基金。为引导社会资本进入海洋经济领域，各地纷纷设立海洋经济专项投资基金，对区域内海洋经济产业中处于初创期或成长期的企业进行股权投资，以市场化的手段引导社会资金进入海洋经济领域，帮助海洋企业做大做强。例如，山东省相关地市普遍设立蓝色经济区投资基金，部分地区甚至提出蓝色经济银行的大胆设想，以更加专业的姿态提高对海洋经济的金融服务质量，此举对吸引社会资本进入海洋经济领域发挥了投资杠杆作用，也提高了政府投资的效率。2013年，福建省海洋与渔业厅投入省级财政资金5 000万元引导设立首期现代蓝色产业创投基金，重点支持福建省海洋新兴产业、现代海洋服务业、现代海洋渔业和高端船舶制造等海洋产业发展，专门用于参股在福建省设立专司对海洋产业中处于初创期或成长期的企业进行股权投资的创业投资企业。

四是搭建海洋产权交易平台。近年来，随着国家海洋强国战略的实施，沿海各地加大了海洋空间与资源的开发利用步伐，随之而来的海洋产权交易需求也逐步显现。为保证海洋资产高效利用和有序开发，沿海部分省份积极探索建立多样化的、灵活的资产管理体系和资本交易制度，搭建海洋产权交易平台。例如，2014年9月，烟台海洋产权交易中心（以下简称海交中心）挂牌成立。海交中心是经山东省政府批准，由山东省海洋与渔业厅牵头，山东省国资委和烟台市政府共同设立的全国首家省级海洋产权交易机构，注册资本5 000万元，主要从事以海域、海岛等使用权，海砂、矿产等海洋资源开采权和以渔船、轮船等为标的的产权交易业务，以及以海洋知识产权、涉海金融资产（应收账款、票据等）权益等作为交易品种的交易业务。同时还开展海域海岛使用权、股权、经营权、租赁权抵（质）押融资和资产证券化等金融创新业务。此外，烟台海洋产权交易中心还发起设立了“海上粮仓”基金，基金总规模为3.2亿元，主要围绕山东省“海上粮仓”实施意见确定的重点产业开展股权投资活动，推动现代海洋与渔业企业做大做强，实现融合发展。

二、加大金融创新力度

一是探索建立海洋经济专营服务机构。在我国现有的金融格局下，银行业仍然是海洋金融的主体，因此应支持城市商业银行等地方金融机构发展壮大，对现有金融机构进行改造，以满足海洋企业资金需求、促进海洋产业发展为前提，整合金融机构内部资源，构建专业化的服务机构和团队。例如，宁波的国有大型商业银行开始形成以分行海洋金融服务中心为引领、以相关支行海洋经济服务团队为主导、以集聚区网点为触角的全方位海洋金融服务体系。海洋金融服务中心负责全（分）行海洋金融政策的研究制定和牵头营销工作，并且根据五个重点区域支行各自的经营特色，成立临港大工业、港航服务、船舶融资、大宗商品交易市场、海岛海域开发等海洋金融服务团队。广东省汕尾城区农信社、茂名电白县农信社等金融机构均设立了海洋经济贷款专营中心，为相关产业提供专业化服务。2011年11月，中国民生银行福州分行牵头成立了省内第一家从事海洋产业的金融部门——海洋产业金融部，以“海洋产业金融部+水产业支行（成立马尾、连江等海水产业支行）”为主要作业模式，紧抓核心企业，开发产业链上下游企业，实现全产业链开发。2012年9月，正式开业的民生银行连江支行成为省内第一家海洋渔业专业支行，支行下设鲜品金融部、冻品金融部、加工流通金融部以及售后服务部等部门，深度服务海洋产业。

二是灵活调整授信管理策略。为更好地服务海洋产业发展，部分金融机构针对海洋产业特点制定专项授信管理政策，有效满足了涉海经营主体的资金需求。例如，2013年10月，《中国进出口银行支持远洋渔业融资服务方案》、《中国建设银行海洋经济建设贷款管理办法（试行）》相继出台，其他商业银行也在支持过程中结合海洋经济特点灵活调整授信管理策略，主要包括：（1）调整小额信贷产品要素，支持海洋渔业发展。如中国邮政储蓄银行莆田分行针对海洋渔业客户资金需求量大的特征，将小额贷款额度从原来的8万元提升到20万元。同时根据鲍鱼养殖周期长的特征将贷款期限由12个月放宽为24个月，减少了养殖户的还款压力。（2）量身定做季节性额度，支持海产品加工业。如中国民生银行莆田分行为海洋产业客户量身定做季节性额度，向海帝食品综合授信2 000万元，授信额度由基础额度和季节性额度组成，其中，1 500万元为基础额度，500万元为临时追加的季节性额度，时间跨度为8月至次年1月，以满足海洋客户季节性资金需求。

三是不断创新金融产品。抵质押物缺乏是制约海洋产业里中小企业融资的主要瓶颈。为满足中小海洋企业的资金需求，金融机构积极拓宽抵质押方式，立足中小海洋企业特点设计了一系列新的信贷产品，弥补了中小海洋企业的资金缺口。例如，海南省琼海市各金融机构积极拓展海洋金融产品，针对渔民量身定做信贷产品，如农信社的“一抵通”、农业银行的“农户小额贷款”、邮储银行的“零售贷款”等，加大渔船抵押贷款、第三方担保贷款等的应用。截至2014年6月末，邮储银行琼海市支行发放渔船抵押贷款6笔，金额607万元；农业发展银行琼海市支行新增抵押担保贷款2 500万元，琼海农信社发放渔船改造贷款9笔，金额1 630万元。此外，金融机构积极创新融资平台和模式，探索推出适合海洋产业全面发展的多种信贷支持方式，如平安银行琼海市支行提出的融资租赁、圈链会联合担保的信贷方式，工商银行琼海支行推出的滩涂贷款、海域使用权抵押贷款等创新型金融产品。在风险可控的前提下，福建省金融机构研究适当扩大贷款抵押物范围，探索试行各类船舶、在建船舶抵押融资模式和海域使用权质押贷款等适应海洋经济发展的新型信贷模式。2013年，办理了洋屿无居民海岛使用权抵押登记，实现贷款金额8 000万元，开创了全国无居民海岛使用权抵押贷款的先例。通过与银行合作开展中小企业稳定助保贷业务，积极推动在建船舶抵押融资、供应链融资、应收账款质押、存货质押等贷款业务。

三、拓宽企业融资渠道

海洋经济中诸如海洋资源开采、港口建设等产业具有技术和资本高度密集、融资需求量大、成本回收周期长和风险因素不确定等特征，传统的信贷融资往往难以充分满足其资金需求。基于此，金融机构积极拓宽多元化的融资渠道，充分发挥金融市场的融资功能，通过促进对接债券市场、股票市场、风险投资基金等社会各类资本，为涉海企业提供多样化、针对性更强的融资解决方案。积极支持符合条件的涉海企业发行债券、股票上市以及通过银行间债券市场融资，积极发展现货竞价交易和现货远期交易。

专栏4-1

宁德市积极拓宽海洋经济直接融资渠道的做法

一是发行区域集优中小企业集合票据。由于中小企业集合票据具有“集小成大、化劣为优”的创新优势及发债门槛降低、成本降低、融资期限较长等优点，宁德市积极推进发行区域集优中小企业集合票据。宁德市第一批区域集优中小企业集合票据拟发行14亿元，截至目前已成功发行四期，10家企业直接募资6.3亿元，其中，为宁德市夏威食品有限公司、福建岳海水产食品有限公司等多家海产品加工企业共募资1亿元。宁德市区域集优中小企业集合票据的推广应用，增强了中小微型企业直接债务融资的可持续性，进一步拓宽了企业直接债务融资渠道。二是海产企业首次挂牌上海股交中心E板。为解决海产加工企业融资难问题，鼓励和引导企业通过各类股权交易平台挂牌上市，促进民营经济逐步转变传统融资观念，不断拓宽融资渠道。2014年10月28日，集海洋经济鱼类育苗、养殖、加工、销售、出口为一体的福建闽威实业股份有限公司正式在上海股交中心E板挂牌上市，成为福建省首家在上海股交中心E板成功挂牌的民营企业。三是鼓励企业到福建海交中心挂牌。为进一步扩大直接融资规模，充分发挥海交中心的股权、债权综合金融服务平台功能，宁德市推动了4家中小企业在海交中心挂牌，其中，有宁德市三都澳旅游开发有限公司等海洋经济企业，标志着宁德市企业在挺进多层次资本市场方面迈出了新的步伐。

专栏4-2

宁波港集团多元融资模式

宁波港集团的前身为宁波港务管理局，成立于1979年，直属交通运输部。2004年3月17日，根据宁波市人民政府《关于同意成立宁波港集团有限公司的批复》（甬政发[2004]23号），以宁波港务局的全部资产和企业为主体组建宁波港集团。2010年9月28日，宁波港股份有限公司在上交所成功上市。在推动海洋经济发展的大背景下，宁波港集团创新探索多元融资模式，成效显著。

一、银企深化合作，推进强港工程建设

宁波港集团成立以来，积极建立银企业务合作关系，并随着集团发展壮大，双方的业务合作范围更趋广泛和深入。一是签订战略合作框架协议。2008年，工商银行总行与集团签订战略合作框架协议，使之成为工商银行总行直营的重点核心客户。二是设立上市公司募集资金账户。自宁波港股份有限公司提出上市的需求后，工商银行宁波市分行积极协调，最终为其设立上市公司募集资金账户。三是在企业投资领域深度合作。2010年4月，工商银行宁波市分行积极推动，转派协助人员，协助宁波港集团财务公司顺利成立并运营。

二、组建财务公司，着力发展航运金融

宁波港集团财务有限公司的设立，是宁波航运金融一次积极探索。财务公司为企业提供了一个先进的资金管理平台，通过加强内部资金集中管理和积极参与外部金融市场，提高集团资金使用效率，拓宽集团融资渠道，降低融资成本及金融风险。

（一）加强内部资金管理，拓展外部资金来源

一是作为企业内部融资机构，财务公司积极发挥整合内部资源、聚集资金

的作用；作为金融企业，财务公司充分利用所集中资金，向成员单位提供资金支持，减少外部融资，降低整个集团的财务费用。二是财务公司作为非银行金融机构，积极参与金融市场运作，利用自身便利，适时通过同业合作、引进战略投资者、资产证券化等手段，拓宽财务公司的“资金池”；同时，探索建立资源集成、优势互补、风险共担的多元化融资机制，积极开发权益类、信托类产品，多渠道扩大港口物流业发展融资总量，满足宁波港发展的融资需求。三是财务公司采用了国内较为先进的收支一条线的结算模式，为成员单位提供结算、贷款、票据贴现、数据整理等功能。四是财务公司根据企业发展需要，开展了票据贴现、融资顾问、委托贷款等金融业务，逐步推广保险代理业务。

（二）发挥财务公司金融平台功能，积极开展航运金融业务

一是以“保险代理”身份节约保险成本，以“保险经纪”身份创造保险效益。财务公司于2011年9月28日获得保险兼业代理资格，可以从事保险代理业务，在实际业务开展过程中，财务公司集合了集团公司及其下属公司的保险资源，分类打包，集中与保险公司谈判，争取了优惠费率，并获得了代理业务收入[①]。二是积极探索各项新兴业务。通过账户透支额度、信贷利率优惠等条件吸引外来客户单位在财务公司开立结算账户；推广衍生服务产品，如保险经纪业务、融资租赁、信贷业务等；为关联的上下游客户提供金融服务。

三、改革创新发展，积极争取政策支持

（一）税收优惠政策

宁波港集团积极争取地方财政和国家财政对重大港口基础设施、物资储备基地和集疏运项目建设给予一定税收优惠，保证财务公司能有更多的资金投向港口物流建设；同时地方政府可以对财务公司安排信贷资金，对财务公司牵头

① 宋汉光. 金融护航海洋经济发展的实践与探索[M]. 北京，中国经济出版社，2013.

的港口基础设施、物资储备基地和集疏运建设的融资项目给予一定的财政补贴及奖励，激励引导财务公司将更多的资金用于支持海洋经济项目建设，以持续推进宁波港的建设，推动宁波海洋经济的发展。

（二）灵活信贷政策

根据浙江省政府和中国人民银行杭州中心支行《关于金融支持浙江海洋经济发展示范区建设的指导意见》（杭银发[2011]107号）文件精神，积极向有关部门争取灵活的信贷政策，包括再贷款、再贴现额度及利率优惠。同时，鉴于港口及物流发展对资金的迫切需求，向相关监管部门争取专项信贷政策，并利用信贷、信托等方式将归集的资金专项用于港口码头建设和物流发展等海洋经济发展的重点领域①。

四、建立保险、担保机制

根据海洋经济发展过程中面临的高风险和不确定性，提前采取保险、担保等预防性措施予以化解。

一是引入政策性保险机制。为推动保险在水产养殖等海洋弱质产业的发展，部分地区探索开展了政策性保险试点，在成功试点的基础上保障范围逐年扩大。例如，2012年福建省正式启动政策性水产养殖互保试点，同年9月省渔业互保协会与福鼎市海川视频有限公司签订了福建省第一单政策性紫菜养殖互保协议，打破了福建省水产养殖长期以来参保无门的局面。之后，又陆续开展了漳浦县吊养牡蛎养殖、福鼎海鹏公司外海深水抗风浪网箱和海水木质网箱养殖设施、霞浦县抗风浪网箱养殖设施政策性互保试点，水产养殖互保试点范围逐年扩大。自开展水产养殖互保试点工作

① 宋汉光. 金融护航海洋经济发展的实践与探索[M]. 北京，中国经济出版社，2013.

以来，福建省渔业互保协会共为渔民会员提供2 020万元的风险保障。

二是完善商业信贷担保体系。为解决海洋经济产业园区基础设施建设融资难题，部分政府通过划拨资产设立国有或国有控股公司等形式，由资产公司为园区企业融资提供担保，通过搭建商业化的信贷担保体系，为园区相关企业融资提供便利。例如，福建诏安金都海洋生物产业园管委会成立了诏安金都资产运营有限公司，通过土地收储贷款，目前已向中国农业发展银行诏安县支行进行土地抵押贷款，用于园区道路、水、电等基础设施建设。福建省多个产业园区都成立了类似的担保公司，以此方式解决产业园区基础设施建设融资问题。

三是出资设立针对海洋产业中小企业的贷款风险补偿基金。为扶持现代海洋产业中小企业发展，保障有市场、有发展潜力但抵押不足的现代海洋产业中小企业获得信贷支持，各地财政部门拿出专项资金，定向用于海洋产业中小企业贷款的风险补偿，通过财政资金兜底为企业增信，极大地提高了金融机构向海洋产业中小企业放贷的积极性。例如，2013年福建省投入5 000万元省级财政资金设立现代海洋产业中小企业助保金贷款政府风险补偿资金，与中国银行福建省分行、民生银行福州分行合作开展现代海洋产业中小企业助保金贷款业务，两年内计划发放助保金贷款42亿元。自2013年年底发放首笔贷款以来，目前已累计授信贷款近6亿元，有效地解决了海洋产业中小微企业融资难问题。

四是创新保险服务。为降低大风等极端恶劣天气对海水养殖企业带来的风险，部分沿海省份加快“三农”保险创新，积极探索天气指数保险等新兴产品和服务，丰富农业保险风险管理工具，破解海水养殖企业“靠天吃饭”的难题。例如，山东省威海市作为全国重要的海藻类产品养殖和生产基地，藻类养殖面临的风险是始终难以破解的问题。针对这一情况，威海市部分金融机构积极设计适合海洋产业经营特点和汇率变化趋势的避险产品，在省内率先推出海水养殖风力指数和海参养殖气温指数保险，为涉海企业提供风险保障。其中，海水养殖业风力指数保险是兼具“养殖保险”和“指数保险”双重属性的创新型产品，通过引入风力指数将保险标的所遭受的损失指数化，以气象部门发布的公共气象信息作为保险责任的核心要件，不仅有效简化了繁杂的查勘定损工作，避免保险双方争议的发生，而且提高了风险可控程度。2014年，该市渔业实现保费收入1.2亿元，赔付金额6 030万元。

专栏4-3

福建省金融机构支持海洋渔业发展的创新做法

一、设立海洋渔业专业支行

民生银行福州分行率先在主要渔区连江、马尾设立渔业专业支行，为海洋渔业发展提供周到服务。之后，邮储银行福建省分行、福建省农村信用联社等金融机构陆续设立海洋渔业专业支行。

二、整合产品提供全产业链金融服务

一是农业银行福建省分行打造首个海洋渔业链式金融服务产品——“海丰通”，针对产业链“养殖、捕捞、加工、贸易”各环节不同主体的客户特点，设计“渔民盈”、“渔企盈”、“渔社盈”、“渔路盈”、“渔产盈”等六个子品牌，对应重点推介产品，实现服务链上产品全覆盖。二是民生银行福州分行设计开发出海洋渔业全产业链金融解决方案——“海融通”，包括渔货通、海洋投行通、海洋商户卡以及高端私人银行产品——蓝色产业投资基金等多项业务，为海洋渔业发展提供全面服务。

三、创新支持海洋渔业发展特色金融产品

一是农业发展银行、工商银行、农业银行、兴业银行、中信银行、民生银行和农村信用社7家金融机构积极探索通过渔业用海抵押贷款或组合担保贷款支持海洋渔业发展。二是漳州辖区农村信用社、农业银行、邮储银行积极拓展渔船抵押贷款支持渔民购买钢质渔船。三是农业银行福建省分行2012年推出县域个人冻品非标准仓单质押担保方式，支持海产品加工、流通领域发展。四是民生银行福州分行引导海洋渔业产业链上的小微企业组建城市商业银行合作社，设立互助担保基金。

四、建立海上移动银行服务海洋渔业发展

农业银行依托智付通、移动POS机和自助服务终端等自助机具，将服务点设置在海上旅游景点、养殖龙头企业、渔排餐馆及鱼料经销店等，并向符合条件的海上养殖户、经销户发行惠农卡，发放农户小额贷款，用于满足海上从业人员融资需求和资金结算需求。其中，中国农业银行福建省分行宁德市蕉城长兴支行设立海上金融服务点的做法，被中央电视台新闻联播报道，并荣获2012年度中国银行业协会“年度最佳社会责任特殊贡献网点奖”。

第二节　我国海洋经济融资存在的问题

一、理念层面：海洋经济与陆地金融的脱节

在海洋金融体系未完全建立和完善之前，海洋经济特殊的风险特征和表现形式使得现有较为成熟的陆地金融体系和金融资源难以与海洋经济的发展需求有效对接。海洋经济的风险主要表现在以下方面：

一是政策风险。海洋行业目前属于国家支持的重点领域，随着经济的发展，国家宏观经济政策、产业政策、信贷政策的变化，可能对海洋产业产生不确定的影响。以船舶行业为例，一方面，欧洲经济危机对企业订单造成了很大影响，经营出现亏损，进而约束金融支持；另一方面，国内对过剩产能行业的“一刀切”政策制约了局部不过剩的海洋产业的融资可得性。

二是行业风险。海洋基础设施投资领域的资金需求量大，回报期长，存在一定的投资风险。另外，海洋产业多属于新兴产业，示范案例少，处于摸索发展阶段，存在较大的行业波动风险。此外，据相关调查，海洋经济各产业结构的相似系数在0.89~0.96，而国际上较为理想的产业结构相似系数一般在0.4~0.5，高度同质的产业构成不利于建立富有特色和可持续的经济结构。

三是海洋环境风险。海洋运输、沿海石油、化工工业的发展容易引发海洋污染，进而导致鱼群死亡、赤潮频发、珍贵海生资源消失等严重后果，对海水养殖、海洋捕捞等产业造成不利影响。以山东寿光的原盐生产行业为例，该市卤水开采呈现出掠夺性特点，地下卤水资源消耗严重。据当地潍坊银行反映，该行已认识到沿海卤水资源下降对信贷风险的影响，并适当调整了对原盐生产企业的授信。

四是汇率风险。大部分海洋企业的经营特点是以单定产，所承揽工程建造周期长（2~3年），单件价值高（单价1亿美元以上），销售一般用美元结算，受汇率及国外市场环境影响较大。由于生产周期长加之原料采购多数依靠美元结算，因此在人民币汇率波动不稳的背景下，承受的汇率风险较大。

五是技术风险。我国海洋工程行业起步较晚，技术储备和建造经营相对不足。在海洋工程装备中有75%的配套产品依靠进口，而且多数为海洋工程设备中的核心技术产品，只有25%的基础钢板和低端辅料在国内采购。因此，海洋工程装备企业容易面临技术风险，甚至造成合同无法履行或建造无法完成的问题。

六是自然灾害风险。海洋作业具有多变性和复杂性，易发生由船舶碰撞、搁浅、操作失误、恶劣天气等引起的财产损失和人员伤亡，若防范不到位，海洋行业企业的建筑、设备、养殖水产等将遭到较大程度的破坏，且目前保险能否足额全面地保障存在不确定性。

综上，海洋经济的风险涉及面较广，缺乏对产业风险的有效管控割裂了陆地金融对海洋经济的资金融通渠道。据了解，目前海洋产业中传统的较大规模企业对金融支持的满意程度相对较高，但对于海洋高新产业、海洋中小企业以及海洋渔业养殖业、部分船舶制造业等投入大、见效慢、回收期长、不可抗力多、涉外占比高等风险较为突出的海洋产业，由于抵押担保、保险、风投等风险规避配套服务的相对滞后，银行信用与海洋企业之间形成了断层，金融机构的融资支持满意度较低。因此，降低、分散和转移海洋经济风险对于搭建陆地金融与海洋经济的桥梁、增强两者的融合非常关键。

此外，缺乏海洋产业依托也是造成海洋经济与陆地金融错位的重要原因。目前海洋经济发展仍表现出明显的陆地特征，即与海洋经济相关但与陆地关联度更高的产业发展较快，而与海洋直接相关、独立性较强的产业则发展相对滞后。结果使得向海洋经济倾斜的金融资源更多地集中在与海洋经济相关的陆地产业，并未能给未来可持续的海洋经济增长点提供有效支撑。[①]

---

① 杨子强. 加快金融创新，助力蓝色海洋战略[J]. 金融发展研究，2011（10）.

二、金融体系层面：缺乏适合海洋经济特点的金融安排

（一）服务于海洋经济的专业金融机构不足

海洋经济的高风险特征与现有成熟金融体系审慎经营、规避风险的原则相悖，导致服务海洋经济的专业金融机构不足，仅有个别金融机构成立了专门面向海洋经济的业务部门，难以有效满足海洋经济与产业的金融需求。据对部分重点区域海洋企业的调查，企业普遍认为资金是“当前制约企业发展的第一要素”；从融资来源机构看，目前企业融资需求的满足主要来自国有银行（89.5%）和股份制银行（65.8%），政策性银行（26.3%）、城市商业银行（36.8%）及其他金融机构（13.2%）相对较少。近年来，海洋产业融资缺口逐年上升，其中，海洋油气、海洋矿业、海洋船舶、海洋化工、滨海旅游行业的资金缺口率较大，均在50%以上，现有金融机构和融资方式尚不能满足行业内相关企业的发展需求。

（二）契合海洋产业特点的金融产品和服务不够丰富

尽管金融机构围绕海洋经济积极创新金融产品，但相对海洋经济的资金需求，目前与海洋产业特点相符合的金融产品和服务仍然偏少，无法满足海洋产业多层次、大规模的金融需求。

一是适应海洋经济的新兴抵押融资类产品较少。据调查，由于海洋产业的高风险性，目前海洋贷款主要为抵押担保贷款，其中，抵（质）押贷款占比达到60%，担保贷款占到21%。但是海洋产业动产及无形资产占比较高，且海洋产业用于贷款抵押的机器设备多属专用设备，抵押率相对较低，大多仅在25%~60%，因此融资规模受限。尽管金融机构相继推出海域使用权抵押、水产品抵押、供应链融资、存货动态质押担保等模式，

但海域使用权等用益物权的抵押在司法保全、交易费用、流转平台等方面仍有障碍，而且金融机构的相关制度和操作规程还不够规范和明确，海洋经济中的新兴抵押融资类产品发展较为缓慢。同时，过度依赖传统抵押担保贷款的融资模式容易加大资金链断裂风险。此外，金融创新产品缺乏个性化，也难以满足涉海金融服务多样化的需求。例如，福建宁德市金融机构产品创新同质化严重，没有以支持和发展海洋经济及相关产业需求为导向，积极寻找和创新金融服务产品，针对不同涉海产业特征及融资需求，通过创新个性化的产品提供差别化服务。

二是直接融资发展程度偏低。由于适合海洋产业特点的各种股权融资、债券融资方式有限，目前海洋产业上市意愿不高，大多数企业的融资方式仍为银行贷款，还有很少部分企业采取自筹、短期融资券、集合债券等方式。针对海洋特点的直接融资市场和产品的发展程度偏低，限制了海洋经济可持续发展的资金支撑力度。以福建省为例，虽然福建省有关部门大力推动中小企业发展直接融资，先后开展和促进发行区域集优中小企业集合票据，推动中小企业挂牌上海股交中心E板，鼓励中小企业到海交中心挂牌，发挥海交中心的股权、债权综合金融服务平台作用，但借助这些渠道开展直接融资处于起步阶段，是福建省中小企业挺进多层次资本市场的试水，融资规模偏小，直接融资比重低。而在多层次资本市场体系中，福建省涉海企业在发行股票、公司债券、短期融资券等多种方式筹集资金上还较少，直接融资渠道仍较狭窄。据调查，沿海某省12个地市涉海直接融资余额仅占涉海信贷余额的0.2%，融资比例极低。

三是风险规避手段缺失。海洋经济产业多为涉外企业，面临较多的汇率风险，而目前金融市场和机构缺乏足够的汇率出清产品和手段，在很大程度上制约资金向海洋经济产业的投入。

四是配套中介服务机构发展缓慢。缺乏面向海洋经济的专门化的担保机构、租赁公司，相关领域内的法律、会计等相关中介机构不足也制约了现有金融体系与海洋经济的对接。据海南省某市调查发现，该市现有的2家融资性担保公司由于注册资金少、内部管理不够规范以及风险机制未健全等因素，业务发展不理想，目前通过担保公司融资的涉海信贷业务仅有1笔，占所有涉海贷款笔数的0.09%。融资担保机构的缺位和不足，宣传引导不够，业务产品不为经济主体所认知，也间接影响到金融对涉海产业的支持。

（三）海洋保险尤其是政策性保险的保障功能不健全

海洋产业的高风险性要求必须有保险业的介入，但目前的保险体系尚未与海洋经济有效匹配。

一是政策性保险缺位。目前的海洋保险主要集中于海上货物运输，由于该产业风险较高，若保费较高就无人问津，若保费过低则根本无法有效覆盖风险，商业性保险意愿不足，必须要设立政策性保险，但目前政策性保险严重不足。

二是专门为海洋经济设立的保险品种较少，目前国外已推行的渔船保险补贴计划、渔业保险补贴计划、普惠制的引导性保险计划等在国内均未实施，海洋保险尚未成为海洋保险业务的优势和特色。

三是海洋保险的风险分散机制不完善，面向大范围、应急性的巨灾保险和再保险尚未健全。

四是由于海洋经济保险业务涉及多领域知识，专业性较强，保险定价、估损、理赔等方面的技术要求较高，保险机构普遍缺乏海洋技术领域专门人才，无法保、不敢保的现象非常普遍，海洋保险对海洋经济发展的保障功能亟待提高与完善。以广东省为例，广东海洋经济保险仅有进出口货运险、船舶建造险、船舶污染责任险、渔工责任险等少数几个品种，难以有效覆盖相关风险，使金融机构支持海洋产业的信心不足。

（四）民间资本进入海洋经济领域的渠道和规模有限

海洋经济发展所需的大规模、可持续资金仅靠正规金融难以完全满足，不仅融资规模受限，融资成本也高。对部分海洋区域的相关调查显示，目前金融机构对海洋经济的贷款利率普遍上浮，其中，上浮（0，10%）的占33.3%、上浮[10%，20%）的占23.3%，上浮[20%，30%）的占40%。为此，海洋经济发展的潜力和空间需要民间资本的介入，以发挥杠杆作用撬动更多的金融资源支持海洋经济发展。发展风险投资是民间资本进入海洋经济的重要通道，尤其是加快海洋科技研发和成果的产业化进程，发展风险投资是解决海洋高技术企业融资的重要一环。此外，民间资本通过股权、债券、项目融资等开展创业投资、天使投资的渠道有限，民间资本进入海洋领域仍存在资金准入、资格审查等准入限制，尚未形成良好的创投环境。海洋产业风险投资发展滞后不利于海洋经济，尤其是成长型海洋产业的发展。

（五）资源环境约束和资金监管要求制约了银行对海洋企业的资金支持力度

与海洋经济相关联的海洋自然资源、生产要素、专用设备、涉海知识产权与技术、涉海企业产权等缺乏有效的交易流转平台，是制约当前海洋经济发展的主要瓶颈。涉海资源和产权不能以合理的价格进行转让和交易，使开展涉海融资业务的金融机构面临更大的流动性风险。同时，金融监管政策中的一些规定也对金融支持海洋产业形成了制约。比如，监管政策中要求“实贷实付”、“专款专用”等操作都存在政策不适应实际的情况。贷款新规实施后，部分客户由于自身财务管理等情况难以满足“实贷实付”的要求。监管政策中对地方性金融机构最大单户企业贷款比例管理的规定，在一定程度上限制了渔业龙头企业的做大做强。

（六）财政的风险补偿和资金激励诱导作用尚未显现

由于海洋经济的高风险性与金融业务审慎经营的原则相悖，陆地金融资源难以自主流向海洋产业。因此，海洋经济的发展离不开宏观经济政策特别是财政政策的支持，财政政策是政府干预区域经济发展、规范区域经济主体行为、引导和保证区域经济发展按照既定目标进行的重要手段。随着海洋经济的发展，虽然沿海各省市对海洋经济的重视程度不断提高，从总量上看，各地对海洋领域的财政投入也基本上呈现逐年增加的趋势，但是与国外发达国家相比，在财政补贴、税收减免力度和政策执行力上仍然存在较大的差距，客观上制约了海洋经济产业的快速发展。应充分发挥政府主导作用，加大中央、地方各级财政建设性资金向海洋产业的倾斜力度，改善金融机构对海洋产业投资的风险收益比率，利用“政策洼地”来打造“金融高地”，撬动各类资金流向海洋产业。

第三节　小结

海洋产业是资本和技术密集型产业，大量的资金投入是海洋经济发展的前提。近年来，金融部门在支持海洋经济发展方面加大了扶持力度，进行了积极的探索和创新，也取得了一定的成效。但总体上看，海洋经济的发展给我国现有的海洋经济融资机制带来了巨大的挑战，突出表现在：银行信贷对海洋经济支持力度仍然不足，海洋产业在资本市场上的融资十分有限，专业化的金融机构和评估、保险等金融服务依然欠缺等。究其原因，一是海洋经济的特性与市场化条件下金融机构审慎经营、风险规避的原则相背离，即风险收益不匹配导致现有金融体系很难与海洋经济相融合；二是政府财政资金的公共性、有限性决定了其在海洋经济发展中的杠杆性、引导性作用，难以在海洋开发中起到主导性作用；三是较为分散的民间资本面对海洋产业巨大的资金需求和相对较高的风险性，也难以发挥规模效应并有效化解风险。

海洋经济的发展产生了巨大的资金和服务方面的需求。金融是现代经济的“血液”，金融资本具备整合分散的社会资本，并通过金融工具创新缓释投资风险的功能，应成为海洋经济发展的主导融资机制。接下来，我们以海洋经济发展的资金需求为出发点，从战略和产业层面探寻海洋经济发展的融资特征，继而从供给角度找出推动金融服务海洋经济发展的有效路径。

第五章

我国海洋经济发展的融资需求特征分析

第一节 战略层面的海洋经济金融需求特征

“十二五”规划把我国海洋经济发展列入经济发展的重要位置，并相继把沿海区域的海洋经济的发展纳入国家总体发展战略，这充分体现了国家对海洋经济发展的高度重视。沿海区域的海洋经济发展为构建多层次、多元主体参与的金融机构、金融产品的创新、金融市场的完善、投融资生态的优化及金融人才的培养，提供了新的平台和机遇，同时，可持续的海洋金融业的发展可以实现与海洋经济的对接，对推动区域经济结构调整和产业结构优化具有十分重要的意义。

一、海洋经济发展对多元化金融机构的需求

目前，随着海洋经济的跨越式发展及金融深层次改革的快速推进，现有的金融体系不能满足海洋经济发展过程中资金量大、周期长的融资需求，且没有专门服务于海洋经济的金融机构组织，海洋产业的发展、海洋区域的开发及海洋经济区主体功能区的建设等为金融机构的发展提供了新的契机与机遇。

一是促进专业服务海洋经济金融机构的发展。目前的金融体系中，没有专门服务海洋经济的金融机构。海洋经济的发展会促进涉海区域投资需求与融资需求增加，而海洋经济具有地域聚集性高、阶段性投融资需求、融资期限长、投资回报水平高等特点，这就决定了海洋经济的发展需要大量、连续的资金。因此有必要单独建立一个专门的海洋经济开发银行或海洋发展银行等专业金融机构，做到专款专筹、专款专用。当前，发

达国家主要是通过组建专门的海洋银行或在商业银行内分设海洋金融事业部的方式开展涉海金融业务。建设海洋强国是国家战略，商业银行可通过组织专门人才，成立涉海金融分支机构，开拓涉海信贷业务，拓展信贷投放渠道，比如可在沿海中心城市设立海洋金融中心、海洋渔业金融服务中心等，专司海洋金融业务，提高专业化水平。在海洋金融业务得以发展的情况下，商业银行可通过参股、控股或独资的方式，组建成立海洋商业银行，服务于海洋全产业链金融业务。

二是延伸政策银行金融业务的发展。对于海洋区域即主体功能区域的建设及开发，离不开政策性银行对海洋经济开发提供融资支持。海洋产业的特殊性意味着单靠商业银行的支持难以满足其全面的金融需求，而政策性银行有着配合国家发展战略的职能，与海洋经济发展有着较好的政策与需求匹配性。在海洋经济发展初期，政策性银行尤其应发挥其政策性作用，弥补商业银行缺位导致的金融支持不足问题。国家开发银行应发挥自身职能，与海洋经济试点省区开展战略合作，支持其重大项目建设的中长期资金需求，尤其是应发挥国家开发银行在支持基础设施建设方面的优势，把沿海地区基础设施建设项目作为信贷支持重点。由于国家支持海洋战略性新兴产业的力度越来越大，且新兴产业项目后期收益巨大，中国农业开发银行作为我国农业生产领域政策性信贷的主导力量，也应该发挥其在海洋渔业发展中的重要作用：结合“渔业模式”的资金流动周期和需求特点，优化信贷支持模式；要突破流动资金贷款规模限制，适时发放资金扶持海上收鲜运鲜、经济鱼类养殖和冷藏加工等行业发展；积极报批渔业项目贷款，适度支持远洋捕捞、海洋运输等行业发展；对具有国际竞争优势的现代化龙头渔业集团，考虑联合组织银团贷款进行重点支持。

三是完善海洋政策性保险体系。发展海洋产业的风险较高，海洋自然灾害防范与救助是发展海洋经济的保障。海洋自然灾害的频繁性和不可控性意味着防灾救灾体系建设是发展海洋经济的基础性保障措施。海洋自然灾害的监测、预报、预警、防范、事后救助等都需要财政资金的支持。建议整合和优化现有海洋防灾救灾体系，进一步加大投入，使防灾救灾能力走在经济发展之前。针对社会保险资本不愿进入海洋灾害保险的现实，应通过财政投入和政策支持，建立海洋政策性保险体系，同时给予商业性保险以较大的政策优惠，使之在海洋经济领域发挥更大的作用。尝试建立和扶持海洋行业互助组织，使分散的经济体联合起来，互相协作，共同应对海洋自然灾害的挑战。建议将渔业互助保险纳入国家政策性农业保险范围，尽快出台渔业保险补贴政策，如制定渔业灾害保险补贴、渔民失业保险补贴、渔民人身意外伤害保险、渔船财产保险和水产养殖互助保险等新的补贴种类，逐步建立覆盖渔业全行业的风险保障体系，加大对渔民的直接转移支付，调动渔民的积极性。

二、海洋经济发展对多样化金融产品的需求

一是对信贷产品管理模式创新提出新要求。海洋经济的发展，要求金融机构建立符合海洋经济产业链上下游企业特点的授信模式，运用中长期贷款、固定资产贷款、流动资金贷款等信贷产品组合为海洋经济提供综合信贷服务；创新优化海洋产业的授信流程，提升授信审批效率；根据涉海项目风险和经营特点，完善风险评价体系，科学确定贷款利率、期限和还款方式。同时，需大力发展适合海洋物流企业融资、结算特点的物流保理和联网结算等业务，促进海洋物流业加快发展。各金融机构可围绕核心企业大力开发海洋产业供应链融资产品，覆盖企业供应链上下游，依托供应链和产业链中核心企业与关联中小企业的协作关系，规范发展供应链融

资、应收账款质押、存货质押、组合担保贷款等贷款业务，满足海洋产业集群和海洋新兴产业、自主创新中小企业的资金需求。

二是对探索和完善抵质押方式提出新要求。首先，应鼓励金融机构因地制宜研发适销对路的信贷产品，灵活多样创新信贷模式和扩大贷款抵（质）押物范围，积极探索适合海洋产业发展的多种信贷支持方式及海域使用权抵押贷款业务，加大对滩涂、海水养殖、临港工业等拥有海域使用权的海洋产业的融资支持。有效推动海岛使用权抵押贷款、出口退税账户托管贷款、订单质押贷款、应收账款质押贷款、股权质押贷款和存货质押贷款，以及码头、船坞、船台等涉海资产抵押贷款和渔民联合担保信用贷款等业务发展。其次，金融机构要积极鼓励涉海高新技术企业利用股权、专利权、商标专用权开展质押融资，大力支持自主知识产权研发项目，围绕海洋生态、清洁能源产业推广低碳金融创新业务。再次，完善和推广渔船抵押贷款业务，继续推广和完善“渔船抵押＋保单质押”的双重抵押担保模式，按照国家减船转产补贴标准，合理评估渔船价值，适当提高渔船抵押贷款额度，满足海洋渔业发展的资金需求。最后，积极推动在建船舶抵押融资模式，鼓励银行业金融机构开办船舶出口买方信贷和保函等业务，为船舶出口、船舶修造企业技改研发提供多元化金融服务。

三是对海洋经济融资租赁业务提出新要求。随着海洋经济开发及发展，海洋工程装备业、船舶修造业、水上飞机制造业等临港工业和港口码头建设的设备将得到快速发展，金融机构可以根据涉海企业设备投资特点，积极开展直接租赁、售后回租等融资租赁业务，重点支持引进成长性好、成套性强、产业关联度高的关键设备，提高海洋产业技术含量。

四是促进涉海企业的跨境人民币业务。涉海企业在跨境贸易、跨境投融资活动中将加大使用人民币力度，银行业金融机构要结合外向型涉海企业特点，不断拓展跨境人民币结算业务种类，探索开展涉海企业资本项下的人民币业务。丰富人民币跨境结算产品，推出与之配套的保值避险、资金理财等产品，提高跨境人民币结算便利性，帮助涉海企业规避汇率风险。

五是推动“特”字保险产品创新。海洋经济的发展，可促进银行和保险服务相结合，开发适合海洋经济发展需求的保险产品，充分发挥保险行业风险保障作用。一是开发特殊保险产品，保险公司可以根据渔船、渔民和渔监渔政人员的特殊风险保障需求，提供特殊风险保险服务，进一步完善渔业政策性保险，提高渔业政策性保险覆盖面；二是开发特别行业保险产品，大力发展航运保险、船舶保险和海洋环保责任险等险种，为海洋交通运输业、船舶工业和海洋油气业发展提供保障；三是积极开发特色保险产品，如完善面向滨海旅游服务业等特色行业的保险产品体系。

三、海洋经济对多层次资本市场的需求

海洋经济的发展，离不开涉海主体通过资本市场进行多元化融资。涉海主体通过资本市场融资是解决海域开发资金短缺问题的重要渠道，也是优化资源配置、促进海洋经济快速发展的强大动力。

一是鼓励海洋经济企业在主板、创业板、中小板等证券市场上市融资。支持符合条件的涉海企业利用主板、中小板、创业板及海外资本市场上市融资和再融资，为涉海企业提供产权、股权交易服务。对于一些海洋高新技术中小企业，如海洋生物医药、海水综合利用、海洋能源等，目前正处于研发或创业阶段，可以在创业板市场和中小板市场中直接融资；对于发展中的大中型企业，积极鼓励其到主板市场上市融资。发挥区域资本

市场对地方海洋中小企业融资的引导、示范作用，鼓励处于业务成长期、资金缺口较大的海洋中小企业积极在“新三板”（全国中小企业股份转让系统有限公司）和区域股权交易市场进行企业展示、挂牌交易和融资。

二是鼓励海洋经济的相关项目和企业利用债券融资。加大企业债务融资工具的宣传、推广和承销力度，支持涉海企业发行企业债、公司债、短期融资券、中期票据、中小企业私募债等债务性融资工具。可以选择资信较好的海洋开发企业发行企业债券，进行直接融资，以达到既减轻对银行资金需求的依赖程度，又促进企业加快发展的目的。同时，积极争取中央政府批准，发行地方政府债券，并允许其在市场上流通转让。地方政府债券筹集的资金，主要用于基础设施建设、高新科技项目及海洋科技成果的转化。

三是促进海洋产业投资基金发展。结合我国具体实际情况，对未上市但发展前景较好的海洋企业直接提供资本支持，并从事资本经营与监督，最终通过股权交易形成较高投资收益，其运行机制为“集体出资、组合投资、专家管理、收益共享、风险共担”。海洋产业投资基金的来源，主要为政府给予一定的资金支持，并大量地吸收机构和民间资金进入。可以预测，产业投资基金对于促进海洋科技进步、调整和优化海洋产业结构、防范化解金融风险具有重要作用。

第二节　产业层面的海洋经济金融需求特征

未来我国海洋经济的投资需求与融资需求巨大。海洋经济开发中的基础设施领域，包括码头、渔场、航道、锚地、港区道路等，建设周期较长，并存在一定的风险性，海洋生态建设、基本公共服务体系建设等领域，也存在投资周期长、规模浩大、风险性高的特点。总体来看，海洋经济发展的资金需求特征有以下四个方面：

一、海洋产业资金需求的地域聚集度高

海洋产业在空间上的聚集决定了资金投向与资金需求空间区域上的集中。海洋区域经济发展差异的原因主要有历史基础、经济发展水平、资源禀赋、区域发展政策和外商投资倾向以及中心城市带动作用等。区域的区位、地理条件等要素对区域产业的形成和发展起基础性作用。目前，国内11个海洋经济区的设立以及5个海洋经济战略规划区的提出，使得基于区位、行政、产业等因素的海洋经济更加向区域内海洋中心城市集中，并基于规模优势和产业聚集的发展在区域内表现出更多的同质性。例如，山东海洋经济发展重在海洋科技，浙江海洋经济发展重在港口经济，广东重在南海开发和“三生共融”的综合发展上。由此，不同海洋产业产生了空间的集聚和差异，对资金的需求也存在较高的地域聚集度。

二、海洋产业资金需求的阶段性明显

海洋经济产业化的多阶段特征存在对资金供给主体和方式多元化的需求。海洋经济产业化一般要经过实验化、产品化和商品化三个阶段，各阶段的连续运作构成一个完整的产业链。由于各个阶段对资金需求的特点不同，资金供给主体和方式也存在差异。比如，在实验化阶段，研发过程的不确定性和研发成果的公益性使得资金多以国家资助的方式投入；在产品化阶段，资金来源方式主要是以国家开发资金、企业研究开发资金或个人注资为主；在科技成果商品化的阶段，则主要是以风险投融资方式为主。

此外，在产业化完成后还伴随生产经营规模化阶段，主要是以商业信贷、有价证券买卖、资本市场融资为主。对资金主体和方式的多元化需求无法单纯通过财政来满足，金融必须有效发挥资金融通的作用。

由于海洋经济发展需要的资金额较高，仅仅依靠有限的政策性融资力量和部分商业性融资力量，无法完全满足海洋产业对资金需求的大额和连续性要求，因此，国际上一般都存在基于政府投资示范性、引导性和调控性的金融合作，例如，兴办合作基金会，设立信用担保基金和机构，通过股份制方式或联合担保方式发展涉海产业小额信贷等。另外，鼓励企业以入股、个人捐助、国际援助等方式通过项目合作或渠道创新积极进入涉海产业发展，从而形成一个投入多元化、利益共享的投融资新体系，也有效地扩大了海洋产业发展的资金总量。

三、海洋产业融资期限长

长期以来，海洋产业发展较为缓慢的原因在于缺乏持续有效的中长期资金供应，以各类银行融资为主的信贷模式，存在着“短存长贷”的固有缺陷，而国家政策性银行对海域开发的支持力度一直都没有很大的提升，国内资本市场的融资作用也没有很好地发挥出来。例如，目前我国海洋生物医药行业发展规模较小，生产流程复杂，研发、测试、临床等研究阶段时间周期较长。一种创新型药物从研发到最终被批准上市，整个过程需要十几年，高投入、长周期、高风险的特征十分明显。海水养殖业周期较长，从育苗、中间育成、海上暂养到投入放养、收获，生产周期少则几个月，多则4~5年，一般在3年左右，行业成本投入大，资金回收期长。又如，海洋资源勘采业属于资金高度密集型领域，资金投入量和占用周期都要求较高，一个钻井平台的投入大约需要1.5亿美元，如果到深水钻井平台则达5亿~7亿美元，对海洋工程设备的资金投入周期通常为26~30个月，资金占用量非常大，缺乏足够的资金支持。我国海洋产业偏好融资期限较长的股权融资，这一特征和海洋产业的资金周转期较长、资金回收慢的特点相符。

四、海洋产业存在高风险规避需求

海洋经济发展面临的不确定性存在对风险规避服务和工具的需求。由于海洋经济本身的固有属性以及海洋产业的相对复杂多样性，所以海洋产业往往会面临比较高的风险。例如，传统的海洋渔业很容易受海洋环境的影响，而且其自身又具有很强的周期性，所以往往会给经营的企业带来很大的困难。海啸、风浪和无法预知的深海环境等，这些都会对我国海洋产业作业部门造成直接的影响，甚至带来非常大的财产损失。海洋开发尤其是海洋资源勘采业的勘采成功率相对较低，相关企业面临较高的风险。海洋高新技术产业由于处于起步阶段，投入大、科技成果转化率低、回收周期长、产业研发技术具有很大的不确定性，这些会使投资海洋高新技术产业的企业承担巨大的技术和市场风险。海洋经济产业多数为涉外产业，如船舶制造、远洋运输等行业，面临较大的汇率风险。在人民币国际化的大背景下，汇率变动要求投资者拥有较高的应对能力，其风险会影响民间资金投向海洋经济产业的积极性。

防范和规避这些风险，需要金融在风险投资、资本运作、担保、融资产品创新等方面发挥作用，并通过多种金融工具的混合及配合使用，组成与相关海洋产业风险相适应的工具组合、满足融资需求。由于资本市场的直接融资具有融资规模大、期限长、持续性好、无地域性限制、抗风险能力高等特点，因此可以契合海洋经济发展的资金需求。资本市场所具有的独特性使得其能更好地调剂余缺，引导社会中资源的有效配置，从而实现生产要素的最佳组合。多层次资本市场可以为企业发展提供包括股票、债券，以及风险投资、私募股权投资基金等多种融资选择，并且提供一套融资方和投资方风险共担、利益共享的机制。发达国家非常重视风险投资的作用。美国设立了产业投资基金，通过风险运作来引导更多的机构和资金投入到海洋开发当中，这些资本在石油探测、生物工程、船舶制造等行业注入了大量资金，促成了很多优秀海洋企业的成功创立。尤其是对一些高科技领域的海洋中小企业，风险投资基金更是发挥了重要的作用。而在资本市场参与海洋经济发展的同时，资本市场也可以分享海洋经济发展的成果。将海洋经济与资本市场紧密结合起来，是未来发展海洋经济的关键。

第六章

现行金融工具与海洋经济的匹配分析

第一节　主要金融工具的比较分析

一、银行信贷

银行信贷是以银行为中介，将部分存款暂时借给企事业单位使用，在约定时间内收回并收取一定利息的经济活动。目前，银行信贷仍是亚洲乃至全球海洋产业的主要融资渠道。渣打银行、汇丰银行、德国交通信贷银行在中国香港和新加坡的海洋金融业务仍以传统的银行贷款为主。据富通银行调查，在传统的融资渠道中，航运企业外部融资中近80%的资金来源于银行贷款，其中，银团贷款占40.2%、其他贷款占36.2%。从事海洋产业贷款的银行包括三种类型：一是政策性银行。政府通过设立政策性银行，向涉海产业提供低息或无息贷款，或提供比正常分期偿还期限长的贷款。20世纪50年代，日本政府就是通过政策性银行扶植涉海产业的发展。二是专业的海洋银行。这类银行以市场或者非市场化的利率对涉海产业提供贷款，如德意志船舶银行、挪威国家渔业银行等。三是商业银行。商业银行通常在其内部设立专门负责海洋信贷的业务部门，贷款利率为市场利率，如德国北方银行、汇丰银行、苏格兰银行等。发达国家还通过贴息、担保等方式降低贷款风险，鼓励商业银行向涉海产业发放贷款。[①]

在长期利率管制下，信贷业务是国内银行的核心业务。企业通常通过抵押、企业及个人担保、信用等方式获取银行的资金支持。融资成本视

① 刘东民、何帆等. 海洋金融发展与中国海洋经济战略[J]. 国际经济评论，2015（5）.

企业规模、信用评级、贷款期限等情况，通常在基准利率和上浮50%的区间范围内波动，期限结构可分为短期借款（1年期以内）、中长期借款及长期借款等，其中，以短期贷款为主。在信贷资金可得性方面，大中型企业和有政府背景的国有和地方企业资产雄厚，财务信息较为透明，抵质押物充足，又有政府信用作为隐性担保，较容易获得银行信贷资金。随着金融脱媒的加剧，近年来，商业银行逐渐下沉信贷业务扶持小微企业发展，新设小微专营机构、开发信贷产品、拓宽抵质押物范围、优化信贷流程，银行信贷资金的便利、可得程度有了一定程度的提升，但总体来看，大中型企业和有政府背景的国有和地方企业是商业银行的主要客户，“融资难”、“融资贵”的问题在涉海小微企业及个体工商户等融资主体中依然普遍存在。例如，当前银行对融资主体的要求，除了基本条件如工商登记、信用记录、固定经营场所、还款能力、经营者素质等要求外，对企业环保达标、关键财务指标等同样做出了明确要求。海洋产业中存在大量小微企业和个体工商户，大多未达到银行授信门槛而无法获得信贷资金的支持。

二、非银行信贷类融资工具

此类业务属于银行表外业务的范畴。表外业务由于其具有不列入资产负债表内，不影响资产负债总额，但能影响银行当期损益，改变银行资产报酬率的功能，使得表外业务具有低资金占用率、低风险、低成本和高盈利的特征。按照表外业务功能和形式主要分为承诺类、担保类、结算类、衍生类等若干类别。随着财富的积累和经济、物质及文化活动的日益丰富，社会经营主体尤其是企业对金融服务的需求日趋增加，银行从服务客户的角度出发主动跟进，陆续推出了票据、信用证、保函和保理等表外业务，除地方法人机构在涉外业务中因经营区域、业务范围、认可程度等因素制约，未推出保理、保函等涉外业务，其他类型的银行均推出了上述业务。从银行调查情况看，中国加入世贸组织后银行均大力发展具有真实贸易背景的表外业务，只要贸易背景真实、生产经营状况良好，缴存一定比例的保证金后，企业获得此类金融工具支持的难度较小，融资成本低于同期限的银行信贷资金成本，期限结构长短不一，但基本上能够做到与企业贸易融资业务的融资期限匹配。风险程度上，与银行信贷资金相比，非银行信贷类融资工具风险度较低，但在将来随时可能因具备了契约中的某个条件而转变为资产负债业务，形成银行垫款甚至出现不良资产。

三、融资租赁

融资租赁业务即承租人为解决资金短缺问题，需要将自有的设备等固定资产卖给租赁公司以盘活存量资产，然后再从租赁公司租回使用。租赁期限一般为3~7年，根据实际情况适当延长，因此融资租赁算是一种中长期的融资方式。价格（成本）方面，参照银行同等期限融资的价格，但较之银行融资对价格市场敏感度更高，具有一定弹性。根据《金融租赁公司管理办法》对融资租赁的界定来看，融资租赁方式取得的资金是非信贷资金。因此在银行贷款规模紧缺、企业资金紧张的情况下作用尤为突出。融资租赁的还款方式灵活，可按月、按季度分期归还租金匹配于企业经营的实际现金流，相对缓解企业一次性还款压力。在融资门槛方面，总体来看，企业通过融资业务获取资金的明显较少，融资租赁门槛较高，存在一定程度的行业和规模限制。

在发达国家，融资租赁已被广泛应用到船舶建造和购买当中，并普遍实施税收优惠，如对融资租赁可以采取加速折旧、允许租金计入成本等。

船舶融资租赁创建了融资方、租船人和船舶销售方之间的新型三方信用模式，使船舶经营成本与经营资产相分离，以分期归流、灵活支付的方式，拓展了外部资金的利用途径，降低了经营风险，因此成为发达国家在资金规模上仅次于银行信贷的海洋产业融资工具。

四、政策性金融

政策性金融虽然同其他资金融通形式一样具有融资性和有偿性，但其更重要的特征却是政策性和优惠性。政策性金融内涵的界定主要体现在以下本质特征：一是政策性，主要是政府为了实现特定的政策目标而实施的手段。二是金融性，是一种在一定期限内以让渡资金的使用权为特征的资金融通行为。三是优惠性，即其在利率、贷款期限、担保条件等方面比商业银行贷款更加优惠。

由于海洋产业的资金需求巨大、风险较高，单独依靠金融市场难以获得足够的支持，因此多数发达国家都运用了政府干预的力量，通过政策性金融如设立专门的政策性银行或推行政策性贷款工具，支持海洋产业发展。日本在国内造船业资金极度匮乏的情况下，实施了“造船计划”，由政策性银行向提出申请的造船企业提供优惠贷款，成功推动日本发展成为造船大国。新加坡政府通过三大海事招标机构，为全球海洋产业研发提供大量资金，每个项目资助金额从500万~5 000万新加坡元不等，专项支持可达上亿新加坡元，借此享用全球海洋经济的前沿科技成果。①

总体上看，政策性金融最主要的优势在于资金成本十分低廉，但是这种融资模式并不具有广泛的适用性，主要表现在：一是国家政策性贷款是

① 刘东民、何帆等.海洋金融发展与中国海洋经济战略[J].国际经济评论，2015（5）.

政府根据国家产业政策有计划进行安排的，贷款总量和审批权限受上级行严格限制。二是支持行业和信贷品种受国家政策限制，十分有限。三是国家政策性贷款的申请条件往往十分严格且处于不断变化之中，通常能够获得政策性贷款的企业往往是规模较大、实力雄厚的大型国有独资或控股企业和地方融资平台。对于民营或小微企业来说，较难获得国家政策性贷款的支持。

五、股票

股票融资是直接融资的主要方式之一，具有三个主要特点：一是长期性。股权融资筹措的资金具有永久性，无到期日，不需归还。二是不可逆性。企业采用股权融资无须还本，投资人欲收回本金，需借助于流通市场。三是无负担性。股权融资没有固定的股利负担，股利的支付与否和支付多少视公司的经营需要而定。但是股票融资的门槛较高，一般企业很难通过上市来融资。在欧洲，海洋产业的直接融资模式以发行债券为主，但亚洲地区海洋产业直接融资模式中股票更有优势。新加坡发行债券审核较为严格，发债时间至少两个月，因此证券发行中较有优势的是股票发行业务。香港股票市场发达，在海洋金融的证券业务方面，股票发行也具有比较优势。

六、债券

随着债券市场的发展以及面向中小微企业的债券种类创新，债券融资愈发成为直接融资的重要部分。债券融资具有以下优点：一是资金成本较低。虽然债券需要支付利息，但是债券利息一般较低，而且债券的利息允许在所得税前支付，公司可享受税收上的利益。二是可以保障公司控制权。持券者一般无权参与发行公司的管理决策，因此发行债券一般不会分散公司控制权。三是便于调整资本结构。在公司发行可转换债券以及可提前赎回债券的情况下，便于公司主动地合理调整资本结构。当然，债券融资也存在缺点：一是财务风险较高。债券通常有固定的到期日，需要定期还本付息，财务上始终有压力。在公司不景气时，还本付息将成为公司严重的财务负担，有可能导致公司破产。二是限制条件多。发行债券的限制条件较长期借款、融资租赁的限制条件多且严格，从而限制了公司对债券融资的使用，甚至会影响公司以后的筹资能力。三是筹资规模受制约。公司利用债券筹资一般受一定额度的限制。我国《公司法》规定，发行公司流通在外的债券累计总额不得超过公司净产值的40%。

在国外，债券是企业非常愿意选择的融资工具。然而，由于海洋产业风险较高，船舶、海洋工程装备等重资产行业又具有较长的融资周期，因而这些企业发行的债券往往评级较低（投机级或以下），被称为高收益债券。航运业首只高收益债券发行于1992年，2008~2012年美国船舶、海洋工程和油服企业在高收益债券市场新发行债券额达到210亿美元，挪威同类行业企业高收益债券发行额也达到了160亿美元，韩国、加拿大、法国涉海企业债券发行额分别达到了67亿美元、37亿美元、19亿美元。高收益债券已经成为银行贷款和投资基金的重要补充，为重资产型海洋产业提供融资支持。[①]

七、信托融资

信托融资方式相较股票与债券融资，发展相对滞后，规模较小，但

① Wayne K.Talley. The Blackwell Companion to Maritime Economics[J]. Wiley-Blackwell, 2012.

对于满足企业融资具有以下优点：一是融资速度快。信托产品筹资周期较短，与银行和证券的评估、审核等流程所花时间成本相比，信托融资时间由委托人和受托人自主商定即可，发行速度快，短的不到三个月。二是融资可控性强。我国法律要求设立信托之时，信托财产必须与受托人和委托人的自有资产相分离。这使得信托资产与融资企业的整体信用以及破产风险相分离，具有局部信用保证和风险控制机制。银行信贷和证券发行都直接影响企业的资产负债状况，其信用风险只能通过企业内部的财务管理来防范控制。三是融资规模符合中小企业需求。信托融资的规模往往很有限，这一特点与中小企业的融资需求相吻合。中小企业由于经营范围和规模较小，对融通资金的需求量也很有限。因此资金募集的水平同中小企业的融资需求相对应，信托的成本对于中小企业来讲也处于可以接受的范围。

在亚洲，信托基金是海洋产业的重要融资渠道。新加坡是全球信托基金发展的重要基地，信托基金多为房地产信托基金，部分为海事信托基金。海事信托基金是信托基金与融资租赁的结合，信托基金在购买不同的船舶后以长期租约的形式将船舶出租，从而分散风险并获得稳定的现金流。新加坡海事信托基金根据新加坡商业信托法设立，政府通过一系列优惠政策支持海事信托发展，使其成为目前国际上颇具创新性和吸引力的海洋投资基金模式。[①]

八、风险资本融资

风险资本主要投向于那些不具备上市资格的中小企业和新兴企业，

① 肖立晟、王永中、张春宇.欧亚海洋金融发展的特征、经验与启示[J].国际经济评论，2015（5）.

尤其是高新技术企业。风险资本无需风险企业的资产抵押担保，手续相对简单。它的经营方针是在高风险中追求高收益。风险资本多以股份的形式参与投资，其目的就是为了帮助所投资的企业尽快成熟，取得上市资格，从而使资本增值。一旦公司股票上市后，风险资本就可以通过证券市场转让股权而收回资金。风险资本融资的形式多样，目前已经运作的有产业基金、创业投资基金、股权投资基金、天使基金等，但是门槛较高，比较适合有发展前景的高科技产业。

挪威是国际上致力于海洋制造业早期投资的风险投资基金运作比较成功的国家。由于海洋高端制造业投资金额巨大，产业链条长，通常的船舶投资基金受其运营模式和专业技能的影响，无法在早期进行天使投资，海洋风险投资基金便应运而生。在挪威，海洋风险投资基金专门负责海洋制造业在设计阶段的投资，投资额一般在几百万美元左右，支持挪威的海洋科技创新。[①]

第二节　融资工具与海洋行业的匹配分析

一、海洋渔业

海洋渔业是一个相对特殊的产业，近几年随着渔业产业结构的不断调整升级，养殖业、加工业日渐蓬勃发展，远洋捕捞也有较快发展，目前已经完成从传统捕捞业为主的经济模式转向以养殖和加工为主、兼以发展

① 刘东民、何帆等.海洋金融发展与中国海洋经济战略[J].国际经济评论，2015（5）.

远洋捕捞的发展模式。总体上金融机构对海洋渔业能够给予充分的信贷支持，各类融资需求基本都能得到有效满足，但也存在期限错配和授信额度偏小等现实问题。大型渔业综合性企业资产规模大，抗风险能力较强，普遍为各金融机构争揽的优质客户，融资渠道较为便利，而渔民及中小渔业企业虽然融资需求较为旺盛，但受制于行业风险高、有效担保不足等问题，普遍面临融资难度大、融资成本高等问题。

（一）海洋渔业产业链客户群体及主要金融需求

海洋渔业是海洋经济的核心部分，是指捕捞和养殖海洋鱼类和其他海洋动物及海藻类等水生植物以取得水产品的社会生产部门。海洋渔业不仅包括传统的养殖（育苗）、捕捞等主要环节，又可延伸到加工、批发贸易、冷链物流等多个领域。海洋渔业客户主要包括渔民、渔企、专业合作社、上下游经销商、渔业加工企业、水产品交易市场（包括冷链物流）等。这些群体位于产业链不同环节，发挥着不同的服务功能，也随之产生了多样化的金融需求。

渔民和渔企需要购买渔船和修船、修网、修机器（“三修”）以及购油、购冰等生产资金。渔业专业合作社经营规模较大，通常需要银行为其提供生产经营所需流动资金。上下游经销商以个体工商户为主，通常需要银行为其提供个人生产经营类贷款。渔业加工企业需要银行为其开展海产品收储和其开设的直营店日常经营提供流动资金支持。水产品交易市场无论是市场管理方，还是市场内商户，其交易和资金运转都将依托银行来运行，因此在金融服务方面将产生诸多需求。

（二）海洋渔业发展与金融工具匹配存在的问题

一是渔业金融供需矛盾突出。渔业正规金融机构因渔业信贷风险大，在风险和利润进行均衡时，往往达不到均衡状态，表现出投资偏离渔业的倾向。或是撤并机构，减少营业网点；或是贷款手续繁杂、贷款期限短，无法满足渔业对贷款资金的期限需求。渔业非正规金融可以快速地满足渔业对资金的需求，但渔业非正规金融还有待进一步完善和规范。渔业要实现快速和谐发展，必须实行渔业产业化改革，渔业产业化是我国社会主义市场经济条件下，渔业经济改革的方向，其实质是体现渔业生产市场化，将分散经营的渔民和大市场有机地结合起来。渔业产业化要求有规模经济，搞设施渔业，进行企业化生产。与传统渔业相比，投资项目科技含量高，风险大，它的发展需要有大量资金投入。但是，渔业本身的弱质性决定了它对资金的极大缺口，同时又难以得到金融机构的资金支持，要进一步发展举步维艰。再者，由于渔业金融的季节性特征，渔业资金需求特点是春汛、秋汛为旺季，其余时间为淡季。休渔期结束后，渔船出海、收购加工需用资金量较大，特别是水产品加工业。一方面是渔业产业化发展需要大量资金和渔业借款时间集中，另一方面却是渔业金融供给主体或是撤并县乡金融机构，或是资金投向偏离渔业，这种供需的严重偏离，使渔业金融需求主体对渔业金融的需求无法得以满足。

二是渔业金融体制呈现二元结构特征。我国现行的渔业金融体制呈现明显的二元化结构，即由以农业银行为主导的四大国有商业银行、农村信用社、农业发展银行组成的主导型制度与由民间借贷等组成的非正式（或体制外）金融并存的局面。前者发育仍然不成熟，在渔业金融市场上的份额有限；非正规金融的“高利贷”特征非常突出，吸收存款的月利率一般为 1.5%~2.0%，发放贷款的月利率则达到 8%。在现有的渔业金融体系难以适应渔业经济产业化、经营方式多样化以及渔民特殊金融需求的背景下，一方面是渔业金融机构资金富余急需寻找出路，另一方面渔户和渔业企业所需的资金却难以从正式金融部门得到。这种局面为具有融资速度快、信息费用低、利率具有充分弹性的非正式金融提供了空间。这是一种典型的“补缺效应”。因此渔业非正规金融的存在发展有其深刻的根基，内生于渔业经济，所以尽管一直以来受到各种政策的打压，却从未真正消失，只是在法律和政策之外不断发展壮大，增加了金融体系的风险，这反而有悖于监管者政策层的初衷。

三是渔业金融服务供给体系不完善。首先，缺乏相应的渔业金融机构。渔业金融内生于农村金融，但随着渔业经济的发展，渔业金融应逐步从农村金融领域脱离出来，成立自己专门的渔业金融机构。其次，涉农金融机构能力有限。由于农信社群众基础薄弱，为社员服务的范围狭窄，资金流向非农部门较多，农渔户贷款难问题突出。农业发展银行作为农村政策性银行，前几年只针对粮、棉、油等商品流通过程发放贷款，贷款对象也只界定为国有企业。最后，国有商业银行减弱了支持渔业的力度。商业银行的性质决定了四大国有商业银行应以盈利性为原则，其市场定位和经营策略发生了明显变化。渔业是基础产业，资金回收期较长且风险高，国有商业银行自然会回避弱势产业，撤并县镇级机构，大大减弱了支持渔业的力度。

（三）帮助渔业摆脱金融困境的通行做法

一是充分发挥政府在帮助渔业摆脱融资困境中的作用。渔业作为一个风险性较大的产业，往往面临融资难的困境。渔业金融改革跟不上渔业经济发展对金融服务不断增长的需求的情况时有发生。为发展本国渔业，政府往往采取某种金融政策扶持渔业的发展。如加大科研资金的投入，同时放宽渔业政策吸引外资，力争解决渔民融资难题。

二是发挥商业性金融的主力军作用。商业性金融对渔业金融的发展至关重要，是帮助渔业摆脱融资困境的有力支撑。其对渔业采取积极的金融政策，对渔业金融困境的解脱起着决定性的作用。

三是引导民间金融成为解决渔业摆脱金融困境问题的有力补充。民间金融作为一种非正规金融组织，正在蓬勃发展，是解决渔业摆脱金融困境问题的有力补充。如为增强渔业养殖业抵御风险的能力，越南渔业部要求国内从事虾类养殖的地区着手建立养殖风险基金，以帮助养殖户应对水产养殖中可能遇到的各类风险。尤其是鱼病防治以及对发病的鱼塘协助进行消毒工作。该基金会的资金来自个人和相关组织等民间部门的自愿捐赠，基金会的章程包括领导和运作规则将由所有会员讨论制定。

专栏6–1

日本渔业金融发展模式

日本不仅有适用于渔业发展的渔业金融体系，而且还有扶持渔业金融发展的农（渔）业信用担保保险制度。担保制度解决了渔业生产者借贷时担保不足的问题，而保险制度则对担保机构的债务担保提供保险业务，减少了金融风险因素。

一、日本的渔业金融体系

日本渔业金融内生于农村金融，并跟随农村金融的发展而发展，日本渔业金融由合作金融和政府金融两部分组成，合作金融是指日本农林渔业协同组合系统所办理的渔业信用事业，政府金融是指由政府推动或直接办理的渔业金融事业，即由政府财政拨款以及由地方自治团体筹集地方财政资金，对渔业的贷款利息予以补贴，或由作为政府专门金融机构的农林渔业金融公库按国家政策对渔业进行低利贷款。

（一）支持渔业发展的合作金融模式

渔业合作金融是指日本农林渔业协同组合系统所办理的渔业信用事业。日本农村合作金融组织依附于农林渔业协同组合系统（以下简称农协），是农协的一个子系统，同时又是具有独立融资功能的金融部门。农协的信用机构由三个层次、三个业别组成。三个层次分别是基层农协，都、道、府、县的信用农业协同联合会（以下简称信农联）和中央级的农林渔业中央金库。"三业"是指农业、林业、渔业，它们有分别为其服务的机构，如信农联、信林联、信渔联等。三个层次中都有负责渔业发展的信用事业，其中，基层农协金融机构——综合农协是农协系统的最基层一级，负责渔业发展的机构是渔业协同组合（以下简称渔协），入股的是市、町、村的渔民和团体；中层农协金融机构——信农联为渔业服务的机构是渔业信用联合会，入股的是基层的渔业协同组合和其他水产团体等；最高农协金融机构——农林渔业中央金库，其中，参加渔业入股的是渔业信用联合会及其他有关的水产团体等。日本农协三业之一的渔业信用机构是合作金融组织，渔户入股参加渔协，渔协入股参加渔业信用联合会，渔业信用联合会又入股组成农林渔业中央金库，故三级组织之间不存在领导与被领导的关系，均独立核算、自主经营，但在经济上和职能上互相联系、互相配合，上一级组织对下一级组织负有组织、提供信息和在资金发生困难时予以支持的责任。

（二）支持渔业发展的政策性金融

日本早在 1945 年就依据《农林渔业金融公库法》，成立了政府农业政策性金融机构——农林渔业金融公库。目的是在农林渔业者向农林渔业中央金库和其他一般金融机构筹资发生困难时，本公库提供低利、长期资本以增加农林渔业生产力。它是日本唯一支持农林渔业发展的农业政策性金融机构，由政府财务部管理，与财政关系密切，资金主要来源一直是以邮政储蓄吸收的居民储蓄为主，这些资金通过财务资金运用部的“财政投融资”计划分配给日本农林渔业金融公库。其经营目标是根据国家政策，向经营农林渔业的个人及其法人代发期限长、利率低的资金，以促进日本农林渔业的发展。

农林渔业金融公库目前贷款的主要支持范围包括农业、林业、渔业和食品加工业。其中，对渔业支持方面，包括扶持骨干围网渔业者的经营再生而振兴地区经济，如对超限期服役渔船改为节能型渔船进行贷款；支持为验证新开发的技术而展开试验船制造工作；对验证新渔法（省人化、新设备等）开发技术的试验船（围网）进行贷款；扶持完善养殖设施，建设水产品加工设施等。

二、农（渔）业信用担保保险制度

日本农（渔）业信用担保保险制度是根据《农业信用担保保险法》（1961年第 04号法律），由全国 47 个都道府县先后成立的农业信用基金协会（以下简称为基金协会）和农林渔业信用基金（以下简称为信用基金）分别实施的信用担保制度和信用保险制度构成的，在日本农（渔）业金融体系中发挥着重要的作用。由基金协会实施的信用担保制度首创于 1961 年，目的是解决当时农（渔）业生产者因需农（渔）业现代化资金向贷款机构借入资金担保不足的问题，确保融资业务的顺利实施。由信用基金实施的信用保险制度创立于 1966 年，它不但对基金协会的债务担保提供保险业务，还对基金协会提供低利率的资金发放，从而减少基金协会的金融风险，增强并补充基金协会的担保能力。

当渔业经营者向渔协等贷款机构借入资金时，可以先向基金协会提交委托担保申请，在获取基金协会担保的承诺之后向渔协等贷款机构进行资金借贷。前提条件是渔业经营者需按规定向基金协会交纳担保费。此后，若因某种原因无法偿还借贷资金时，基金协会要代替该渔业经营者向贷款机构偿还贷款。基金协会为了减轻自己在受理债务担保后，因代位偿还而承担的风险，可加入信用基金的保险。同样，基金协会需按规定向信用基金交纳保险费。此后，需要代位偿还时，信用基金向基金协会支付代位偿还资金的 70%。基金协会在回收债权以后，需按同样的比例向信用基金缴纳回收资金。

（一）信用担保机构——农业信用基金协会

1961 年以后，日本在全国各都道府县共成立了 47 个农业信用基金协会。各基金协会的服务对象为所属区域的农业生产者、农协、信用农协联合会、都道府县的公共团体机构及市、町、村部分公共团体。基金协会的资金主要由各会员的出资、储备金的余额、都道府县的补助金以及来自信用基金的保险金等组成。其主要业务除了向农（渔）业生产者提供债务担保的服务外，根据需要还可为农协等机构提供资金融通。被担保的农业经营者在偿还期限到期 3 个月后仍未偿还，而贷款机构要求代位偿还时，基金协会须立即代位偿还。但偿还期限到期一年以后，代位偿还的请求权不予承认。基金协会代位偿还担保贷款之后，对被担保的贷款人有请求赔偿相同金额的权利。

（二）信用保险机构——农林渔业信用基金

日本农林渔业信用保险协会于 1966 年成立。1987 年根据《农林渔业信用基金法》，农业信用保险协会、林业信用基金和渔业信用基金合并，成立农林渔业信用基金，负责全国范围内的农林渔业信用保险业务。其资金来源于政府、47 个信用基金协会和农林渔业中央金库等。其主要业务包括:第一，农（渔）业信用保险业务。一是对基金协会受理农（渔）业现代化资金贷款担保以及农（渔）业生产者为改善农（渔）业经营、稳定农（渔）业经济等有关资金借贷的担保办理保险业务。二是对未经基金协会担保而直接向农林渔业中央金库、信用农协联合会（包括特别指定的农协）借入有关农（渔）业现代化资金等的农（渔）业经营者直接提供贷款保险的项目服务。第二，贷款业务。一是为使基金协会担保业务顺利进行，对其进行融资。二是为“农（渔）业经营改善促进资金”提供信贷资金服务。

专栏6-2

我国台湾地区的专业性渔业金融机构——渔会信用部

渔业协会是一种重要的渔业中介组织，也是一种促进渔业自律化、产业化的重要管理形式。台湾渔业协会发展时间长，建立了系统的渔业协会法律法规，拥有完善的组织体系，并确立了经济、服务和金融三大职能。经济职能指台湾渔会拥有最完整的鱼产品运销体系，其经营范围包括鱼产品加工、冷藏、调配、运销、进出口贸易等。服务职能主要包括两个方面：一是为渔民、渔船提供海难救助服务。二是提供科技、文化推广、培训，以及医疗卫生等服务。台湾渔会内部设有信用部以执行金融职能。自高雄市小港区渔会于 1918 年设立信用部之后，其他渔会陆续设有信用部，目前台湾一半以上的渔会设立了信用部。渔会信用部是以服务渔民为主旨的非营利性金融机构，其向渔民发放贷款，并且提供渔会进行服务功能所需的部分资金，是渔会赖以存在发展的基础。并且渔会信用部的经营方式与普通银行不同，有其自身优势。一是渔会信用部无需渔民以动产或不动产作为抵押便可提供贷款。二是渔会信用部的经营方式适应了渔业资金需求的特点，即金额小、季节性强，以及无法像一般贷款一样每月分期还贷等特征。因而渔会信用部为作为弱势群体的渔民提供了一般金融机构所无法提供的服务，为渔业发展提供了重要的资金支持。三是渔会信用部深入基层，具有深入基层的地域及人脉优势。四是渔会信用部提供渔会推广服务所需的部分资金，减轻政府编列预算来支持渔业的财政负担。此外，台湾渔会还具有其他的一些职能，例如，渔会设有保险部，为渔船和渔民提供保险服务；接受政府委托办理的事项，如发放补助金，以及进行两岸渔业交流合作、处理两岸渔民海上纠纷等。

2005 年，台湾又设立了农业金库，它是由台湾当局行政部门与 300 多家农渔会共同出资设立的。农业金库的主要作用是辅助农渔会信用部的业务发展、办理政策性贷款及农林渔牧融资等，其目的是提升农渔会信用部的信用和经营业绩，稳定农渔业金融秩序。

二、海洋生物医药业

海洋医药是国家重点培育的现代海洋经济的新的增长点，属于大力发展的新兴产业，企业投入大量资金加快研发海洋药品和新材料，产业产值迅速增长。海洋生物医药产业科技含量高，具有高投入、高风险、长周期性等特征，其前期开发需要投入大量的资金、技术、人才等资源。目前从事海洋生物医药产业的企业主要为传统的医药器械产业龙头，其规模相对较大、信用状况良好，有能力投入较大规模资金开展海洋生物医药的研发和营销，获得银行信贷和表外业务支持的难度较小，但受银行业务门槛和上级政策限制，融资租赁和政策性金融业务相对较少。对于尚处于成长期的中小海洋生物医药企业而言，其规模较小、产品不够成熟，短期内无盈利甚至亏损经营，风险资本的股权投资更为适合。随着产品的不断完善，产业进入成熟期，这些企业就可以较大规模经营。金融机构对成熟行业的投资风险相对于新技术产业明显降低，成熟产业的企业更容易通过债务融资来扩大生产规模。

三、海洋船舶工业

海洋船舶工业中的大型船舶生产企业需要大量的资金投入，日常运营也需要大量的流动资金。近年来，银行通过流动资金贷款、项目贷款、贸易融资、履约保函和信用证等金融产品，重点支持一些持有订单较多、具备一定技术实力的出口外向型造船企业，海洋船舶工业得到了快速发展。从授信特点看，主要体现为以下两个方面：一是造船行业授信主要集中在保函、信用证和承兑等表外业务上，其中，保函业务占比高。二是造船行业贷款以流动资金贷款为主，保证、抵押贷款占比较高。但是，受当前产能过剩行业信贷压缩的影响，船舶行业的保函业务受到了很大的限制。另外，由于海洋船舶工业投资规模巨大，实物资产专用性强，流动性不足，使得相关领域的进入和退出壁垒较高，而融资租赁具有融资和融物的双重功能，能够有效减少企业初始投资，降低投资风险。但目前我国海洋融资租赁行业发展缓慢，一定程度上抑制了相关产业的发展。

四、滨海旅游业

（一）滨海旅游业融资现状

传统的融资方式主要包括股权融资和债权融资，其中，股权融资包括私募股权融资、公开发行股票等，债权融资主要包括银行贷款、公司债和企业债的发放等。这些传统的融资方式在滨海旅游业中均有涉及，由于我国国家体制等原因，滨海旅游业中也存在着部分政府投资行为，主要用于旅游基础设施建设和环保、宣传等费用。目前旅游企业较多采用银行贷款方式，部分公司采用公开发行股票、发行企业债及私募股权融资等方式进行融资，传统的融资方式推动了滨海旅游业的发展，但同时也出现诸多问题。

一是银行贷款缺乏可供抵押的资产。银行贷款是企业较为常用的融资方式，需要企业具有稳定的现金流、良好的商业信誉、可供抵押的资产或可靠担保，银行贷款具备手续简便、融资金额较高、融资成本较低等优势，但由于须向银行公开经营信息，因此经营管理较受限制，且过高的债务比率可能会增加企业的破产风险，所提供的资产抵押或担保，一定程度上降低了企业再融资能力。目前，银行贷款在旅游企业融资中所占比例较大，主要以中长期贷款为主，然而目前由于旅游企业普遍存在着缺乏可供抵押的资产，因此旅游企业融资难以获得银行支持，其具体表现为旅游景区资产以无形资产为主，欠缺可供抵押的资产而难以获得银行贷款。而对于旅行社而言，旅游企业多以无形资产为主，如景区的品牌价值、土地价值等，以及在线旅游服务商的高新技术，难以作为传统抵押物进行银行贷款，旅行社又由于规模小、固定资产少、现金流量大的特点难以获得银行贷款，在线旅游服务商由于其属于高科技中小企业，其风险高、现金流不稳定等特点也难以获得银行贷款，因此传统的银行抵押贷款方式难以满足旅游企业的融资需求。

二是公司债发行机制尚不成熟。企业债的发债主体为中央政府部门所属机构、国有独资企业或国有控股企业，体现了政府信用，而公司债的发债主体为上市公司，其信用保障主要是发债公司资产质量、经营状况、盈利水平、持续盈利能力等，对于大多数旅游企业来说债券发行成本较高，并非是一种有效融资的方式。目前我国旅游企业发行公募债券较少，部分旅游企业尝试发行中小企业私募债券。

三是私募股权融资多集中于新兴业态。私募股权融资是指通过私募形式对私有企业，即非上市企业进行的权益性投资，在交易实施过程中附带考虑了将来的退出机制，即通过上市、并购或管理层回购等方式，出售持股获利。我国旅游企业中成长性较好的在线旅游企业以及经济型酒店获得了风险投资的关注。由于企业成立初期无形资产占比较大，有形的固定资产或者流动资产比重较小，风险较高，在我国商业银行间接融资在我国融资体系占主体的情况下，难以从银行贷款、债券融资等渠道中获得资金支持，然而高收益、高成长性的特点恰恰是私募股权投资所青睐的，而旅游产业的不断发展、旅游需求的井喷更加促成资本市场对在线旅游行业的投入。

（二）滨海旅游业融资困境

一是投融资渠道不畅。我国旅游企业普遍存在无形资产占比较大、缺乏可供抵押的固定资产、投资回收期较长等因素而难以获得银行贷款，发行债券门槛较高难以满足，证券市场由于政策和法律规范问题估值普遍偏低，传统融资渠道不畅形成了旅游企业融资难题。同时我国旅游企业以中小旅游企业为主体，中小旅游企业占整个旅游企业的90%以上，中小旅游企业受制于行业特点、自身因素更加难以获得银行贷款，也难以从其他传统融资方式中获得资金支持，中小旅游企业融资问题进一步凸显了旅游融资渠道不畅的顽疾。

二是金融市场体制有待完善。国内银行“惜贷”现象较为明显，更缺乏专门为中小企业（包括旅游企业）服务的金融机构。出于企业风险控制因素考量，目前主流商业银行在金融产品设计、担保制度设计、信用评级方式及贷款管理制度等方面偏好具备固定资产多、现金流稳定的大型企业，缺乏对旅游企业的了解和针对旅游企业的金融服务。旅游企业由于无形资产较多，难以获得银行贷款，这与国内金融体制不健全、缺乏多层次的资本市场、信贷制度不完善等因素有关。资源类、酒店类企业缺乏稳定的中长期贷款，资本市场对旅游文化类产业知之甚少，缺乏合适的方法评估和评价旅游企业资产价值，银行等金融机构难以进入旅游行业。

（三）解决滨海旅游业融资困境的有效路径

一是开设旅游产业投资基金。旅游项目逐渐呈现大型化和区域化的特点，与此同时旅游业公共基础设施建设投入较大，单一开发商较难完成全部项目，因此协调各方利益，开设旅游产业投资基金或旅游信托投资机构等，有利于解决旅游企业现存问题并提供专业优质的服务，为资本进驻旅游产业提供有效的投融资方式。同时，通过旅游投资基金管理公司的规范化、专业化运作，有利于降低旅游业投资风险、促进社会财富的再分配、有效地解决旅游开发项目的资金来源问题。

二是发展和完善多层次资本市场。在所有的环境因素中，资本市场对融资活动影响较为显著。企业融资方式的选择、融资机制的健全、融资结构的合理在很大程度上取决于资本市场的健全与否。由于资本市场的不完善，阻碍了旅游企业融资功能的健康发展，因此要优化旅游企业的融资结构，必须首先完善和发展多层次的资本市场，并通过资本市场的发展促进旅游企业融资行为的规范化，改善其资本结构。

专栏6-3

富豪酒店REITs创新实践

1979年，富豪国际酒店集团（以下简称富豪酒店）在香港注册成立，是香港最大的酒店经营商。富豪酒店分拆旗下酒店以房地产投资信托基金（REITs）上市，成为香港首只酒店REITs，计划筹资规模不低于46亿港元。富豪酒店拟分拆上市的5家酒店为富豪九龙酒店、富豪香港酒店、富豪东方酒店、富豪机场酒店和丽豪酒店，资产总额约为148亿港元，主要用途为偿还部分银行贷款以及维持公司营运。

上市完成后，富豪酒店主要从事酒店运营管理、物业发展和房地产信托投资基金管理，而富豪产业信托将从事组合资产管理，包括酒店物业出售以及增值管理。

富豪酒店分拆旗下酒店资产，以房地产信托基金上市，4家银行已签署为富豪酒店筹组银团，4家银行包括荷兰银行、德银、美林及三井住友银行。4家银行为富豪酒店安排发行5年期45亿港元债券，分为两部分，并正邀请其他银行参与。此次富豪酒店的目标集资额约为7亿~7.6亿美元。相关销售文件称，富豪产业信托2007年派息率为5.2%。该信托95%的股份将售予机构投资者，其余5%作为零售部分，这次招股并有10%超额配股权。

富豪酒店实行重组，初步将旗下5家酒店资产转让与富豪产业信托，预期出售作价不少于140亿港元，富豪产业信托获注入的酒店资产，涉及在香港的5家酒店共计3 348间客房，截至2006年9月底的估值约为160.70亿港元。该信托并有优先收购富豪酒店大中华地区新酒店的权利。由富豪产业信托上市，富豪酒店将持有50%（假设超额配售无行使）富豪产业信托权益，而上述出售酒店资产，按其2006年6月底账面有形资产净值不少于40亿港元计算，预期富豪酒店将可自出售获得不少于46亿港元的收益。

富豪产业信托的架构是，先由富豪酒店将资产出售给新成立的信托基金——富豪产业信托，然后由富豪酒店租回，富豪酒店每年支付一笔固定基本租金，另加浮动租金，浮动租金是若每年酒店净收入超出固定租金，可以把超出的部分按比例分成。

发行REITs不需要三年盈利业绩，也不需要土地储备，只要具备能够产生稳定租金收入的物业即可。此外，REITs股票的流动性较强、股票的风险较低，公开上市的REITs可以在证券交易所自由交易；未上市的REITs的信托凭证一般情况下也可以在柜台市场进行交易流通。此外，RETIs还有不受募集时间和募资金额限制的优点。酒店能够在非常短的时间内调动房间价格，酒店REITs的运作将更为反应迅速。目前新加坡上市的两个酒店REITs是CDL Hospitality Trust和Ascott Residence Trust，均运作理想。

五、海洋交通运输业及相关产业

（一）主要金融需求

从全球的角度来看，航运业作为一个技术与资本都高度密集的产业，其发展与一国的金融资本支持是密不可分的。当前形势下，海洋交通运输业的主要金融需求主要集中在：

一是海上保险。海上保险是对海上自然灾害和其他意外事故造成海上运输损失的一种补偿方法。保险方与被保险方订立保险契约，发生损失后承保方将依据契约给予被保险方补偿，同时被保险方在签订契约时将支付一定费用给承保方。可以说航运业中独特的风险构成是海上保险成为管理企业风险的最重要和必不可少的金融工具。海上保险主要有以下几种：（1）船舶保险：保险标的为船舶。船舶受到损失时，予以补偿。包括船舶定期保险、航程保险、费用保险、修船保险、造船保险、停航保险等。（2）运费保险：保险标的为运费。按航程投保，承保人补偿海损后船东无法收回的运费。（3）承运人责任险：保险标的为承运人责任。承保人补偿因承运人未尽职责或过失而产生的损失。（4）保障赔偿责任保险：船东互保。主要承保保险单外的责任险，包括船东在营运过程中因各种事故引起的损失、费用、罚款。（5）海洋运输货物保险：保险标的为海运货物。包括平安险，负责赔偿因自然灾害发生意外事故造成保险货物的全部损失；水渍险，除负责平安险的全部责任外，还负责因自然灾害发生意外事故所造成的部分损失；一切险，负责保险条件中规定的除外责任以外的一切外来原因所造成的意外损失。

二是船舶融资。船舶融资的形式主要是直接贷款、船舶抵押贷款及船舶融资租赁等。但因为船舶融资大都需要巨额资金，考虑到船舶所有权以及债权保障等因素，船舶抵押贷款和融资租赁渐成船舶融资的主要方式。船舶抵押贷款是指借款人以本人或第三人所有的船舶作为抵押物，从金融机构取得的用于生产经营、消费的人民币贷款的信贷业务。在中国，大部分的船舶融资还是靠银行提供的抵押贷款的形式。船舶融资租赁合同是船舶融资租赁交易的产物船，其对租船人来说，可用较少的资金满足营运需要；就出租人而言，所有权明晰、债权有保障且利润丰厚。船舶融资租赁的形式主要有直接租赁、回租、转租、委托租赁和杠杆租赁（衡平租赁）。其实船舶融资租赁也是融资租赁的一种。它是一种贸易与信贷相结合，集融资与融物为一体的综合性交易合同，以融资为内容、以融物为形式，对航运业来说，融资租赁其实是更灵活、优化的融资方式。

三是金融衍生品。根据波罗的海交易所定义：航运衍生品是指通过交易远期的期租或航次租船运价，以避免运费市场上下波动所带来的风险。也就是说，它其实提供的是一种避险工具。按波罗的海交易所发布的有关分航线指数（以租金或运费形式）进行结算。目前市场上比较主流的航运金融衍生品为远期运价协议（FFA），即买卖双方针对将来某一特定时期内，具体航线上的具体船型制定的一种远期运价协议。协议规定了具体的航线、价格、数量、交割时期、交割价格计算方法等，主要采取柜台交易，结算并不是全额交付，而是收取或支付依据波罗的海交易所的官方运费指数价格与合同约定价格的运费差额来完成。此类规避风险方案在期货中被称为套期保值。也就是买卖双方通过FFA市场交易，为运营环节进行保值，从而维持航运市场中运费价格的稳定。同时，FFA作为一种期货产品，也可以作为套利工具进行投机操作。经营者则利用FFA进行对冲，投机者通过买卖FFA来获取利润，通过期货合约将运费变动风险转移愿意承担风险的投机者，来削弱航运市场运价剧烈波动引发的负面影响。

（二）金融支持的现状

海洋交通运输业是一个资本密集、风险很大的行业，其产业链必须要有强大的航运金融业作为支撑和保障。从这个层面来讲我国的航运金融服务比较落后，航运金融服务产品的总量、深度、广度和理论研究等方面远远落后于其他国际航运中心和金融中心。

一是金融总体规模小。据统计全球每年有高达数千亿美元与航运相关的金融交易规模，其中，约3 000亿美元的船舶贷款规模、约700亿美元的船舶租赁交易规模、航运股权和债券融资规模约150亿美元、航运运费衍生品市场规模和海上保险市场规模分别约1 500亿美元和250亿美元。全球船舶融资市场的18%、油轮租赁业务的50%、散货租赁业务的40%和船舶保险业务的23%都被伦敦控制。同时全球的船东保赔协会保费的近七成也基本集中在伦敦，与之相比，上海作为国内最大的航运中心在全球航运金融市场的份额不足 1%。

二是金融创新能力不足。与国际上著名的航运中心如伦敦相比，由于中国国内的金融机构自身专业性不强、创新能力不足，导致金融产品匮乏，缺乏国际化的服务水平和国际认知度。目前市场上的航运金融产品很难防范船舶融资、航运保险、航运租赁、物流金融等项目中的技术风险、市场风险和财产风险。

三是融资成本高。资本有对利润追求的本能，即本能强调对成本的控制。在融资成本方面，目前国内银行在境内发放贷款需要以全部利息收入为基数缴纳 5%的营业税，而在境外大多数国家的银行则不需要缴纳该种税。在运营成本方面，境内企业在境内境外所得都需缴纳较高比例的所得税，内地船公司还需要缴纳5%的营业税，而对于外资来说，新加坡、巴拿马等地法定税一般低于25%，中国香港更是不需要缴纳这部分税收。

（三）金融支持海洋交通运输业有效路径

首先，配合国家战略，丰富金融产品。拓宽航运企业的融资渠道，丰富航运金融产品。积极吸引船舶租赁、保险、再保险公司等航运金融服务机构落户上海；支持金融机构产品创新，加快发展船舶融资、国际结算、航运保险等金融业务；加快成立航运产业投资基金，引导国内资金投入国际航运市场；支持金融租赁公司进入银行间市场拆借和发行债券；放宽金融租赁公司境外融资限制，有效利用国际金融市场资源。加快开发原油期货、有关运价指数衍生品、外汇衍生品等风险投资产品，提供更多的航运投资和避险工具，积极参与全球航运金融产品定价机制。便利航运资金全球运作管理。鼓励航运企业抓住人民币跨境贸易结算试点契机，充分利用试点政策便利，实现国际结算币种多样化，探索航运企业在全球化布局时使用人民币对外投资，在船舶融资业务中吸收境外人民币回流，有效规避汇率风险。利用跨国公司外汇资金管理方式改革、新型国际贸易结算中心试点等支持政策，实现航运企业集团外汇资金的高度集中运作，提高外汇资金运作效率，降低资金运营成本。

其次，拓宽融资渠道，提高效益。完善政策环境，加大扶持力度。从国际经验看，世界上几大航运中心和金融中心都无一例外地得到了政府的大力支持。上海航运金融发展需要政府在财政税费、行政登记审批等方面出台一系列配套政策。一是采取税收减免政策，鼓励海上货运险本地投保，适当降低银行船舶贷款业务、保险公司海上保险业务的营业税，对国际航运业务收入免征营业税，扩大航运保险免营业税的险种范围，先行试点从事国际航运船舶和飞机融资租赁业务的融资租赁公司（金融租赁公司）等税收优惠政策。二是积极配合国家有关部门完善船舶抵押登记制度，简化抵押登记手续，降低抵押费用。三是鼓励航运金融机构实施国际化、全球化的发展战略，放松对其境外投资限制。四是积极适应航运金融发展形势，根据航运企业和相关金融机构的需求，及时出台支持航运金融发展的金融外汇政策，便利航运相关外汇资金跨境收付。

六、海洋工程建筑业

随着桥梁、港口、石化、旅游、海岸防护等重点海洋工程建筑项目的建设，海洋工程建筑业保持较快增长。海洋工程建筑业的融资需求呈现资金量大、回收期长、风险大的特点。随着资本市场逐渐放开，企业通过上市或发债进行融资。但直接融资的比例仍很低。抵押贷款仍是主要融资工具。然而，该行业抵押资产少，融资需求期限长，银行机构降低对该行业的融资供给或采取第三方担保、信用等方式降低风险，这大大增加了企业融资成本。基础设施建设的中长期资金需求通常需要政策性资金的投入，但目前我国的政策性金融机构并未将海洋经济划定为重点支持领域，对海洋基础设施建设的资金投入不足。主要海洋产业金融需求特点及服务方案（见表6-1）。

表6-1　主要海洋产业金融需求特点及服务方案

<table>
<tr><th>行业</th><th>金融需求特点</th><th>金融服务方案</th></tr>
<tr><td>海洋渔业</td><td>存在较大的资金缺口，尤其是用于周转的流动资金缺口</td><td>银行应寻求抵押品的突破，在遵循原有不动产抵押、担保公司担保等传统模式的同时，将船舶、船舶所有权证、海域使用权、冷链产品、市场租赁权、商标权等纳入可接受的范围；加大保险品种开发及支持力度</td></tr>
<tr><td>海洋油气</td><td rowspan="2">资金需求庞大，期限长；有大型设备可以抵押，但通用性较差</td><td rowspan="2">大力发展银团贷款和并购贷款业务，主动提供综合融资方案，重点推动海洋骨干企业通过上下游整合做强做大</td></tr>
<tr><td>海洋矿业</td></tr>
</table>

续表

行业	金融需求特点	金融服务方案
海洋盐业	资金需求季节特征明显，需流动性资金较多，阶段性营运资金需求量也较大	针对需求特点，制订契合季节性特点和顺应生产周期的金融支持方案，主要是流动资金贷款和银行承兑汇票
海洋船舶	中长期项目融资的资金需求大；几乎每艘船都需开立30%左右的预付款保函，占用授信较高，同时船东支付的预付款比例下降，资金缺口加大	增加中长期项目融资贷款，降低贷款利率；银行可以采取流动资金贷款、预付款保函、贸易融资、供应链融资等船舶融资的形式给予企业资金支持
海洋化工	处于高增长期，有产能扩张、产业链延伸的冲动，更新设备投资巨大，需要稳定的、中长期的融资来源	对于大型项目，资金需求量大，贷款期限长，可通过中长期设备租赁融资、项目贷款、银团贷款的方式解决资金缺口问题；加大流动资金贷款额度，提供较宽松的担保方式；办理涉外即期信用证、进出口押汇、进口代付、国内信用证等短期信用业务
海洋生物医药	医药产品的早期研究和生产过程需要资本的高投入；从实验室研究到新药上市有一个漫长的历程，对中长期贷款需求较大，且风险较高	适合风险资本投资；提供项目贷款、流动资金贷款和贸易融资
海洋工程建筑	具有较大的固定资产投资特性，资金需求量大，期限较长，需要较多的流动资金进行周转	承接项目资金占用较大、生产周期长且属于订单生产，对项目贷款和贸易融资的需求较大
海洋电力	需要长期、低成本稳定资金来源	增加优惠利率的中长期贷款和项目贷款发放总量，加大发行债券、风险资本投入，搭建为新型能源产业等节能环保型产业发展助力的资金支持平台，开发金融产品
海水利用	资金需求多为流动性贷款	项目融资
海洋交通运输	基础设施投资金额较大，投资回收期较长，对中长期资金需求较多	对该行业重点以中长期贷款支持为主，同时加大从资本市场、债券市场等直接融资市场的融资力度
滨海旅游	对中长期贷款的需求较大，项目投资不均衡	长期低息或贴息贷款；按照园区土地抵押或者门票、经营收入质押方式向银行融资

第七章
金融支持海洋经济发展的国际经验及比较

美国、欧盟、日本等发达国家和地区在金融支持海洋经济发展方面进行了大量的探索和实践，积累了丰富的经验，归纳分析这些国际经验并加以借鉴吸收，对我国金融支持海洋经济发展具有重要意义。

第一节　发达国家金融支持海洋经济发展的实践模式

一、美国模式

美国是世界上海洋强国之一，海洋产业在美国经济发展中占据着重要的地位。美国海洋经济金融支持体系是以2000年8月通过的《2000年海洋法》为依托逐步建立起来的，具有支撑体系完善、市场功能明确、融资体系多元等特点。

一是政府财政支持。《2000年海洋法》阐述了资金在海洋经济发展中的重要性，以及财政拨款主要资金来源的规定。政府的财政支持的较大部分都被用于海洋新技术研发及产业化发展，同时，对有利于海洋经济可持续发展的项目开发和技术研发，政府财政支持政策还会给予更多的倾斜。

二是政策性信贷支持。围绕渔业产业化发展，加大信贷支持力度。美国渔业局承担着管理和引导海洋渔业发展的职能，除了成立专项基金对鱼类加工等新技术提供税收减免、补贴等以外，还通过提供信贷担保、政策性信贷支持、建立科技信贷银行等方式为渔业经济发展提供资金支持。

三是海洋保险制度。构建海洋产业发展保险补贴制度，对海洋经济建设项目及计划进行投保，并给予一定的保费补贴，同时，对海洋环境污染责任进行投保，作为工程合同获取的先决条件。

四是海洋信托基金。依据《2000年海洋法》，以设立国家海洋信托基金的方式，将政府收取的限制海洋使用和海上石油气等不可再生资源的开采费用用于改进海洋管理工作，实现海洋经济绿色消费、循环利用。

五是风投体系构建。通过构建风险投资机制，如制订海洋高技术产业发展计划、给予风险投资者优惠条件等，为海洋高新技术产业发展提供资金支持。

专栏7-1

美国海洋经济发展思路

为保护海洋生态系统，2014年6月17日，美国总统奥巴马发表了关于海洋经济的重要讲话，并提出了一系列保护、发展海洋经济的措施。该讲话也可以认为是美国明确了海洋经济的发展思路。

一、讲话背景

从过度捕捞到碳污染，海洋健康正受到多方威胁。根据美国最近发布的《国家气候评估报告》（*National Climate Assessment*）显示，气候变化正在导致海平面和海水温度上升，温度变化可能危害珊瑚礁并迫使某些物种迁徙。此外，碳污染正在被海水吸收，造成海水酸性化，可能危害沿岸的贝类养殖场和珊瑚礁，从而改变整个海洋生态系统。在此背景下，2014年6月17日，美国总统奥巴马发表了关于海洋经济的重要讲话。

二、美国海洋经济的发展思路

美国总统奥巴马关于海洋经济讲话的主要内容包括在太平洋地区建立世界最大海洋保护区、禁止非法捕捞等。其行动计划包括自愿性海洋规划、公布更多的联邦数据、支持近海可再生能源项目等。

一是扩大海洋自然保护区范围。奥巴马宣布本届政府将扩大太平洋中南部海洋国家保护区范围。不过在做出扩大海洋保护的地理范围和具体细节决定之前，将听取渔民、科学家、环保专家、有关官员以及其他利益相关者的意见。以此确保全世界最宝贵的海洋生态系统保持生产力和原始状态。

二是打击黑市捕捞。奥巴马指示联邦机构制订一项综合性计划，旨在遏制非法捕捞、解决海鲜造假问题，并通过增强溯源性和透明度来防止非法捕捞的鱼类进入市场。

三是通过区域性海洋规划来满足多样化的沿岸地区需求。旨在使海岸线周围生活的居民均享受海洋资源的全部惠益的自愿性海洋规划也正在全国各地推进过程中。区域性海洋规划将考虑到各个社区的利益，有助于平衡各种海岸使用问题。

四是发展国内贝类养殖业。美国联邦机构正在完成制定一个新的旨在简化贝类养殖场的审批程序的路线图。这份路线图将帮助贝类养殖者了解如何得到他们所需的许可，并将帮助联邦机构识别提高审批程序效率的方式。美国期待通过清除审批程序中的障碍来鼓励贝类养殖，以重新平衡海鲜贸易。

三、美国海洋经济的金融支持措施

为实现海洋保护目的，美国资源部宣布提供1.02亿美元竞争性款项，用于资助那些以科学为依据、有利于恢复河漫滩和天然资源的方案。这些得到资助的工程还将有助于实现政府气候改善计划的承诺。

二、欧洲做法

欧洲各国拥有约7万千米的海岸线，船舶制造、港口运输、海洋渔业、临港工业及服务业等为其国内经济增长创造了巨大的财富。

2006~2009年，欧盟先后发布了《欧盟海洋政策》、《欧盟综合海洋政策》、《欧盟综合海洋政策行动计划》、《海洋产业集聚对策》、《欧盟海洋与海洋产业研究战略》、《欧盟海洋运输政策目标与对策》等多个海洋经济开发及发展政策，形成一个完整性、连贯性、可操作的海洋政策体系，对海洋产业发展、海洋开发应用、海洋环境保护等海洋综合事务进行了详细的阐释[①]。

实践方面，欧洲各国采用不同形式实现金融支持海洋经济发展战略。如为支持海洋经济发展，部分国家专门成立海洋银行，通过提供优惠信贷资金支持涉海产业发展；再如欧洲部分国家推出鱼产品抵押贷款制度，通过权衡鱼产品市场价格与贷款利率来选择是否偿还贷款，促进海洋经济发展。2014年，欧盟推出“蓝色经济”的创新计划，该项计划以绘制欧洲海底地图，建立在线信息共享平台为核心，通过连续的投资[②]达到可持续开发利用海洋资源、助力海洋相关产业成长的目的。

专栏7-2

欧盟“蓝色经济”挖掘海洋潜力实现就业与增长创新计划

欧盟现由28个成员国组成，其中，23个国家临海。沿海地区承载了欧盟近一半的人口，创造了欧盟约50%的GDP。以海洋为依托的经济活动为欧盟

① 宋汉光. 金融护航海洋经济发展的实践与探索[M]. 北京，中国经济出版社，2013.

② 2014年前的七年间，欧盟委员会平均每年提供3.5亿欧元资助“蓝色经济”相关行业的发展与研究；2014~2015年将继续投资1.45亿欧元用于支持“蓝色经济”创新计划。

提供了大约540万个就业岗位，每年创造的增加值近5 000亿欧元。欧盟对外贸易的75%、对内贸易的37%通过海运来完成。海洋及关联产业在欧盟经济发展中发挥着重要作用。为促进海洋经济进一步发展，“蓝色经济”已成为欧盟科研投资的重点领域之一。2007～2013年，欧盟委员会每年提供约3.5亿欧元用于相关领域的技术研发。2013年12月，欧盟正式启动第八个科研框架计划，即“地平线2020”科研规划。仅2014～2015年，“地平线2020”科研规划用于发展“蓝色经济”的预算就达1.45亿欧元，而且后续还会不断增加投资。在此基础上，2014年5月8日，欧盟委员会推出《“蓝色经济”创新计划》。这充分显示了欧盟对海洋科技创新的重视，希望通过海洋科技与经济的进一步融合发展，在海洋领域获取更大的利益。

一、“蓝色经济”创新计划的主要内容

在“蓝色增长”战略的指导下，欧盟将重点从三个方面着手推进《“蓝色经济”创新计划》（以下简称《计划》）的实施。

一是整合海洋数据，绘制欧洲海底地图。《计划》显示，欧洲海底水文、地质和生物等方面的观测与调查明显落后于实际应用需求，高达50%的欧洲海底缺乏高分辨率测深调查，超过50%的海底缺乏生境和群落映射。虽然在最近的几十年里，欧盟对海洋观测系统进行了大量投资，获取了大量海洋数据，但这些数据散落在不同组织和部门中，整合这些数据不仅需要花费大量资金，也相当地费时费力。鉴于此，欧盟委员会决定2020年前绘制出高分辨率的包括海底和覆盖水域的欧洲海洋地图，同时积极推进数据的整合，确保数据便于访问、可互相操作和自由使用。具体行动包括：（1）完善欧洲海洋观测数据网络（EMODnet）；（2）整合渔业数据采集框架等数据系统；（3）促使从海洋观测数据网络获取由私人企业收集的非涉密数据更加便利；（4）鼓励支持欧盟研究项目的财团批准开放部分海洋数据；（5）利用欧洲海洋与渔业

基金的资助，建立用于观测系统、抽样计划与海洋盆地调查的战略协调机制。

二是增强国际合作，促进科技成果转化。“蓝色经济”发展面临着一系列的挑战，如海洋酸化是沿海国家共同面临的问题，只有加强国家之间的合作才能有效解决。此外，一些基础研究也离不开国际合作。在“地平线2020”的支持下，随着加拿大—欧盟—美国大西洋海洋研究联盟的成立，欧盟海洋科技领域国际合作的广度和深度将不断加强。为了使新的研究机会广泛普及，增强国家资助的研究活动与“地平线2020”之间的协同，欧盟委员会还将建立和完善现有的信息系统。在此基础上，建立一个信息共享平台，为“地平线2020”科研资助项目以及成员国资助的海洋研究项目提供信息，方便分享研究成果。《计划》显示，欧盟正不断搭建创新成果从实验室走向市场的桥梁，努力促进成果向市场转化。欧盟委员会定于2015年海洋日在希腊比雷埃夫斯举办“蓝色经济和科技论坛”，吸引工业部门、科研人员以及非政府组织（NGO）等参加，交流看法并分享研究成果，更有效地将欧盟各成员国之间的科研成果与潜在投资者联系在一起，共同谋划欧盟蓝色经济发展。

三是开展技能培训，提高从业人员技术水平。缺少科学家、工程师和能够熟练应用海洋新技术的工人是目前影响欧盟“蓝色经济”增长的瓶颈因素之一。2012年，海上风电约占欧盟10%的年风电装机容量，直接和间接带动就业约5.8万人。预计到2020年，海上风电约占欧盟30%的年风电装机容量，将拉动就业约19.1万人。值得注意的是，具有维修和制造技能的工人缺口也将从7 000人增长到1.4万人。“玛丽—居里行动计划”（MSCA）作为欧盟第五研发框架计划（FP5）特殊的国际合作组成部分启动，旨在通过激励人们从事研究事业、鼓励欧洲科研人员留在欧洲工作、吸引全世界的科研人员到欧洲工作，从数量上和质量上加强在欧洲的科研人员的力量，将欧洲建设成最能吸引顶尖人才的地方。根据《计划》，欧盟拟在以往“玛丽—居里行动计划”成功经验的基础上，鼓励海洋相关行业从业者积极开展研究，并通过教育培训、设立创新工程以及企业孵化器等多种方式加强研究成果的转化。本轮行动计划适合于涉海的公立、私营机构所有科研人员，具体内容包括初期研究培训到终身学习和职业发展，旨在提高科研人员的就业能力，最大限度地满足劳动力市场需求。欧盟委员会还鼓励相关人员申请加入知识联盟和海洋行业技能联盟（SSA）。其中，知识联盟是从高等教育和商业中遴选有关人员构建起的伙伴关系，以此刺激“蓝色经济”领域的科技创新；行业技能联盟旨在为学习者设计和提供劳动力市场所需技能的联合课程和方法，以此有效弥补教育、培训和劳动力市场实际需求的差距。

二、欧盟“蓝色经济”的区域布局规划

为了充分开发近岸、近海与远海的潜力，《“蓝色增长”研究报告》中专门用一章的篇幅阐述了“蓝色经济”的区域布局。基于波罗的海、北海、东北大西洋、地中海、黑海、北极圈、远海区域七大海区的地理环境、生态价值和社会经济发展潜力分析，对未来各海区重点开展的经济活动进行了展望（详见表7–1）。

表7–1　七大海区的主要海洋产业布局

海区	产业活动
波罗的海	近海航运、海上风电、邮轮旅游、滨海旅游与游艇
北海	近海航运、海洋油气、海上风电、海岸带保护、海洋可再生能源、邮轮旅游、滨海旅游与游艇
东北大西洋	近海航运、海上风电、海岸带保护、海洋可再生能源、邮轮旅游、渔业与养殖
地中海	近海航运、海洋油气、邮轮旅游、渔业与养殖、滨海旅游与游艇
黑海	近海航运、海洋油气、滨海旅游与游艇
北极圈	海洋油气、邮轮旅游、渔业与养殖、北极航运
远海区域	海洋可再生能源、滨海旅游与游艇、渔业与养殖、海洋矿产资源开发、蓝色生物技术

三、日本经验

日本是世界上较早制订海洋规划的国家之一，注重海洋经济可持续发展，在金融支持海洋经济发展方面强调政府与市场的共同作用。

一是政府财政支持。以财政投入加大支持力度，发挥政府在海洋经济发展中的作用。一方面，通过加大财政支出，推进海上桥梁、机场、港湾等基础设施建设以及海洋能源基地的空间拓展利用，拓宽海洋经济发展区间；另一方面，以财政拨款的方式不断完善海洋监测系统，保护海洋水环境、生物环境以及生态环境，保障海洋经济可持续发展。

二是税费补助制度。日本高度重视新科技、新技术的研发推广以及海洋污染处理，利用完善的税费补助制度给予支持，如给予海洋废弃物处理关联项目14%~20%的税收优惠[①]；对海洋科技研发和创新的费用给予一定的免税。

三是多元信贷支撑。围绕海洋产业发展金融需求，创新投融资机制，增加银行信贷投放。依托海洋经济发展的项目规划、融资需求、风险特征，积极调整信贷结构，加大对海洋经济产业的信贷投入；运用利率杠杆机制，对海洋经济产业发展的相关企业给予政策倾斜；强化银行合作，组织银团贷款，支持海洋经济发展的同时分散融资风险。

四是民间资本参与。在政府支持和银行信贷之外，引入民间资本参与海洋经济发展，如关西空港及其人工岛的建造吸纳了大量民间投资。此外，政府还出台政策鼓励私营企业投资参与国有企业海洋技术开发项目，

① 李莉、周广颖、司徒毕然. 美国、日本金融支持循环海洋经济发展的成功经验和借鉴[J]. 生态经济，2009（2）.

加快海洋技术成果转化和海洋科技发展，如日本海洋科学技术中心以发行新股的方式公开吸纳资金投资，引进民间资本推动科技成果产业化发展。

四、新加坡实践

新加坡作为全球重要港口之一，区域优势决定其具有重要战略枢纽地位，临海工业、港口航运等海洋产业发展构成了其GDP的重要组成部分。新加坡海事信托基金设立是其海洋经济金融支持体系中重要的举措，通过吸收社会闲散资金扩大了海洋融资的渠道和资金来源，并以资产租赁的方式降低海运企业的初始投资成本和进入壁垒，能够有效促进海洋经济相关产业的发展[①]。

海事信托基金是依托2004年新加坡发布的商业信托法成立的，其性质为商业信托，以购买船舶资产并以获取租约期内该资产运营的稳定现金流作为收益。海事信托由发起方发起并入股成立，通过信托公司在股票市场进行公开发售来招募公众基金单位持有人；在获得银行贷款后，信托基金购买船舶并以租约方式出租给承租人使用，获取租金收益。[②]其中，海运信托经理通过托管契约对基金进行管理，对基金所有人负责；船舶由发起方成立的船舶管理公司进行运营和管理。

五、挪威经验

挪威海洋经济以造船航运业、海洋油气业、海洋产品和服务产业为主要产业，且产业链较完备。基于海洋经济产业的优势，挪威海洋金融蓬勃

① 宋汉光. 金融护航海洋经济发展的实践与探索[M]. 北京，中国经济出版社，2013.
② 宋汉光. 金融护航海洋经济发展的实践与探索[M]. 北京，中国经济出版社，2013.

发展并成为海洋经济产业的重要支柱。

一是政府政策支持。挪威政府以开放、积极的态度支持海洋产业的发展，在行业沟通、技术研发、产业发展等方面给予指导和支持，并以市场化的手段来推动海洋金融产业的发展。如政府牵头成立科技基金，用于支持海洋科技发展；设置激励机制，鼓励私营企业投资国有企业的海洋技术开发项目等。

二是创新金融产品服务方式。海洋金融服务产业形成以银行机构为主，保险与再保险、证券、投资银行等为辅的格局，能够为海洋产业提供传统银行信贷、出口信贷及担保、债券、股权融资、PE及MLP（有限合作基金）等金融服务，并依据海洋经济的周期性、结构性特征适当配置金融资源[①]。此外，挪威还成立了专门银行（挪威海洋银行），以优惠利率和分期偿还方式向购买或改造渔船、购买鱼类加工设备以及其他涉海产业活动提供贷款。

三是注重风险防范。一方面，挪威银行机构十分关注海洋金融服务的风险，并通过信息沟通、定价机制、信用记录及评级、担保机制等方式进行风险防范；另一方面，挪威金融管理局针对海洋经济的主要（重大）风险进行重点提示，并依据信贷政策及定价评估、压力测试、资产评估、内外部审计等方式对银行机构进行宏微观审慎监管。

① 中国社会科学院世界经济与政治研究所国际金融研究中心海洋经济与海洋金融课题组. 挪威海洋经济金融发展经验与启示[J]，2014.

第二节　国外金融支持海洋经济发展的经典案例

海洋经济具有融资周期长、风险高、融资规模大等特点，针对上述特点，我们分别从融资安排、风险化解及国际间合作等方面选取了经典案例来介绍国外金融在支持海洋经济方面的做法。

一、海洋经济贸易融资的便利化：英国东印度公司的融资安排

东印度公司是最早从事远洋贸易的公司，由于其具有英国皇家的授权，业务规模在一个世纪内快速膨胀，几乎垄断了英国与印度间的全部贸易。其快速发展过程中的融资方式也具有一定的特殊性，其股权融资的方式也正好适配了海洋经济的需求特点。英国东印度公司的融资安排可以归纳为三个方面：利润留存、资本市场融资、不当收入。

（一）利润留存

1600年12月31日，伊丽莎白女王批准了东印度公司的特许权，即其作为唯一的英国公司，有权从事在亚洲地区的贸易活动。这一特许权，使英国东印度公司实际具有了国家公司的性质，而皇室和政府也用一纸空文，换回了东印度公司对国家的忠诚[①]。1757年普拉西战役之后，英国开始掠夺印度财富。东印度公司不但垄断了印度的对外贸易，而且还垄断了印度国内的盐、烟草等重要商品的贸易，并对其他商品加征各种捐税。商业垄

① 李弘.画说金融史[OL].财新网，2012.

断为东印度公司带来了巨大的商业利润，通过利润留存在很大程度上解决了其融资需求问题[①]。

（二）资本市场融资

东印度公司是英国金融创新先行者，在筹资方式上它没有选择固定收益的债务融资，而是选择共担风险的股本融资，并把风险承担长期化。东印度公司选择股票融资主要得益于其股份公司组织结构带来的前所未有的竞争优势。一是聚集了大量资本。东印度公司共进行了两轮融资，最后有219位股东出资人，筹集了68 737英镑[②]。二是首创了英国现代公司管理制度，选出1位总裁和24位董事，代表股东来管理投资。三是创新了资本回报的计算方法，其初期是按每船往返投资回报单独计算，到1657年才真正像现代股份公司，按公司的总体收益计算股东回报。四是为保证经营管理的稳定性和持续性，股东不能随意撤资，股票须在几年之后才可以交易[③]。

（三）不当收入

英国东印度公司的不当收入也是其融资安排的重要渠道。东印度公司的不当收入主要来源于掠夺财富、铸币税收入、税收收入、非法贸易收入。一是东印度公司自普拉西战役后，通过抢劫国库和王室珍宝等方式掠夺财富，1757~1815年从印度攫取了高达10亿英镑的财富。二是铸币税收入方面，东印度公司在1670年就获准铸造钱币，其于1820年开始在孟加拉、孟买、马德拉斯等地发行货币，并因此获得大量的铸币税收入。三是东印度公司自沃伦·黑斯廷斯担任总督后，开始在孟加拉管辖区征税，并借助巡回委员会和包税制度，不断增加税收收入。四是非法贸易收入方

① 陈传金.英国东印度公司的兴衰[J].徐州师范学院学报（哲社版），1987（1）.

② 李弘.画说金融史[OL].财新网，2012.

③ 申晓若.英国东印度公司的历史轨迹[J].内蒙古民族师范学院（哲社版），1996（1）.

面，东印度公司垄断了鸦片贸易，通过强迫种植、走私鸦片牟取暴利，鸦片收入约占公司总收入的1/7[①]。

二、海洋经济风险的化解：南海泡沫事件的融资机制

正是因为海洋经济具有融资周期长、风险高等特点，债务违约风险发生的概率也较高，而化解这些债务危机的债务置换、债务展期等手段也是完善海洋经济金融体系的重要内容。南海泡沫事件提供了最早的化解债务危机的范例，其债务转移及债转股等手段仍是当前最典型的化解债务危机的方式。

南海泡沫事件（South Sea Bubble）是英国在1720年春天到秋天之间发生的一次经济泡沫，它与密西西比泡沫事件及郁金香狂热并称为欧洲早期的三大经济泡沫[②]。南海泡沫事件中的融资机制可总结为债务转移、债转股、分期付款购买股票。

（一）债务转移

17世纪末到18世纪初，由于当时的英国政府同西班牙、荷兰发生海上战争的缘故而负债累累，当时英国战争负债有1亿英镑。为了清偿总价近1 000万英镑的陆军、海军债券和其他一些上市债券，英国政府与南海公司达成了一项用债务换取经营权的协议。即由南海公司承担约1 000万英镑的政府债务，成为英国政府的最大债权人；英国政府同意南海公司通过发行股票方式募集资金，承担约1 000万英镑的政府债务，以6%的利率计息，

① 赵伯乐.从商业公司到殖民政权——英国东印度公司的发展变化[J].华中师范大学学报（哲社版），1986（6）.

② 刘芸芸.“南海泡沫事件”研究[D].山东大学硕士学位论文，2011.

即每年60万英镑的利息。准许南海公司经营的酒、醋、烟草等商品实行永久性退税，赋予其经营中南美洲一带的贸易以及与这些地区进行远洋贸易的权利。对未经准许进入这个地区进行贸易的船只全部没收。船上货物价值的1/4归英国政府所有，1/4归告密者所有，另外1/2归南海公司所有。

（二）债转股

1719年，为了缓解政府的债务压力，英国政府通过法案，将政府债券与南海公司的股票进行置换。南海公司获得政府定期付息的债券，而英国政府则获得南海公司的股票。随着南美贸易障碍的清除，加之公众对股价上扬的预期，促进了债券向股票的转换，这又带动股价进一步上扬。

（三）分期付款购买股票

1720年，南海公司承诺接收全部国债。为了刺激股票的发行，南海公司允许投资者以分期付款的方式购买新股票。当英国下议院通过接受南海公司交易的议案后，南海公司的股票立即从每股129英镑跳升到每股160英镑；而当上议院也通过议案时，股票价格又涨到每股390英镑。投资者趋之若鹜，到1720年7月，每股又狂飙到1 000英镑以上，半年涨幅高达700%[①]。社会各阶层，包括军人和家庭妇女，都涌入了交易所的人流中。

1720年6月，在财政大臣罗勃特·沃波尔的倡导下，国会通过《取缔投机行为和诈骗团体法》，即著名的“泡沫法案”（*Bubble Act*）。“泡沫法案”规定，在没有议会法案或国王特许状给予的法律权利场合，禁止以公司名义行事、发行可转让股票或转让任何种类的股份，严惩非法的证券交易[②]。自此，许多公司被解散，公众开始清醒过来，对一些公司的怀

① 仇远.“南海泡沫事件”的几点启示[N].中国证券报，2006-02-08.

② 仇远.“南海泡沫事件”的几点启示[N].中国证券报，2006-02-08.

疑逐渐扩展到南海公司身上。从1720年7月开始，首先是外国投资者抛售南海股票，国内投资者纷纷跟进，南海公司股价很快一落千丈，9月跌至每股175英镑，12月跌到每股124英镑。政府见南海公司大势已去，为了稳定金融秩序，依据“泡沫法案”，逼迫南海公司将债权出让给英国银行，没收了哈里·耶尔等人的家产。截至1720年年底，轰轰烈烈进行了一年的“南海泡沫”彻底破灭。此后数十年间，英国人对于股份公司和股票交易谈虎色变，英国股份公司和股票市场整整沉寂了一个世纪之久[①]。

三、海洋经济风险的缓释：英国“劳合社”的保险机制

海洋经济的高风险性决定了建立海洋资本退出机制及保障机制的重要性，海洋保险是这些保障手段中不可或缺的一环。因此选取最早从事海洋保险的英国“劳合社”进行介绍。

三百多年前，众多船商在爱德华·劳埃德咖啡屋与资本运营家磋商海运保险，从那时开始，这个咖啡屋凭借不断的创新和严格的监管，逐渐演变成世界顶级的保险市场。如今，世界财富500 强企业中65%的公司在劳合社投保，其业务范围覆盖200 多个国家和地区。

（一）劳合社的组织性质及内部组织结构

劳合社主要由五部分组成: 劳合社委员会、劳合社会员、保险经纪人、承保辛迪加及管理代理人。劳合社委员会主要负责监管劳合社市场内部运作以及将市场作为一个整体来管理，处理全球运营的网络布局、维护会员利益和保险市场平稳运行、制定市场规则以及代表劳合社出席国际会议。劳合社会员为辛迪加的承保提供资本，这些会员包括一些世界大型

① 张梦醒.英国“南海泡沫”危机的现代启示意义[J].天津经理学院学报，2012（4）.

保险集团和上市公司，个人和有限合伙人也可成为会员。保险经纪人都是一些在国际贸易、法律、保险风险识别方面有特长的专业人士，他们得到劳合社的专业授权，主要促成风险在客户与承包人之间转移，代表客户与承保人磋商保险范围、保费及索赔等相关事宜。目前有180 多家保险经纪商在劳合社市场中运作。承保辛迪加是由一个或几个会员组成的集团来承保风险的，核心资本的多样化和平稳性使得辛迪加的功能优势可以平稳发挥。管理代理人主要以会员的利益为主来管理辛迪加，他们主要监管辛迪加的承保、员工雇用以及辛迪加的内部运作①。

（二）劳合社的市场运作

保险客户与取得资格的保险经纪商确定需要投保的相关风险，再由保险经纪人与专业承保人讨论有关该风险的保费和合同条款，如果该承保人感兴趣，会同意承保该风险的部分风险和责任，剩下的风险和责任以相同方式在其他承保人中分担，这就是所谓的认购。保险经纪商再将反馈信息与客户商榷，由客户下单。剩下的保单细节问题由保险经纪人与该保单的主承包商确定。客户将保费交给保险经纪人，经纪商扣除相关经纪费后将净额交付劳合社财务中心进行定期大额结算。劳合社最终将保费交付于辛迪加的管理代理人②。

（三）劳合社的风险保障

劳合社经过三百年的风雨，至今仍然能够保持其实力，主要归功于其卓越的资本结构。劳合社主要有三层基金保障机制（参见表7-2）来确保

① 刘婷婷. 借鉴伦敦劳合社运作模式探析促进上海航运再保险业发展的路径[J]. 对外经贸，2012（1）.

② 刘璐、王春慧. 伦敦劳合社经营绩效研究[J]. 石家庄经济学院学报，2014（6）.

投保人的利益: 辛迪加自有标准基金、劳合社会员基金、中央基金。前两种是会员自有资金，后一种是集合资产。

表7-2　劳合社三层基金保障机制

<table>
<tr><td rowspan="2">自有资产</td><td>第一层保障</td><td colspan="2">辛迪加自有标准基金</td></tr>
<tr><td>第二层保障</td><td colspan="2">劳合社会员基金</td></tr>
<tr><td rowspan="2">集合资产</td><td rowspan="2">第三层保障</td><td>中央基金社团基金</td><td rowspan="2">可调用资产</td></tr>
<tr><td>次级债务证券</td></tr>
</table>

（四）劳合社再保险业务发展

劳合社是世界最大的再保险市场，是许多大型再保险业务的主要承保者，同时也是许多保险市场的再保险首席承保人。通过表7-3 可以看出，再保险在其业绩中具有举足轻重的作用，也是其利润的重要来源。

表7-3　劳合社财务报表附注列项分析表

单位：100万英镑

年份	保费收入总额		保费收入净额		核保业绩	
	2009	2010	2009	2010	2009	2010
再保险	7 889	8 388	5 763	6 112	1 245	590
财产保险	4 954	4 908	3 859	3 736	292	283
意外事故险	4 320	4 397	3 430	3 353	316	113
海上保险	1 606	1 671	1 303	1 408	147	128
能源保险	1 371	1 419	985	983	157	164
汽车保险	1 118	1 103	984	1 009	−83	−520
航空保险	551	642	344	458	10	115
寿险	60	63	53	51	1	3
合计	21 696	22 591	16 721	17 110	2 085	876

劳合社通过资本积聚以及再保险业的大力发展，利用规模经济扩大其业务范围和覆盖率，加强其抗风险能力，使辛迪加可以承保较大保额的保

险，避免单个保险公司因保额损失过大而引起破产的风险。再保险可以避免核保业绩的不确定性波动。在国内自然灾害严重的时候，可以通过再保险将保险公司的风险转移到国外更大的范围。通过这些途径，加强了保险公司的承包范围和保险产品的创新动力，使得保险业进入良性循环，进一步促进保险行业的发展壮大[①]。

四、海洋经济的国际合作：多国共同开发

海洋经济是一个完全开放和不断发展的经济系统，开展国际合作是海洋经济开放性的内在要求。开展国际合作有助于优化海洋资源与要素的资源配置、有助于协调海洋资源利用矛盾的化解、有助于解决共性海洋问题。开展海洋经济的国际合作也为金融支持创造了条件和空间，有助于涉海项目通过国际信贷合作、国际融资合作等吸引国际资本、充分利用国外风险投资实现项目与资金的对接。

（一）挪威、冰岛扬马延岛海域渔业共同开发案

扬马延岛位于北冰洋，是一个贫瘠的火山岛，总面积为373平方千米，该岛距冰岛200海里、距挪威540海里。扬马延岛于17世纪早期被人类所发现，并认为是无主土地。1929年，挪威政府宣布扬马延岛的主权归挪威所有。由于终年寒冷、气候条件恶劣，扬马延岛上几乎无固定居民，因此，扬马延岛及其周围海域一直未被重视。1978年，扬马延岛海域被发现有大量的渔业资源，为了确保本国渔民在该海域的捕鱼权，挪威和冰岛几乎同时宣布将其在该海域的渔业管辖区扩大到200海里专属经济区（当时

① 刘婷婷. 借鉴伦敦劳合社运作模式探析促进上海航运再保险业发展的路径[J]. 对外经贸，2012（1）.

正值第三次联合国海洋法会议召开之际，200海里专属经济区的概念已得到广泛接受）。然而，扬马延岛与冰岛间的距离不足400海里，于是，挪威与冰岛就扬马延岛海域大陆架划分问题产生纠纷，争议由此出现[①]。

为尽快解决争议，挪威和冰岛政府同意建立一个调解委员会，并通过两个阶段谈判的方式解决争议问题。

第一阶段是着重解决渔业纠纷以及大陆架纠纷问题。两国于1980年5月28日达成挪威、冰岛《关于渔业和大陆架问题的协议》（以下简称《协议》）。《协议》同意冰岛可以在冰岛至扬马延岛之间的海域建立200海里专属经济区；扬马延岛有权建立自己的200海里专属经济区，主权属于挪威。

第二阶段是成立调解委员会。1981年5月，调解委员会提交给两国政府一份一致通过的建议书，同年10 月，挪威、冰岛两国以这份建议书为基础，签订《冰岛和扬马延岛之间大陆架协定》，该协定于次年 6 月2 日正式生效。于是挪威与冰岛之间关于扬马延岛海域的争议问题得到解决，一项国际性的共同开发实例产生了。

首先，《协议》同意在冰岛和扬马延岛海域确立一条200海里专属经济区的边界线，这虽然没有在条款中明确写出，但可以从序文中推断出。专属经济区范围的确立意味着挪威政府接受冰岛建立200海里专属经区的全效性，包括开发和利用专属经济区海床和底土内的非生物资源。这样，冰岛承认扬马延岛是一个岛屿，挪威拥有在该海域建立200海里专属经济区和大陆架的权利。挪威若承认冰岛拥有200海里专属经济区，就要接受

① 李晗希. 挪威、冰岛争议海域渔业合作剖析及其对南海渔业合作的借鉴[D]. 外交学院硕士学位论文，2013.

冰岛建立200海里大陆架的事实。为避免随之而来的大陆架划界问题，挪威并没有立即宣布建立200海里专属经济区，而是以建立200海里“渔业区”取而代之。设立渔业区是一个比较旧的提法，但至少从地理概念上对一个区域的范围作出规定。

其次，《协议》的第一至第八条规定了挪威、冰岛在两国专属经济区对渔业资源进行共同管理的具体安排。《协议》规定双方要交换渔业捕捞统计数据和本国渔业管理措施的相关信息；冰岛有权在该海域捕获毛鳞鱼，捕捞配额由双方协商而定；除毛鳞鱼外的其他鱼类的捕捞配额，由挪威、其他国家与冰岛谈判而定，冰岛可以在扬马延岛海域捕捞合理的配额；缔约双方有权向第三方转让自己的捕捞配额，第三方的船只能在签约国自己的专属经济区内进行捕鱼作业。《协议》要求缔约各方的渔业部门应就实际问题展开合作，要特别重视洄游于冰岛和扬马延岛海域间渔业资源的开发与养护。

最后，组建一个由3名成员组成的调解委员会，缔约双方各自任命一个本国成员，调解委员会的主席须由双方共同委派。调解委员会对两国渔业合作的有关事项进行协商；调解委员会的任务是向两国政府提交扬马延岛海域大陆架划分的建议书；调解委员会将会采用自己的议事程序规则；调解委员会将在第一时间将协商一致的建议书递交给两国政府；调解委员会每年至少召开一次会议，在冰岛和挪威两国轮流举行；调解委员会的建议对缔约双方不具有约束力，但在双方进一步的谈判过程中，两国政府应对建议书予以尊重[①]。

---

① 李晗希. 挪威、冰岛争议海域渔业合作剖析及其对南海渔业合作的借鉴[D]. 外交学院硕士学位论文，2013.

（二）北海油气资源共同开发模式

海洋资源有一定的特殊性，如油气资源的延伸性，因此在海洋资源开发的过程中会出现一些特殊的合作模式。北海油气资源的共同开发模式具有一定的代表性。

北海从1959 年首先发现油气田开始，到现在每天都给沿岸国家生产大量石油。北海的油气资源开发经历了一个漫长的过程，而人们对于海洋及其资源的认识也有了很大的变化。当北海发现油气资源以前，北海周边国家对北海分别享有不同层次的主权、专有权、管辖权和管理权，尤其是享有不同的历史权利。如1858 年，英国议会法案声称，在邻接康沃尔的公海海底的低潮线下面的一切矿坑和矿物都归英国女王所有。这样，海域争议就在所难免，有争议海域的出现是一种长期既定事实。随着北海油气资源的发现，周边国家想方设法开发海上潜在的油气资源，争议海域开发问题变得越来越复杂。据统计，针对争议海域，仅学术界就出现过泰曼的先占规则、安德拉赛的特别处理规则，人们或坚持国家主权至上的概念，或提出产权共有论，由此在有争议海域共同开发过程中，或提出主权共享论，或提出合作必要论。但最有影响的还是主权国家间共同开发论，共同开发是主权国家间一种特殊的经济合作方式，共同开发的对象是主权有争议海域以及跨国界的非生物资源，如油气矿层。共同开发建立在争议方协定基础之上。共同开发只是针对特定区域，通过协定等文件明确相关方权利责任、业务活动方式、活动期限。未划定界线的区域存在权利争议，那里油气资源的共同开发是一种临时安排，以缓解矛盾，避免单方开采可能引发的冲突。这种形式的共同开发并不对争议地区的领土争端发生法律上的影响，参加行动的各方仍保持关于领土争端的原有立场[①]。

（三）荷兰与联邦德国合作开发模式

1960 年4 月，荷兰与联邦德国签订《关于合作安排埃姆斯—多拉德条约》，搁置了两国在埃姆斯河口区域的主权争议[②]。1962 年，在荷兰与联邦德国接壤的埃姆斯河口地区发现了储量巨大的油气资源，两国在这一地区的边界并未划定，但这并没有妨碍两国签订条约对该地区的油气资源进行共同开发。这个条约就是《关于合作安排埃姆斯—多拉德条约的补充协定》，该协定针对在争议区的天然气田建立了一个资源共同开发区，双方在共同开发区临时划分了一条管辖线，对各自一侧进行勘探和开发，但开发收益和费用双方平等分享和分摊[③]。该协定明确保留了1960 年条约没有解决的边界问题。这个条约成为在尚未划定边界的相邻地区进行共同开发的一个先例[④]。

（四）英国、丹麦与挪威共同资源条款模式

已经确定边界区域的资源联合开发是在有关各国已划定彼此间边界的情况下而在区域内进行的。海洋的油气资源比陆地上的油气资源更具流动性。油气资源本身的流动性使地处边界线附近的区域通常是一个极其敏感的地带。跨越疆界所蕴藏的油气资源往往可能从疆界的任何一边完全抽取干净。大多数关于大陆架疆界的双边协定通常是禁止在疆界的一定距离之内钻探石油，或者商定在一定距离之内开发石油的收益由两个有关国家分

① 舒小昀. 北海油气资源与周边国家边界划分[J]. 湖南科技学院学报，2007（7）.

② 高磊. 争议海区海洋矿产资源共同开发研究[D]. 中国海洋大学硕士学位论文，2009.

③ 舒小昀. 北海油气资源与周边国家边界划分[J]. 湖南科技学院学报，2007（2）.

④ 丁丹. 二战后德国与邻国边界、领土争端的解决述评[J]. 湖北理工学院学报（人文社会科学版），2015（1）.

享。在北海，这种情况的油气井有许多。基于两国间跨边界油气蕴藏区域的产量分配和油气田协调管理的安排，有关国家缔结双边条约进行联合开发。1965 年，英国和挪威大陆架划界协定中对此做了专门规定，这就是所谓的“共同资源条款”：如果任何单一的石油地质构造或油田，或其他矿物地质构造或矿田（包括沙、砾层在内）跨越了界线，而位于界线一方的上述构造或矿田的部分可以从分界线的另一方全部或部分进行开发时，缔约双方在同执照持有人（如果有的话）磋商后，应采取就上述结构或矿田进行最有效开发的方式以及对从中获得的收益进行分配的方式，谋求一致协议。丹麦和挪威则约定：如果海床上面或其下的自然资源经确定为延伸到缔约双方大陆架之间疆界线的两边，使位于一方地区内的资源可以全部或部分地从另一方地区内开采，则在缔约任何一方请求下，应缔结关于开发该自然资源的协定[①]。跨界存在的单一油气田联合开发旨在有效利用资源，并不改变对边界划分[②]。

第三节　发达国家金融支持海洋经济发展的经验借鉴

发达国际金融支持海洋经济发展的实践经验，为我国构建海洋经济发展金融支持体系提供较好的参考。

---

① 舒小昀. 北海油气资源与周边国家边界划分[J]. 湖南科技学院学报，2007（2）.

② 邹立刚、叶鑫欣. 南海资源共同开发的法律机制构建略论[J]. 河南省政法管理干部学院学报，2011（1）.

（一）立法形成国家意志

无论是美国、欧洲、日本还是新加坡，通过立法或者一系列的政策文件对海洋经济发展做出了明确规划，这表明，立法或者有效的政策规划能够转化成国家意志，进而不断充实和完善海洋经济发展金融支持体系。我国应坚持以发展海洋循环经济理念为指导，建立健全金融支持海洋经济发展的政策法规体系。

（二）财政支持至关重要

政府财政支持在金融支持海洋经济发展中发挥重要的作用，这与海洋经济的多数产业属于新型产业，投资金额较大、收益回报周期长、投资风险较大有关，企业通过自身获取资金尤其是在初创期是比较困难的，政府财政支持、税费优惠、政策引导尤为重要。我国应加大对海洋经济的财政支持力度，发挥好财政资金对金融资源的导向作用。

（三）多元融资体制构建

发达国家金融支持海洋经济发展的实践表明，以银行信贷为基础的多元融资体制构建是有效的渠道。无论是通过银行获取信贷资金、银团贷款，还是鼓励民间资本参与，或者是通过基金、证券、信托、创投等方式，都显示出多元融资体制构建的重要性，能够更为有效地解决海洋经济发展中的资金需求问题。我国应鼓励各类型金融机构加强合作，引导各类社会资金支持海洋产业融资，多渠道扩大海洋经济发展的社会融资规模①。

（四）保险制度相应匹配

由于海洋产业发展的风险性、不确定性，构建涵盖政策性、商业性一

① 张爱珠. 创新融资机制助力海洋经济[J]. 浙江经济，2012（5）.

体的保险体系能够为海洋经济提供一个良好的外部金融环境。我国应将保险业纳入海洋经济发展的整体规划，充分发挥保险业在海洋经济发展中的资金融通和风险保障功能，同时适当运用财政补贴杠杆，提升海洋产业经营主体运用保险资金和保险工具的积极性。

（五）科技创新资金支持

海洋产业一般具有技术高端、产品高端的特点，发展海洋经济离不开科技创新，提高海洋科技创新能力，必须加大对海洋科技的资金投入。我国应加快构建政府财政、银行信贷和民间投资相结合的资金支持体系，强化对优质海洋经济项目的资金投入。

（六）政府与市场清晰定位

上述国家的成功案例也可以看出，政府支持是海洋经济发展的重要因素，但是政府在推动海洋经济发展的过程中也不应存在越位的行为。政府应通过建立发展规划等引导海洋经济的发展，并在风险性较大和导向型较强的产业发挥主导作用。同时创新和发展市场化金融资源配置体系，撬动更多社会资本进入海洋产业。

第八章

国内金融支持海洋经济发展的实践及创新案例

尽管我国在金融支持海洋经济发展方面较上述国家起步较晚，但是随着海洋战略的推进，全国各地方结合本地海洋经济特点，积极探索海洋金融产品和服务的创新，涌现出一些值得推广和复制的创新做法和案例，主要集中在信贷制度创新、抵质押品创新、服务方式创新等方面。

第一节　信贷制度创新

近年来，国家积极推动金融机构加大对中小企业贷款支持力度，为破解中小企业融资障碍的产业链融资、贷款流程再造等信贷制度创新也不断出现，随着一些信贷制度创新的不断成熟，这些创新也逐步应用到海洋产业领域。

专栏8-1

中国农业银行潍坊市分行盐田产业链贷款支持盐田产业发展

近年来，山东省政府及潍坊市相继做出了加快建设山东半岛蓝色经济区、胶东半岛高端产业聚集区和黄河三角洲高效生态经济区的重大决策部署。受益于政策，以原盐生产及盐化工为基础的潍坊滨海经济开发区具有很大的经济发展潜力。为进一步促进当地盐业发展，解决盐场投资建设资金不足等问题，中国农业银行潍坊市分行在当地创新盐田产业链农户贷款，以盐业生产龙头企业为目标，通过对盐场承包户的贷款投放，加强对龙头企业原材料来源的支持力度。通过这些业务创新，农业银行密切了与龙头企业的联系，拓宽优质个人客户市场，增加贷款利息收入和中间业务收入。

一、创新背景

滨海开发区位于潍坊北部盐田资源丰富地区，拥有的卤水资源及原盐产量均占全国的20%以上。卤水作为不可再生资源，越来越受到当地政府部门的保护。目前，潍坊市以原盐为基础的化工生产规模不断扩大，对原盐需求越来越大，盐农及盐田承包户常常处于存盐要价的情况。

滨海开发区盐田承包户以其资金流量大、存款稳定等特点，是当地最重要的金融个人优质客户群体。但由于盐田无法设定抵押，包括农业银行在内的国有商业银行一直无法介入，使盐田承包户只能使用农村商业银行的贷款。因为缺乏竞争，这部分客户群体的存款资源绝大部分进入农村商业银行，而且贷款成本相对较高。

农业银行通过创新贷款模式，依托于当地最大的私营盐化工企业山东潍坊龙威实业有限公司进行盐田产业链贷款，为龙头企业夯实了原材料供应基础，并有效地缓解了盐田承包户的资金需求，实现了银行、企业和个人三方共赢。

二、主要做法

山东龙威实业有限公司（以下简称龙威公司）是山东省农业产业化龙头企业，拥有经营用地317亩、海域使用权211.16平方千米，是滨海开发区最大的民营企业，工业盐年生产能力达到250万吨，在山东省同行业中列第一名，市场占用率达到20%，而且丰富的滩涂资源使其具备了非常好的盐田扩建前景，目前已有50多户盐田承包户。目前，该企业对闲置土地向盐农进行对外出租，收取一定租赁费，并向盐农提供溴后卤水供应、原盐代理销售等支持。通过此种模式，一方面，提高了闲置土地利用率，增加经营效益来源，目前，该企业已与51户盐农建立了承包合作关系，对外出租92 000公亩，年实现租金收入3 577万元，约占该企业经营收入的4%；另一方面，解决了盐农生产占地大、征地难的瓶颈问题，进一步紧密了与盐农利益关系，有效地控制了原盐供货源头，进一步提高对市场价格的控制力和话语权。

但是，盐田承包户承包龙威公司盐田面临盐场建设费用、承包费、日常周转资金等综合成本，以自有资金进行建设将面临资金缺口。对此，农业银行根据龙威公司业务需求、盐田承包户业务需求，设计了盐田产业链农户贷款方案。

盐田产业链贷款业务流程：龙威公司与承包户签订合同——农业银行对于承包户资金不足进行放款——盐场建设——龙威公司统一售盐——贷款还款。具体而言，农业银行对承包龙威公司盐田户给予贷款，由龙威公司提供担保，户均300万元，用于支付龙威公司承包费及部分建设费用，剩余盐田基本建设费用由承包户自行筹集。龙威公司收齐承包费后，在农业银行办理全额银行承兑汇票。

目前，农业银行潍坊市分行累计为20户办理5 000余万元盐田产业链贷款，有力地支持了企业及当地海洋经济的发展。

三、创新点及效益分析

一是创新了贷款抵押方式。解决目前盐田不能抵押、承包户无有效抵押资产的问题，由龙头企业担保，降低了风险。二是带动了农业银行的渠道建设。农业银行在提供融资服务的同时，在龙威公司200多平方千米的盐田和海域选择3～5处办公区域，建立“金穗惠农通服务站”。盐田承包户在农业银行办理转账电话、贷记卡、网银等电子产品，盐场工人在农业银行办理借记卡，通过农业银行办理代发工资及日常业务。三是提高了社会影响力。盐业是滨海开发区的最主要的基础产业，符合国家“三农”产业政策，涉及的人多面广，该项业务的投放迅速提高了农业银行在当地的社会影响力，树立了农业银行服务“三农”的品牌效应，产生多方面的积极效应。

专栏8-2

东营河口中成村镇银行“公司+农户”模式支持海洋经济发展

一、业务创新

东营河口中成村镇银行（以下简称中成村镇银行）自成立以来，一直以支农支小为理念服务当地经济，在金融支持海洋经济方面也进行了业务创新，于2014年年底成功推出了“公司+农户”小微批量贷款业务。该业务以东营河口振宇水产有限公司（以下简称振宇水产）为核心，向租赁其滩涂养殖沙蚕农户提供保证担保，由该行根据养殖农户实际需求投放流动资金贷款。2014年12月，该行向有信贷需求的5户农户投放了148万元，促进了农户的生产发展。

二、业务做法

振宇水产公司是河口区从事海洋养殖的中大型农业企业，除了发展海参、海虾养殖之外还发展本地特色的沙蚕。沙蚕养殖需要大量劳动力，该公司就与周边农户开展合作，由农户承包公司的标准化养殖池，公司统一安排幼苗、饲料、采收、销售、资金。农户一开始是从公司赊欠幼苗款、饲料款，最后统一结算，其成本和风险均由公司承担，农户获得的收益较少。但假如农户独立承包，所有开支都由农户自己解决的话，农户又面临着资金困境。

了解该情况后，中成村镇银行推出了“公司+农户”小微批量贷款业务。这种情况下，由农户向银行申贷，振宇水产公司为农户提供全额担保，每户农户最高可申请50万元贷款，银行对该公司担保授信总额不超过1 000万元。

三、业务特点

一是由核心企业提供保证担保为农户信用进行增级，提高养殖产业链中的农户授信额度。目前农户生产经营一般都处于分散、微型状态，自身抗风险能力弱，难以适应农业向集约化和规模化发展趋势。农户向金融机构申请贷款来解决发展问题也难以获得理想的效果；而与此同时，从事农业发展的企业也需要很多劳动力完成农业生产。农民如果与农业企业形成联合体后，可以较好地促进发展。这种情况下，由龙头企业为农户提供担保可以协助农户较便利地从金融机构获得贷款支持，也更进一步满足自身发展需求。

二是实现了企业和农户的共赢。该贷款模式将由公司垫款的方式改变为银行直接支持农户，既减少了公司资金压力，又促进农户加强生产管理、提高效益，将农业产业提高到了新层次，起到了增强企业的市场竞争力、共同促进经济发展的作用。

三是信贷投放围绕相对成熟的养殖产业链，可以形成一定的规模效应，促进核心企业与农户形成较强的抗市场风险能力以及市场议价能力。海蚕养殖在当地是比较成熟的产业，围绕这一产业的信贷投放风险相对较小，而且推动行业的规模发展。

四是采取核心企业提供海域使用权抵押的方式向该行进行风险覆盖，可以降低总体信贷风险。该公司以自有5 000亩海域使用权作为抵押担保，更好地覆盖了信贷风险。

专栏8-3

日照市多方联动的“惠渔通”船东优惠贷款有效破解渔民融资难题

一、创新背景

渔业经济是日照市特色经济之一。近几年来，日照市提出实施渔船标准化改造工程，发展大马力渔轮船只，海洋捕捞向远海、深海推延的海洋经济战略，全市捕捞船只迅速增加，海洋捕捞业已成为助推全市经济发展的重要产业之一。随着海洋捕捞业的发展壮大，养船户对资金的需求不断增加。然而由于渔船海上捕捞作业风险较大、不确定性强等特征，长期以来金融机构对渔业生产扶持力度小、放贷量不足、程序复杂，渔民船东一直存在贷款难的问题。由于养船户得不到银行贷款支持，只能选择高息民间借贷或向典当行借款，这样既增加了养船户的资金成本，又制约了海洋捕捞业的发展。为了保护渔业经济可持续发展，切实维护渔民利益，自2009年起，日照市金融机构与山东省渔业互保协会联合率先在全省开展“惠渔通”船东小额贷款业务试点，用渔船设定抵押、用互保扩大授信、用金融支持生产，为渔民致富、渔业发展提供了坚强保障和有力支持。

二、主要做法

（一）采用“渔业协会出资、商业银行配套贷款”的信贷模式

2009年，在人民银行日照市中心支行的指导下，日照银行通过对沿海乡镇养船户及村委会进行了深入调查，并多次召开养船户座谈会。通过调查和座谈，创新小组了解到，养船户多是沿海乡镇的富裕农民，只要这些养船户诚实守信，在经营中不出现沉船及重大人员伤亡事故，银行适度贷款，风险是可控的。在充分调研、反复论证的基础上，日照银行通过与山东省渔业互保协会的沟通协调，率先在全省开展“惠渔通”船东小额贷款业务试点，采取“省渔业互保协会出资、商业银行按照1∶1的比例出配套资金”的模式发放贷款。

（二）因地制宜调整信贷方式，落实信贷优惠政策

“惠渔通”船东优惠贷款业务由省渔业互保协会、市渔监部门、放贷银行、村渔业负责人四方联合开展资质审查、渔船抵押登记、贷款协议签订、款项发放等工作，为渔民提供便捷、高效、优质的一站式服务。其信贷流程为放

贷银行与省渔业互保协会签订委托贷款协议，渔民向放贷银行提出贷款申请书，放贷银行联合市渔监部门入村调查，组织统一办理渔船抵押及船体保险，最后再由放贷银行审查审批放款。在贷款发放时，采取集中办公、上门放贷的形式，在重点渔村设立办事窗口，一次性完成材料收集与合同签订工作，并在10个工作日内将贷款划拨到位，切实做到方便渔民、服务渔民。

根据船东春季生产及流动资金比较紧张的实际，每年确定在5月开始集中发放贷款。2009年试点初期，根据养船户的家庭经济状况及贷款需求额，每笔贷款的额度确定为最高10万元，具体执行的每笔实际贷款限额，根据渔船质量、市场状况等因素，进行精算后做出相应的调整，贷款期限原则上定为一年，采取“利随本清”的方式，不能跨年度，渔船抵押贷款只能用于渔船维护、渔具购置等渔业生产活动，贷款利率低于同期商业银行基准贷款利率。2013年，根据船东生产及流动资金的需求，对贷款限额进行调整，符合条件的钢质渔船最高可贷30万元，木质渔船最高可贷10万元，渔船优惠贷款利率为基准利率上浮20%，远低于抵押类商业贷款基准利率上浮60%以上的规定。同时，又彻底改变了以往的“利随本清”贷款模式，渔船船东可以按照自身需求的意愿全部或部分归还贷款，在贷款期限内可以循环使用额度内的贷款，极大地方便了渔船船东。2014年，对贷款限额再次做出调整，钢质渔船贷款额突破过去设定的30万元最高限制，最高可达到贷款渔船船东所抵押渔船保险额度的60%。

（三）多方联手防控风险，确保信贷安全使用

一是建立渔业信贷与渔业互助保险相结合的银保互动机制，以参保渔船作为抵押，分散渔业贷款所蕴藏的风险。如果贷款期间渔船出险灭失，将根据渔船参保情况启动理赔程序，确保赔款先行返还贷款及其利息。委托贷款部分设定省渔业互保协会为第一受益人，配套贷款部分设定贷款银行为第一受益人。

二是推行“惠渔通”银行卡业务，将国家对渔业船舶的燃油补贴、渔业互保保费、互保理赔款的划拨等业务通过该卡支付，增加资金的安全性和专用性。同时，相关部门将渔民还款情况与渔用燃油补贴发放、渔船交易相挂钩，一旦还款不到位，燃油补贴将被直接扣除用于还款，渔船也不得进行交易。

三是发挥渔监部门优势协助收贷。为确保贷款资金按期回笼，每年渔政监督部门通过各村渔业负责人或电话通知的方式联系受贷船东，告知还款方式及日期，并与放贷银行紧密合作，随时掌握船东还款信息，及时督促有关船东按期还贷。

三、取得的效果

（一）有效解决了渔民融资难问题

“惠渔通”船东优惠贷款不仅缓解了渔民用款之急，而且盘活了渔民的“沉淀”资产，使渔船成为有效的贷款抵押物，破解了渔民融资缺乏有效抵押物的问题。截至2014年年末，日照市已累计为全市2 600多户船东发放贷款2.5亿余元，减少船东贷款利息支出800多万元，为发展渔业生产提供了有力的资金支持。

（二）有效保障了信贷资金的高效流转

通过渔业协会、银行等多方联合开展“惠渔通”船东贷款业务，符合渔民生产规律和信贷需求特点，而且实行“一站式”信贷服务，信贷效率明显，流程简便，同时还通过建立银保互动机制、推行“惠渔通”银行卡等措施，有效保障了信贷资金安全可控。据统计，2009～2014年，在累计发放的2.5亿余元贷款中，不良贷款占比不足0.02%。

（三）实现了银行、协会、渔民的多方共赢

渔业协会和银行的联手使渔业互保资金与银行信贷资金实现了有机结合，不仅为渔民搭建了高效的金融服务平台，而且给渔业经济的持续发展提供了充分的金融支持，实现了多方共赢。据了解，2 600多户贷款船东人均年收入平均提高三成。放贷银行也获得了可观的收益，以日照银行为例，仅此项贷款业务就增收400余万元。船东贷款产生了良好的示范效应，邮政储蓄银行、农业银行等金融机构也相继开办，有效地促进了船东信贷业务的良性循环。

专栏8–4

琼海农信社创新信贷产品支持渔船更新改造

2013年9月，琼海市获得了16艘渔船更新改造项目指标。但由于大多渔民缺少有效抵押与足额担保，国有或股份金融机构对渔船更新改造项目持观望态度，渔民融资引发民间借贷哄抬利率等情况，渔船更新改造项目一度雷声大雨点小，没有取得实质性进展。对此，琼海农信社经过充分的市场调研和论证，创新信贷产品和管理办法，于2014年2月底率先在渔船更新改造项目贷款上取得突破，审批和发放了第一批渔船更新改造贷款6笔，总计贷款金额1 230万元，支持3艘渔船进行更新改造。

一、主要做法

（一）推广贷款管理流程，充分开展市场调查论证

琼海农信社依据《金融支持琼海市潭门镇建设发展的指导意见》引导，1月在潭门镇召开客户对接现场会，向获得渔船更新改造指标的渔民解读信用社方面的贷款流程和信贷管理办法，与渔民进行了充分的沟通。经过现场宣传和调研，琼海农信社了解了渔民的信贷需求及还款能力，并对渔民资金流动性不够、抵押担保不足、贷款风险大等问题进行了充分的分析，为创新信贷产品和简化贷款流程打下基础。

（二）根据信用评估等级，创新适应需求信贷产品

根据渔民的信用评估等级和资产状况，区别对待，在简化贷款流程和贷款产品进行创新：（1）针对抵押物充足、信誉良好、还款能力强的渔民，缩短和简化了贷款流程，并承诺在7天时间内发放贷款；（2）针对抵押物不足、自有资金少的渔民，在风险可控的前提下，量身定做新的贷款产品，通过房产+造船厂阶段性担保（即造船厂在渔船改造期间为联社提供担保）+渔船抵押+渔船保险+油料补贴等复合抵押担保方式向渔民发放贷款；（3）针对目前缺乏有效抵押物的客户，主动帮助客户联系担保公司介入，最大限度支持潭门渔船更新改造项目的建设。

（三）推行优惠利率定价，减轻渔民还款负担

作为第一批渔船改造贷款，信贷风险较大，但琼海农信社经过充分的市场调研和论证后，在贷款定价上反复从对象、用途、风险及收益方面与其他贷款项目比较论证，决定做出利率让利，专项对于渔船更新改造贷款执行基准利率，所贷第一批贷款期限为五年，年利率6.4%，均为基准利率。

二、取得成效

琼海农信社第一批渔船更新改造贷款取得突破，顺应支持涉海产品发展的需求，取得了良好的社会效应。

（一）创新动力突破了国有金融机构的等靠观望。

渔船更新改造贷款取得突破之前，琼海市绝大部分国有或股份金融机构对渔船更新改造项目持观望态度，一方面寄希望于政府管理部门介入，以取得优惠政策的支持和政府的信用担保；另一方面受制于上级行的约束，过于注重对贷款风险和贷款人资质的审查，不愿降低自身的信贷门槛。导致渔船更新改造项目一直都是雷声大雨点小，没有取得实质性进展。琼海农信社创新先行的引示作用激励和促进其他金融机构创新信贷产品介入。

（二）创新产品克服了渔民自有资金比例偏低的瓶颈

琼海市渔船更新改造项目遇到主要问题：钢制渔船造价较高，大多渔民自有资金比例小，自身房产的价值较低，甚至部分渔民主要依靠油料补贴还款，自身还债的能力不高，还款压力较大。采用混合抵押担保的方式，同时改进贷款管理办法，探索提供了降低信贷门槛突破信贷瓶颈的新路子。

（三）定价让利对平抑民间融资利率起到积极引向作用

琼海农信社渔船更新改造贷款利率虽然为基准利率，短期获益不高，但从长远角度看，将对其改革起到很好的正向激励作用：一是对渔民为完成渔船更新改造指标而融资引发的民间借贷哄抬利率起到平抑的积极作用。二是有利于在渔民中培植稳定的客户群和贷款黄金客户，在争夺涉海产业客户资源中抢得先机。三是有利于获得地方政府优惠政策支持。第一批渔船更新改造贷款落实以后，向市政府申请项目贷款贴息和政策支持，现已得到市政府关注与支持。

第二节　抵质押品创新支持海洋经济发展

海域产业往往面临符合传统要求的可抵质押资产较少的现状，而资产主要集中在一些流动资产或者海域经营权等方面，山东、福建、浙江等全国多地金融机构突破抵质押品方式，对海洋产业贷款的抵质押品进行了创新，其中使用较多的是海域使用权抵押贷款。

海域使用权抵押贷款就是将海域使用权作为抵质押品进行贷款融资。发放流程一般是确权、发证，然后通过双方认可的抵押渠道进行抵质押，最后由银行发放贷款。与传统抵押贷款相比，海域经营权抵押贷款具有以下优点：一是抵押物具备与土地使用权等无形资产近似的保值增值特性，便于盘活农户资产，提高其收益；二是经营权具备比土地更为稳定的承包周期，一般都在七十年以上，对银行而言，抵押物权相对稳定；三是海水养殖的平均收益水平远高于普通农业种植，贷款风险低。自海域使用权抵押贷款发放以来，全国各地通过这一方式对海域企业提供了大量的资金支持，有力地支持了沿海地区特色养殖产业的发展，较好地满足了市场的融资需求。

此外，根据海洋经济资产状况，针对海洋产品及产品的未来现金流也有相应的金融创新，并取得了良好的效果。

专栏8–5

福建省海洋使用权贷款的发展过程及发放流程

一、福建省推动海域使用权抵押贷款业务发展的主要做法

（一）加强业务发展的政策指导

福建省早在2002年年初就率先在漳州漳浦等地开始试点开办海域使用权抵押贷款业务。在业务发展初期沿海各级人民银行积极介入，加强政策指导，部分地区人民银行分支机构在海域使用权抵押贷款业务推动中发挥了重要作用。2007年，人民银行漳浦县支行就制定并以漳浦县政府名义印发《漳浦县海域使用权抵押贷款实施规定》，2008年漳浦经验推广至漳州全市，人民银行漳州市中心支行先后联合漳州市海洋与渔业局印发《漳州市海域使用权抵押贷款管理暂行办法》和《关于漳州市海域使用权抵押贷款推广工作实施方案》，海域使用权抵押贷款业务发展对推动当地海洋经济发展及海洋产业融资

发挥了积极作用，得到了当地政府的充分重视。2009年，人民银行莆田市中心支行也联合莆田市海洋渔业主管部门制定下发《莆田市海域使用权抵押贷款工作指导意见》。2010年，人民银行莆田市中心支行联合福建省海洋与渔业厅制定并下发《关于金融支持福建省海洋经济发展的指导意见》，进一步加强政策指导，推动全省海域使用权抵押贷款业务发展。

（二）明确抵押登记机关及登记程序

抵押登记是抵押担保方式创新的重要前提条件。福建省海洋与渔业厅2006年即下发《福建省海域使用权抵押登记办法》（闽海渔[2006]463号），明确各级海洋渔业主管部门为海域使用权抵押登记机关，在抵押登记管辖权的问题上实行“谁核发海域使用权证、谁负责办理抵押登记”的原则。2012年在总结历年来抵押登记管理经验的基础上，海洋与渔业厅组织对该办法进行修订，并在2013年7月正式出台《福建省海域使用权和无居民海岛使用权抵押登记办法》，与原办法相比，新办法操作程序更加明确，并增加了两个主要内容。一是明确海洋渔业主管部门为无居民海岛使用权的抵押登记机关。二是明确对按年度缴纳海域使用金的项目用海，须依法补缴抵押期限内的海域使用金后，方予以办理海域使用权抵押登记；分期缴纳海域使用金和无居民海岛使用金的项目用海、项目用岛，须依法缴清海域使用金、无居民海岛使用金后，方可予以办理抵押登记，进一步维护金融机构的抵押权益，为金融机构拓展海域使用权抵押贷款提供更好的保障。

（三）推动海域使用权交易平台建设

海域使用权易流转变现是海域使用权抵押贷款可持续发展和扩大规模的关键。福建省在推动海域使用权抵押贷款业务发展过程中，逐步重视并推动海域使用权交易平台建设。2007年，福建省海洋与渔业厅制定出台《福建省招标拍卖挂牌出让海域使用权办法》，漳州、莆田等地相继设立了“海域收购储备中心”和“海域使用权交易中心”。截至2013年9月末，莆田市通过海域使用权招拍挂确权68宗，合计面积7.37万亩，海域使用金成交金额达3 379.76万元，增值率都在30%以上；实施海域使用权招标出租94宗，合计面积1.67万亩，租金成交额1 218.13万元。漳州漳浦、东山、诏安3县海域使用权通过公开市场交易35 336亩，海域使用权市场化配置机制初步形成。

二、福建省海域使用权抵押贷款的实际操作流程及要点

（一）贷款流程与审贷周期

海域使用权抵押贷款的流程、审贷周期与一般贷款流程一致。与其他贷款最大的区别在于对抵押物的审查和评估方面，需银行贷款调查部门实地进行海域使用权调查研究，并由具有海域使用权评估专业资质且获得贷款银行准入的评估公司出具海域使用权价值评估报告书，最终由银行确认合理的抵押价值并办理抵押登记。部分银行在业务开办初期对此业务较为谨慎，如农业银行泉州石狮支行办理的首笔海域使用权抵押贷款业务就耗时6个月左右，但随着金融机构对海域使用权抵押贷款业务渐趋熟悉，与评估公司的合作逐渐深入，贷款办理周期也逐渐缩短。

（二）申请海域使用权抵押贷款需要提交的资料

一般而言，申请企业除需提供一般法人贷款所需的基本资料外，还需提供海域使用权、岸线、通航许可等相关合法合规文件，若涉及养殖用海抵押的，还需提供养殖证；若涉及固定资产项目贷款，还应提供项目评估有关材料，以及发展改革委、省政府、港口管理局、环境保护局等有关部门的批复文件等。

（三）抵押物审查及后续管理重点

对海域使用权的审查是海域使用权抵押贷款区别于其他类型贷款的一个重要标志。银行对海域使用权的审查重点包括：（1）抵押物的合法合规性审查，关键是抵押人是否合法取得、有权处分，是否可办理合法的抵押登记；

（2）海域使用权的地理位置、使用年限、用海类型、用海面积、是否存在填海部分、是否建有码头、是否在使用等；（3）海域使用权的价值评估是否合理、抵押率是否符合贷款银行担保管理办法的规定；（4）海域使用权是否依法缴纳年费等。同时由于海洋行政主管部门对海域使用权人实施年检程序，对未按规定使用的海域使用权将不予年检并予以收回，所以银行在贷后管理中也会加强对海域使用权是否依批准用途使用的跟踪，确保抵押物安全。

（四）对海域使用权评估的具体要求

由于目前没有专业的海域使用权评估机构，海域使用权评估一般由从事房产、土地评估的评估公司办理。为提高评估公信力，贷款银行一般选择实力较强，且获得银行准入的评估公司办理。

专栏8-6

宁波象山县海洋使用权贷款的模式①

象山县地处宁波市东南，北濒象山港，南临三门湾，三面环海，海域资源丰富，海岸线长800多千米，岛屿608个，海域面积6 628平方千米。近年来，象山县对海域资源的利用日益扩大，除了传统的渔业、盐业、港口和海运之外，许多效益高、产量大的海洋新兴产业不断出现，特别是船舶制造业、海洋工程建筑业、港口物流仓储业、滨海旅游业等，这些产业已经成为象山新的经济增长点。

① 宋汉光.金融护航海洋经济发展的实践与探索[M].北京，中国经济出版社，2013.

一、象山海域使用权抵押贷款的推动过程

2007年，象山辖区海域使用权抵押贷款工作全面开展。一是制定办法，提供制度指导。人民银行宁波市中心支行、宁波海洋与渔业局加强沟通和协调，结合宁波地区实际，先后制定出台了《宁波市海域使用权抵押贷款实施意见》和《宁波市海域使用权抵押登记办法》，[①]为金融机构规范开展海域使用权抵押贷款业务提供了强有力的政策支持。二是开展确权、发证工作，为动产质押奠定法律基础。在出台意见的同时，象山海洋与渔业局积极开展海域使用权证的发放和推广工作，为海域使用权证流转以及海域使用权抵押贷款业务的顺利开展奠定了法律基础。

二、象山海域使用权抵押贷款的对象及模式

（一）海域使用权抵押贷款发放对象

目前，象山海域使用权抵押贷款对象主要涉及四种类型。一是填海类用海。主要是一些临港型企业为扩大用地面积，在征用了土地后将附近浅海滩涂围填，围填后将海域使用权证置换成土地证。二是围塘类用海。这一类主要把浅海滩涂通过围垦变成养殖塘，围塘海域使用权人，除部分自己养殖外，大部分以出租为主。三是开发式用海。主要是航运、仓储、油库、冷库、船舶舾装码头及其临港企业的岸线周围海域使用。四是特殊用海。主要是塘外滩涂养殖及网箱水体养殖用海。

（二）海域使用权抵押贷款的三种主要模式

一是直接抵押登记模式。这种模式下，由海域使用人根据依法取得有关部门的海域使用权证，向有关金融机构提出贷款申请，经金融机构审查同意后由

---

① 《宁波市海域使用权抵押贷款实施意见》和《宁波市海域使用权抵押登记办法》的具体内容详见附录。

双方委托相关机构进行资产评估确定海域使用权的价值，进行海域使用权抵押登记后发放贷款。

二是与临海用地或其他资产共同抵押模式。主要适用于海域用途同临海土地结合比较紧密的工业、交通、旅游等用途的海域使用权抵押融资。这种方式的抵押融资，主要由用海人以临海土地使用权证或者临海码头、仓库资产等固定资产，加上用海人取得海域使用权证进行共同抵押向银行提出贷款申请，由双方认同的有关资产评估机构进行评估，通过评估确定临海土地使用权或者临海码头、仓库资产等固定资产和临海海域使用权的共同价值。抵押登记则可以由各自的抵押登记机构分别进行登记。

三是征得临海资产所有者同意后的单独抵押登记模式。这种抵押融资，可以先征得临海土地所有权人和抵押权人的同意，对海域使用权实施单独抵押。在临海土地使用权人和抵押权人签署同意意见后，由海域使用权人向有关金融机构提出贷款申请，再由双方认可的评估机构进行价值的评估，经抵押登记机构对海域使用权进行单独登记后发放贷款。

专栏8–7

民生银行青岛市分行创新“海参贷”助推养殖户“企业化”经营

一、背景介绍

国家“十二五”规划将海洋经济放在前所未有的突出位置，在2012年下发的《国务院关于印发全国海洋经济发展“十二五”规划的通知》中，明确指出山东省要“着力培育海洋渔业特色品种，推进海洋牧场建设，建成全国重要的海水养殖遗传育种中心”，将养殖业放在了山东省海洋渔业项目的首位。青岛位于山东半岛南端、黄海之滨，地处山东半岛东南部，东、南濒临黄海，为全国15个副省级城市之一，也是全国重点的海洋渔业发展区域。

在这样的背景下，中国民生银行青岛市分行紧抓海洋渔业这一富有地域特色的经济脉搏，率先在海洋渔业方面进行深挖试点，在人力、业务政策、业务流程上给予海洋渔业倾斜，建立专业队伍和专业化的服务机构深入调研、深化服务。通过调研发现，海洋渔业产业链条跨度较长，从养殖捕捞到加工销售每一个环节都伴随着价值的增值，同业也充满了商机。其中，海珍品养殖业是海洋渔业链条中重要组成部分，以青岛胶南、即墨最为集中，主要是网箱养殖、海底牧场养殖、围堰养殖及工厂化养殖，年产值在60亿元以上。

二、业务创新与主要措施

在青岛海洋渔业局的协助下，该行对海参养殖行业进行了深入调研，通过行业市场研究和反复论证，发现当地养殖户的经营模式具有以下规律：养殖户的养殖经验多寡不一、养殖大棚面积和内部设施条件相差较大、企业的财务体系不够健全、往来结算资金多数通过现金完成。通过研究海参养殖户的经营模式，发现无法通过传统的报表和银行流水等形式验证授信客户的相关信息。只有创新服务模式，才能深入到养殖户中间去，针对具体情况制订专属授信方案，该行在传统授信产品基础上开发出针对海参养殖商户专属贷款产品“海参贷”。该方案打破了传统授信必须提供纸质证明材料的限制，对借款人经营规模、行业从业年限、家庭净资产等资质认定标准进行了创新，将销售渠道、养殖技术成熟度等内容计入风险防控体系。在保证资产质量的前提下，大力扶持当地海参养殖户的发展。

（一）借款人经营规模核定

申请人的经营规模一定程度上与养殖经验、养殖技术等因素有关联，但是销售收入无法像一般企业一样进行核实。通过与养殖户的实地沟通调查，发现养殖户的用电量、大棚养殖面积与销售规模有一定相关性，综合考虑每户养殖技术和水质、抽水时间以及其他或有耗电设备程度，匡算每年每平方米大棚用电量，可以大致认定每平方米养殖面积耗电量，但因水温、大棚布局、开工率等各种原因的影响，产值不尽相同，通过取样数据，进而可以匡算每平方米养殖大棚单位年产值。

（二）借款人养殖经验要求

在养殖业中，养殖经验是一个重要的考量依据，但养殖经验无法进行准确追溯与测定，这也是导致养殖户无法从银行获得有效资金支持的原因之一。通过实地调研发现，通过营业执照年限、土地租赁协议年限、水产养殖专业证书以及村委及周边人群证明等，可以比较准确地判断养殖户的从业年限及养殖经验。另外，民生银行在市场开发中发现借款人之前存在以直系亲属名义成立企业的情形，因此银行也引入直系亲属的补充证明材料作为借款人养殖经营年限的证明，有效地解决了准入门槛，使得核实方法更加灵活有效。

（三）家庭净资产认定

借款人地处乡镇或者村级地域，有效的核心资产多以租赁的土地、宅基地房屋、养殖大棚等体现，但这些资产在以往不能被银行所采纳，也不能通过规范化的权利证书来核实，也在很大程度上限制了养殖户到银行的融资。民生银行经过实地调查，提出了养殖户“有效核心资产”的观点，把大棚、存货等资产引入借款人家庭净资产认定范围，使得方案具有很强的行业针对性。

三、取得的效果

通过创新服务方式，经过一年多的努力，民生银行青岛市分行已累计向胶南地区海参养殖户投放近5亿元，累计支持养殖户400多户，为胶南地区海参养殖业提供了强有力的资金支持，也在养殖户心中树立起了金融服务标杆。在该行的信贷资金支持下，养殖户的养殖规模逐渐扩大，养殖技术逐渐增强，同时，养殖户的经营模式逐渐走向正规，政策上得到政府有关部门的倾斜支持，一系列的支持政策助推胶南海参养殖行业快速健康发展。

该行上述金融服务模式也移植到即墨地区，即墨当地政府部门十分重视海洋渔业的发展，还追加了贴息支持政策，与民生银行展开了深度合作。经过一年多的发展，民生银行青岛分行已累计向即墨地区海参养殖户投放近2.5亿元，累计支持养殖户近200户。在银行和政府共同支持下，即墨地区海参养殖业发展迅速。

四、启示及未来发展意义

由于海参养殖户大都属于小微企业，通过银行融资习惯尚未形成，一般通过亲戚借贷，金额较小，不足以进行规模化发展。另外，养殖户财务制度及企业内部治理体系不规范，经营规模、行业从业年限、家庭净资产等资质认定标准困难，无法向银行提供传统的书面化的证明材料，导致银行对这些客户的融资存在偏见，养殖户获得银行贷款支持的难度非常大。

民生银行小微金融在业内以专业、灵活、高效著称，根据市场调研发现症结所在，实行“实质大于形式”的审批理念，在海参养殖群体方案设计中，通过各方政府推介，深入了解养殖户经营模式，根据客户实际经营情况设计符合市场条件的授信方案，将大棚养殖面积、用电量、技术人员数量等指标纳入资质认定范围，在不降低准入资质的前提下，灵活核定借款人经营规模、借款人从业经验、借款人家庭控制净资产等信贷所需的核心指标，有效识别优质客户，为青岛地区海珍品养殖业提供了强有力的资金支持，也在养殖户心中树立起了新的金融服务标杆。

第三节　金融服务方式创新

加强抵质押创新的同时，金融机构也在金融服务方式方面结合海洋经济的特点进行了创新。海洋产业，特别是以海产品养殖等为代表的传统产业大多都必须依托海岸线发展，而海岸线广袤、人员稀少的特点决定了金融机构的稀缺化，通过现代化金融服务手段和设施的创新能够使相关从业者足不出户就获得金融服务，满足金融需求。

专栏8-8

宁波手机信贷业务助力海洋渔业发展

2008年起，宁波市开展金融IC卡多应用试点，而手机信贷业务则是作为多应用试点的一项探索，以浙江民泰商业银行为试点逐步发展起来。2014年，以2家发卡银行和9家预备发行银行为主的“2+9”全面推广模式正式启动。手机信贷业务借助移动设备，突破了时间和空间上的限制，能够较好地为渔民提供信贷支持。

一、手机信贷业务的基本情况

手机信贷配套使用手机SIM卡，本质上就是一张金融IC卡，是指客户通过手机SIM卡上的STK应用菜单进行操作，实现贷款发放、贷款归还、转账、电子现金圈存、查询等业务功能。办理手机信贷业务的基本流程：申请人递交贷款授信所需材料并报业务开展行审批；至业务开展行柜台申领手机IC卡后到移动营业厅办理写卡；在手机IC卡激活后，即可进入SIM卡应用菜单进行相关业务（贷款、还款、转账、电子现金圈存、查询等）的自主办理。手机信贷业务符合小微企业、农户、渔民等群体“短、小、频、急”的资金需求特点，突破时间上和空间上的限制，更加快捷、便利、有效地服务“微贷款”的需求者。

目前，手机信贷主要以小微企业、农户、渔民等为服务对象，依据贷款人自身的情况不同，业务开展行可以提供纯信用贷款、抵押贷款、担保贷款等。贷款额度一般不超过50万元，贷款期限一般不超过一年；贷款利率基本维持在基准利率上浮10%左右的水平，贷款利息按照实际贷款时间计算。

二、手机信贷业务的服务成效

（一）突破时空限制，提供便利化信贷服务

手机信贷是以技术为基础的创新，遵循金融PBOC标准，以非对称密钥体系作为法律上可追溯的身份认证手段，将金融功能和电子现金加载到具有通信功能的手机安全模块中，在完成对借款人资信评估和授信的前提下，通过短信方式使得手机随时随地可以成为提供支付、信贷等金融服务的“移动银行”，突破了以往银行工作时间上以及网点布置空间上的限制，只要在手机信号覆盖条件下，即可实现7×24小时即时贷款、还款。对于出海捕鱼的渔民，只要通过手机就可以即时完成贷款、还款等金融业务。

（二）注重产品创新，扩大金融服务覆盖面

手机信贷产品是金融IC卡多应用的创新产品，强调理念创新、模式创新和技术创新，并以此开发利率定价灵活、存贷积数挂钩、授信额度循环、借还时间随意的循环便民小额贷款，技术突破和操作便利让手机信贷最大程度地符合小微企业和“三农”人群的知识结构和生活背景。据统计，手机信贷95%以上的服务对象是小微企业主、个体工商户以及农户、渔民等。

第四节　互助方式助推海洋经济发展

海产品养殖、捕捞等一些海洋产业具有小、散等特点，单个从业者往往抗风险能力较薄弱，这种情况下获得银行贷款的难度也相应较大，宁波、荣成等地出现的互助形式有力地助推了海洋经济发展。

专栏8-9

宁波设立渔业互助保险助力渔业发展

近二十年来，宁波及辖区象山县在渔业互助保险上进行了有益的探索，取得了较好的社会效益，获得当地渔民们的肯定和认可，创造了渔业互助保险的“宁波模式”。

一、宁波渔业互助保险的发展历程

（一）首家互保组织成立

1996年9月，宁波市渔业互保协会以5万元的注册资本成立，成为全国第一家地方性渔业保险组织，并设立了渔民人身险这一险种，为参保渔民提供人身保障。

（二）政府对渔民参保实施财政补贴

2004年，宁波市政府在国内政府部门率先发文，对渔船和渔民的保费实施补贴，补贴由市县两级财政按一定比例承担。2005年，宁波市财政划拨300万元，并要求县（市、区）配套补贴渔民保费。

（三）进一步完善管理办法

2014年，全国首部渔业互助保险管理办法——《宁波市渔业互助保险管理办法》发布。[①]该办法对政府职责、有关部门职责、享有财政补贴互保险种及其补贴比例确定、互保组织内部治理、互保组织及投保人的权利义务、互保理赔时限、互保资产的使用和监督管理等方面做了明确的规定。

二、宁波渔业互助保险的主要特征

（一）强化制度，创新互保模式

通过深入了解渔民对渔业互助保险的需求，抓住政策性渔业保险推出的契机，宁波市逐步探索出“政府引导、渔民互助、财政补贴、协会运作、风险共担”的渔业互保经营管理模式，设有多种保险险种，不断提升渔业互保承保理赔和防灾防损服务水平。渔业互保模式的推出，成为现代渔业实现平稳健康快速发展的有效风险保障机制。

（二）注重服务，保障渔民利益

一是针对入保渔船的构成和特点，根据承保渔船的质量，按业务年度对费率实施动态调整；对不出险的船东给予奖励，对船况不佳、作业风险较大的渔船，审慎承保以控制风险；适时调整互保费率，减轻渔民负担，提高渔民的积极性。二是增加政府对渔业保险的补贴力度，探索建立渔业互助保险税费减免及补贴政策。

（三）优化设计，扩大覆盖范围

在保险险种设计上，充分考虑了人身险和船险不同种类的多个档次，优化了保险险种结构，保险险种尽可能覆盖了全市的渔民和渔船。1997～2013年，宁波市参加互保的渔船数量从65艘增加到5 861艘，参保渔民人身安全险

① 《宁波市渔业互助保险管理办法》的具体内容详见附录。

的人数从507人增加到2.36万人，两险种参保率达95%以上。此外，宁波市立足渔业互保保险的发展机遇，不断拓宽服务渔业渔民的新领域，在渔业船舶保险、渔民人身保险之外，还探索设立了水产养殖保险、渔港码头保险、海上渔家乐保险等险种，助力宁波渔业发展。

专栏8–10

山东威海文登市成立水产养殖合作社破解水产养殖行业融资难题

2008年以来，基层银行业机构信贷规模收缩，引起部分行业资金链条趋紧，对贷款依赖程度较高的水产养殖行业资金紧缺程度尤为明显。为缓解融资压力，威海文登市65个水产养殖业户自主成立了7家水产养殖合作社，专门为社员提供担保服务，有效解决了水产养殖行业贷款难问题，促进了沿海地区水产养殖业由小规模分散经营向规模化、市场化转变。

一、水产养殖合作社组织和经营特点

（一）水产养殖专业合作社拥有独立法人资格

水产养殖专业合作社依据《中华人民共和国农民专业合作社法》，在工商部门注册成立。对成员出资、国家财政直接补助、他人捐赠以及合法取得的其他资产，合作社享有占有、使用和处分的权利。

（二）水产养殖业户自主组社、自愿入社

水产养殖专业合作社由5户以上拥有十五年以上“海域经营权”的水产专业养殖业户按鱼、虾、参、贝四个大类自愿结合组成，按照“自主经营、自负盈亏、利益共享、风险共担”的原则，依法为合作社各位成员提供技术、信息、销售、加工、运输和贮藏等服务。

（三）水产养殖专业合作社运作风险较低

一是社内成员拥有的海域经营权，具有较强增值保值能力；二是合作社及社内成员联保贷款，降低了农信社信贷资金风险。

（四）实行统一采购、管理和销售

统一配置合作社内部各项生产要素，实行“四个统一”：饲料、渔药等生产原料统一采购、运输；养殖生产统一模式、管理；销售产品统一标准、价格；产地认定、养殖环境检测、产品认证和药残检测统一组织、申报。

二、水产养殖合作社融资途径及流程

水产养殖合作社主要以海域经营权为抵押物或由合作社成员信用担保向金融机构进行融资。水产养殖专业合作社要求入社成员必须具有合法的海域经营权，明确规定社内成员因经营需要向农村信用社借贷资金时，必须先向合作社提出申请，由合作社进行初步审查和评估，并联合社内其他成员，以其所拥有的海域经营权作为抵押物（10万元以上贷款）或由合作社及其成员作为信用担保人（10万元及其以下贷款）向农村信用社等金融机构提出贷款申请。

水产养殖合作社具体运作流程可见图8–1：

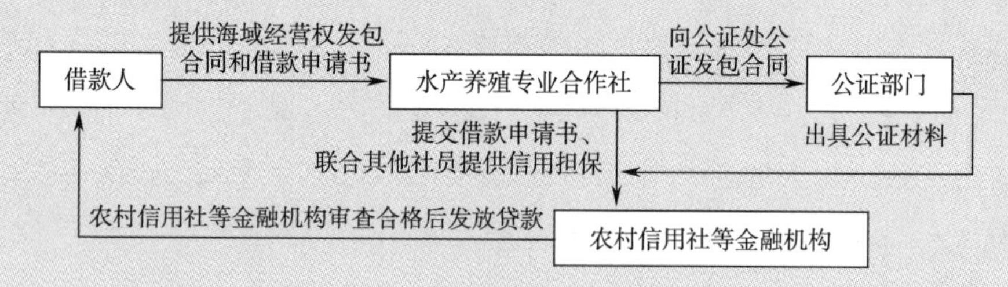

图8–1　水产养殖合作社具体运作流程

三、取得的成效

（一）提高行业融资能力，降低了信贷风险

截至2008年6月末，文登市农信社依据“合作社成员贷款优先、利率优惠”的原则，经风险评估后，先后为65个水产养殖业户和7个专业养殖合作社建立了信用档案，评定信用户47个、信用专业养殖合作社6个；以海域经营权发放抵押贷款255万元，以合作社和社内成员为担保发放贷款160万元，较合作社成立前增加389万元，增长近15倍，尤其是贷款利率较同期农户小额贷款利率下浮10%，降低了贷款者融资成本。

（二）增强应对市场风险能力，提高行业盈利水平

据统计，2006年鲆鲽鱼养殖专业合作社成立前，平均每亩年产鱼9 200公斤，每公斤销售价格39.6元，扣除33.2万元养殖成本，亩均利润3.23万元。合作社成立后，由于采取“四个统一”的措施，在降低养殖成本的同时，促使成鱼质量效益明显提高，药检通过率由原来的83%提升到100%，每亩年产量提高到12 000公斤，每公斤销售价格44.7元，扣除44.1万元养殖成本，亩均利润9.54万元，每亩净增利润6.31万元。

（三）水产养殖业由小规模分散经营向规模化、市场化转变

截至2008年6月末，全市90%的水海产品养殖户都加入到专业合作社，水产养殖由“单户式”小规模、分散经营向订单化、工厂化、区域化发展，养殖规模达到7 670公顷，比上年增长13%。同时，产品议价能力明显增强。上半年实现销售收入14.6亿元，同比增加2.8亿元，增幅达23.7%。

第五节　大力发展涉海保险

海洋经济具有投资周期长、收益慢、风险高等特点，需要海洋保险的配套支持。从国际上看，已经形成了较为成熟和完备的海洋保险体系，涉及商业保险、政策保险等，国内虽有较快发展，涉海险种已经发展到船

舶、货运、海洋渔业、出口信用等多个领域，但在支持力度和覆盖范围以及多样性上仍需大力发展。

专栏8–11

福建省涉海保险快速发展

一是船舶、货运保险实现良性发展。2014年，福建省船舶保险实现保费收入1.96亿元，提供风险保障374亿元，赔款支付逾1亿元；货运险实现保费收入2亿元，提供风险保障5 123亿元，赔款支付约1.3亿元。

二是首创海洋渔业保险“共保模式”，保险品种不断增加。福建省海洋渔业保险自2006年启动试点，在全国范围内首创海洋渔业保险的“共保模式”，由福建渔业互保协会与人保产险福建省分公司按53：47比例共保，由福建渔业互保协会承办。开办地域覆盖全省沿海渔船、渔工，2014年扩展至远洋作业渔船。保费由省级财政补贴30%，市、县两级财政补贴10%，船东承担60%。承保险种主要有渔船保险、渔工责任险、紫菜和吊养牡蛎养殖保险、远洋渔业保险。其中，2014年福建省渔船保险承保渔船12 088艘，保费收入3 521.45万元，提供风险保障40.7亿元，赔款支付887.82万元；渔工责任险承保渔工107 388人，保费收入3 052.35万元，提供风险保障130.7亿元，赔款支付840.1万元；全省沿海60马力以上渔船及全省渔船上的渔工参保率均超过95%；试点“渔船+保单”抵押贷款工作，为渔民解决抵押贷款48.5亿元。

三是出口信用保险。在国际政治经济环境复杂多变的大环境下，福建省出口信用保险业为出口企业面临的信用风险提供保险保障，有力地支持了福建省海洋经济的发展。从经营主体看，福建省除中国出口信保公司经营短期和中长期出口信用保险、投资保险等险种外，已有人保产险、平安产险、太平洋产险、大地产险4家公司具备短期出口信用保险的经营资质。从业务发展看，2014年福建省出口信用保险共支持出口规模约123.4亿美元，服务客户1 875家，共为辖区出口企业挽回损失约4 700万美元；利用“信保融资”为企业提供资金支持189亿元人民币，拉动出口236亿元人民币；累计支持小微企业数量达527家。同时，为2014年福宁船舶重工出口挪威船舶项目提供了收汇风险保障，成功实现了以保险带动融资、以融资带动出口的发展新路径。

第六节　围绕海洋经济确立综合服务方案

除了一些专门性的创新之外，部分金融机构还围绕海洋产业制订专门的综合服务方案、创立特色支行等支持海洋经济发展。

专栏8-12

潍坊银行综合运用多种手段支持海洋经济发展

2008年，潍坊银行提出将信贷资源向海洋新兴产业倾斜配置的指导意见，向海洋经济领域提供授信总量3亿元，开启了金融支持海洋经济发展的大门。自此该行金融资源如源源不断的活水注入海洋经济，呈逐年快速增长之势。截至2015年3月末，潍坊银行共发放海洋经济类贷款18.2亿元，办理票据融资总量12.9亿元，支持海洋经济客户312家，授信规模保持年均20%以上的增长率，成为该行信贷投放领域的新高地。

一、加快机构发展布局

潍坊北部沿海富集资源，产业初具雏形，海洋经济大有发展空间。对这一发展潜力的认识使得潍坊银行在2008年金融危机之时便将眼光投向这片尚未开发的产业带。凭借敢为人先的创业精神，该行积极深入海洋产业较为集中的寿光、滨海、昌邑、寒亭等临海区域拓展业务，当年就新营销企业23家，新投放海洋经济贷款1亿元。

随着业务量的快速增长，增设机构网点尤为迫切，2013年7月30日潍坊银行在滨海经济开发区设立的滨海支行正式开业，并争取到人民银行潍坊市中心支行2亿元专项再贴现额度支持滨海新区建设。

二、突破融资担保瓶颈

针对海洋产业企业固定资产少，而拥有大量海域使用权、原盐和溴素等存货资源的特点，潍坊银行还积极研究探讨，创新制度实现融资担保瓶颈的突破。

一是开发了海域使用权贷款。潍坊海恒威渔业集团有限公司经营资产主要是42万亩海水养殖面积的使用权，但是拥有成熟的海水养殖技术和稳定的产品回流资金。考虑到这些特点，潍坊银行积极探索为该企业办理了海域使用权抵押贷款。主要是通过当地海洋与渔业局办妥海域使用权抵押登记和抵押物评估，然后依此发放贷款。

二是办理存货及票据等流动资产质押。原盐和溴素是滨海区传统盐田企业的拳头产品，年产量大且存货量多，当潍坊镇北盐场有限公司无可靠担保提出存货质押融资意向时，潍坊银行滨海客服中心通过充分市场调研，在熟悉原盐和溴素的市场价格波动规律后，以足值可覆盖风险的原盐与溴素作为存货质押发放贷款2 000万元，为企业节省了一笔可观的外界担保成本。存货质押不仅局限于实物，该行还曾创新推出以盐票作为质押的贷款业务，向特定的寿光三元投资公司控股的中国工业盐交易市场业户发放盐票质押贷款1 580万元。

三、创新特色服务产品

突破抵押品瓶颈的同时，潍坊银行还结合企业的经营特点和资产特点等开发了不同的信贷产品。

一是开发基于盐田承包经营权抵押的“盐田贷”。长期以来，盐田作为潍坊滨海资源的重要资产却得不到融资支持，潍坊银行在总结创新农村土地流转贷款经验的基础上，立项研发了盐田承包经营权抵押贷款产品——“盐田贷”，通过以盐田承包合同与第三方签订回购协议的签订为基础，并根据借款人生产经营中的现金流、盐田经营的周期性、季节性特点和资金回笼等情况，合理、灵活确定贷款期限和还款方式，累计发放“盐田贷”8 450万元，使盐田发挥出应有的经济与金融价值。

二是结合渔业季节资金需求特征开发的“渔船安易贷”。渔船是渔民从事海洋捕捞的主要工具和资产，每年开渔季节，在潍坊寿光的羊口渔港聚集了大量从事海洋捕捞的渔船，其中，资金匮乏的渔船主不得以缩减出海频率或作业范围。针对渔业生产资金需求的周期性、季节性特点，2013年潍坊银行研发推出了“渔船安易贷”产品，羊口渔港的渔船主们可以通过该产品申请生产经营流动资金贷款，而且可以在授信期内办理循环贷款。“渔船安易贷”产品担保方式灵活，不仅有传统的信用、保证、房地产抵押等方式，渔船主还可以持“渔船船舶所有权登记证书”、“渔业捕捞许可证”、船舶购买发票等相关证照，到渔政管理部门办理渔船抵押登记后用作潍坊银行贷款抵押物。

四、搭建银企合作平台

“搭平台、做批量、抓特色”是潍坊银行小微金融营销策略的精髓，面对冗长的海洋经济产业链，该行从产业集群切入，着重拓展临港工业、海港经济、机械制造与海洋化工领域等海洋新兴产业中小企业，搭建金融综合服务平台，通过与滨海区政府设立的潍坊诚信担保公司开展合作，为担保公司会员企业累计发放贷款近2亿元，并利用该平台构建了盐田预回购机制；通过与滨海海洋渔业局、央子街道办及所辖村委协调成立渔业协会，搭建了养虾一条龙“养殖贷”平台，发放贷款2 020万元，撬动了海水养殖产业市场；与中债信用增进投资有限公司合作，成功发行中小企业区域集优票据；携手金融控股集团搭建中小企业融资服务平台，推动投贷联动工作开展，丰富了企业融资渠道。目前该行已累计搭建近百个业务营销平台，构建“红风筝”8大系列40余种小微产品，该行微小金融事业部还以“信贷工厂”模式，成功打造了丰富多样的微贷产品超市，并借力移动微贷系统等科技支撑，使微小企业获得了更为便捷的融资。

以创新优势赢得海洋产业市场的发展空间，潍坊银行把海洋金融战略与小微金融、农村金融、科技金融、文化金融、创业金融等创新工作有机结合起来，实现了海洋金融投入的稳步增长。截至2015年3月末，该行向海洋经济示范区滨海经济技术开发区提供授信总量18.79亿元，重点向海盐业和海洋化工业发放贷款4.6亿元，向海洋交通运输业发放贷款3.5亿元，向生物医药业发放贷款1.15亿元，向海洋渔业发放贷款1.34亿元，向相关装备制造业发放贷款1.72亿元，支持海洋产业上规模、上档次，开展技术革新，海洋金融已成为该行信贷资源配置的重要方向。

第七节　小结

海洋经济的发展具有高投资性、高风险性及长周期性等特点，大规模、可持续的资金支撑必不可少。由于我国的海洋经济相较于西方发达国家起步比较晚，存在缺乏规避风险的手段、缺少有效抵押物等融资障碍。从上述典型案例可以看出，为支持海洋经济发展，我国围绕海洋经济发展的金融创新正如雨后春笋般不断涌现。比如，信贷制度创新方面，农业银行潍坊市分行的盐田产业链融资以及东营河口中成村镇银行“公司+农户”模式，均通过将大企业信用与农户共享而破解中小企业及农户信用不足的情况；日照市多方联动的“惠渔通”船东优惠贷款则通过与渔业协会、渔业监管部门等多部门联动破解涉海企业信息不对称障碍。在抵押品创新方面，全国各地普遍推广应用的海域使用权抵押贷款以及青岛民生创新的活物抵押“海参贷”等则是针对涉海企业轻资产的经营特点而进行的创新。为解决海岸线地带金融机构荒漠化问题，金融机构在金融服务手段方面也进行了创新，如宁波银行推出的手机银行。互助互保模式也为金融支持海洋经济发展提供了新思路，如宁波推出的互助保险、威海文登市成立水产养殖合作社破解融资困境等。为海洋经济提供风险保障的涉海保险在我国也正逐步发展和完善。另外，还有围绕海洋经济制订专门的综合服务方案、创立特色支行等综合服务措施。

第九章

我国海洋金融服务体系的构建与发展

高投入、高风险、周期长是海洋经济最为显著的特性，不管是抵押物匮乏，环境资源约束还是产业发展风险，都较传统的陆地经济更为突出。金融有效支持海洋经济发展，不仅需要多方介入、防范和化解海洋经济发展面临的诸多风险、为金融支持海洋经济创造条件，还需要适应海洋经济发展的需求，加快金融创新，创设相应的融资方式和风险管理工具，为金融支持海洋经济开辟渠道。同时，还要积极化解金融杠杆约束，加大政策扶持力度，为金融支持海洋经济拓展空间。

第一节　科学定位、明确重点

一、健全融资政策和法规体系

中央和地方虽然出台了若干支持海洋经济发展的文件，但我国尚未专门出台关于海洋经济融资问题的详尽政策法律法规，只能参照国内一般的金融财经类政策法规来指导和规范当前海洋经济的融资行为。因此，国家应尽早出台专门针对海洋经济融资的指导意见以及更多的专项金融支持政策，适时放开当前条件下制约海洋经济融资的诸多限制，打破法律和政策层面上的各类限制，推动海洋经济融资机制、产品和工具的创新，拓展多元化的融资渠道，创造良好的政策法律环境。

二、推动金融与产业、财政政策的协同配合

海洋经济的良性发展，需要中央及主要部门、不同地区金融相关政策的协同配合，才能更好地发挥金融整合海洋经济资源、产业资源和空间资

源的作用，推动海洋经济向纵深发展，主要做好以下工作：一是要有效协调中央与地方的相关政策，努力形成政策合力；二是协调好海洋经济所包括的地方政府间的金融政策，避免低效的金融竞争，形成有效的金融政策互补与促进，共同促进支持海洋经济的区域金融体系建设。

三、处理好政府与市场在支持海洋经济中的关系与作用

党的十八届三中全会的一个重要突破，就是提出了市场在资源配置中起决定性作用，同时强调更好地发挥政府作用。世界海洋经济强国的发展经验也显示，充分发挥政府的作用是发展现代海洋经济的基础性前提，政府与市场的相互促进是发展海洋经济的最有效模式。具体来说，对于海洋经济中的中小微企业、优质产业以及可再生能源、区域开发、海洋权益保护等战略性产业，政府应积极发挥担保、贴息等手段，引导金融资源予以低息支持；其他层面属于金融创新的范畴，应当交给市场去解决，重点发挥市场机制的调节作用。

四、通过产融资本融合提高金融资源利用效率

首先，要做好各类金融资源与涉海实体经济的对接工作，积极完善各类金融市场，构建多层次的融资体系，以多种渠道保证金融部门与实体部门的有效对接。要积极推动各类金融中介的发展，提高金融资源供需各类信息的披露，提高信息的透明度，提高金融市场化运作水平。其次，要根据海洋经济发展规划科学制订涉海产业发展规划，引导金融部门将资金更多地投向主导产业与重点产业。政府部门要加强同金融监管部门、各类金融机构的协调与沟通，积极引导基础较好的金融机构参与到主导海洋产业和重点战略性产业发展中来，并为支持这类重点产业的金融机构制定一定

的优惠支持政策，形成以产融资本融合保证涉海产业发展、以产业发展促进海洋经济发展的长效机制。

第二节　加大对海洋经济的金融扶持力度

一、保持涉海信贷持续稳定增长

进一步加强信贷政策窗口指导，通过完善信贷政策导向评估、差别存款准备金动态调整机制以及运用再贷款、再贴现等工具，引导金融机构调整信贷资源投向，并进一步提高海洋产业企业预收款结汇额度，保障海洋产业企业的正常资金需求。金融体系应主动创新信贷政策，坚持“有扶有控”，积极支持现代海洋产业体系建设与发展。一是围绕海洋第一产业的结构调整，重点加大对良种研发、标准化水产养殖、海洋牧场建设、远洋渔业、水产深加工业、滨海休闲农业及珍稀海洋动植物保护工程等的信贷支持力度；二是围绕打造海洋优势产业集群，提升海洋产业自主化、规模化、品牌化、高端化的发展要求，加大资金支持力度，重点培育和发展海洋生物、海洋装备制造、海洋化工、海洋能源矿产、海洋工程建筑等海洋新兴产业；三是加大信贷对现代渔业、海洋生物制品、海洋能发电、现代藻类炼油、海水利用、海洋新材料、海洋环保、海上石油钻井平台等海洋工程及装备制造技术研发和应用的支持，促进海洋科技创新及成果的转化应用；四是继续支持临港产业发展，推进海陆统筹进程。各金融机构应逐步放宽涉海地区分支机构的信贷审批和业务创新权限，并根据海洋产业资金需求特点，合理确定贷款期限、利率和偿还方式，优先审批海洋重点产业、重点领域和重点项目的融资申请，简化审批程序，适当提高风险容忍度，适度放宽优质海洋企业的授信条件。同时应积极利用银团贷款、联合贷款、同业合作、签订资金转让协议等方式将更多的信贷资源投向海洋产业。

二、完善涉海金融服务体系

鼓励涉海地区大力发展各类金融服务机构，形成多元化、专业性的金融服务体系。适当放宽金融机构准入标准，鼓励银行、证券、保险、期货、信托等全国性金融机构到涉海区域内建立或增设分支机构与网点，加快金融机构向海洋产业聚集区和海洋经济发展示范区、产业园区的布局，优先保证海洋经济金融服务覆盖。在金融机构较多、金融服务覆盖面较大的地方，鼓励金融机构将金融资源向县域、渔民、农户、涉海中小企业和新兴企业倾斜。鼓励金融机构发展海洋特色服务，成立服务海洋渔业、港航物流、海洋科技的专业部门或专业支行，并在审批权限、信贷规模、运营费用、产品创新、政策配套等方面给予支持和倾斜。支持符合条件的金融机构成立金融租赁公司，引导业绩优良、管理规范的船舶制造、港航物流、装备制造等集团公司设立财务公司，为海洋经济发展提供专业化金融服务。针对涉海中小企业和个体养殖户，科学、适度发展专业的互助性金融组织、村镇银行、社区银行、小额贷款公司等，健全完善小额信用贷款和联保贷款制度。设立专门的海洋高新技术租赁、典当、拍卖行，经营涵盖专利技术、各种知识产权的无形资产的出租、典当和拍卖业务，推动海洋科技成果转化和应用。

三、加大政策性金融支持力度

政策性银行应发挥中长期融资优势，重点对海洋基础设施、海洋生态保护以及海洋科技成果转化等基础性项目和产业提供资金支持，并为商业性金融机构后期介入创造条件。加大政策性银行对海陆统筹和海洋科技成果转化重点项目和领域的初期资金支持，重点加强对海洋资源勘探、开发、利用等国家级和国际技术领先水平的优势项目的信贷支持，通过提供低息或无息贷款、对长于正常分期偿还期限贷款的方式给予必要的支持。

第三节　建立多元化融资机制

一、扩大直接融资规模和渠道

在资源整合、风险防控、合作互补的原则下鼓励多元化融资，积极发展各种债券、股权类融资平台，多渠道满足海洋经济不同产业、不同发展阶段的资金需求。积极从海洋经济的优势、重点及新兴产业企业中挖掘、培育上市后备资源企业，鼓励条件成熟的海洋企业利用主板、中小板、创业板及海外资本市场上市融资和再融资，并通过兼并、托管、资产证券化、资产或股权置换等资本运作方式扩大股权融资比例。支持市场前景好、发展潜力大的新兴、成长型海洋中小企业和项目在发展初期利用债券市场发行短期融资券、中长期票据、区域集优债券以及海洋高新技术可转换债券等扩大融资来源。各金融机构要为海洋企业发债融资提供财务顾问和承销服务，并简化流程和适当降低收费水平。对海洋企业债务融资工具承销业务量大、承销品种创新的金融机构，应提供相关政策优惠。支持涉海高新技术产业的非上市股份有限公司股份进入证券公司代办股份转让系统进行公开转让，打造非上市高科技企业资本运作平台。

二、引导民间、境外资本介入

在规范民间资本健康发展的基础上，引导、鼓励民间资金通过信托、产业基金等渠道，入股城市商业银行、农村商业银行、小额贷款公司、融资性担保公司等融资中介，拓展BT、BOT、BOO、ROT、POT、BLT、TOT等项目投资方式，参与海洋基础设施、海洋新兴产业、海洋园区建设以及海洋生态环保、海洋科技成果转化等建设，支持港口、铁路、公路、机场、优势产业及海洋修复、科技应用等重点项目发展。全面放开外商投资海洋经济领域，通过提供配套贷款，鼓励海洋项目参与海洋国际性区域合作开发，尽量争取国际金融机构或组织的优惠贷款或赠款，加速海洋产业发展和资源开发利用。

三、注重发挥PPP模式在推动海洋经济发展中的作用

我国沿海大多数地方债务压力和城镇化过程中的政府债务风险都比较大，海洋经济发展所需的资金缺口巨大，而PPP模式可以发挥市场机制在海洋经济发展中的决定性作用，是一种有效吸纳民营企业资本的方式，将PPP模式引入海洋经济发展中，有助于我国海洋经济的快速发展。在具体应用上，一是要加强政府与私企的对话，达成经营理念上的共识；二是建立健全PPP项目实施细则，明确政府部门与企业各自需承担的责任、义务和风险；三是转变政府职能，履行契约精神，提升政府管理水平和服务理念；四是要加快培育中介服务机构，为PPP顺利运行提供专业化的咨询服务。

专栏9-1

美国运用PPP模式推进港口建设

PPP模式以其资金、技术、风险共担等方面的优势，已成为推进国内基础设施建设的重要手段。发达国家在港口建设PPP项目上已有大量实践探索，美国运用PPP模式推进港口建设，可为我国港口建设PPP项目提供借鉴。

一、项目概述

美国得克萨斯州加尔维斯顿港口改扩建PPP项目是美国得克萨斯州第一个采用PPP模式的港口项目，采用设计—建造（DB）的运作方式来交付。得克萨斯州加尔维斯顿港（以下简称港口方）2002年与皇家加勒比国际邮轮公司、嘉年华邮轮公司以及西图公司达成PPP合作关系，以扩大邮轮服务范围并扩建服务设施。PPP合同包括固定利率的过桥贷款条款，由社会资本方协助港口方获得过桥贷款融资，使得项目在港口方能够发行债券之前就建成。港口方将通过新设立的第三方法人“港口设施公司”，基于建成的项目资产发行免联邦所得税债券，筹集后续扩建所需的长期资金。该PPP项目安排还设立了一家第三方法人机构来负责持有邮轮合同和港口租约，并让港口方保留经营收益，用于将来投资其他扩建项目。

二、项目实施

第一阶段：新建2号码头。2002年9月9日，港口方与皇家加勒比国际邮轮公司及嘉年华邮轮公司达成一项邮轮码头协议。当月19日，港口方又与西图公司签订了一份合约，约定西图公司将改建一座废弃的仓库，修复100英尺的码头设备，并为皇家加勒比国际邮轮公司计划7周后开放的新服务——“壮丽的海洋”修建一条循环通道以方便接送乘客。这是该港口第一次在这类项目中采用设计—建造方式，且起初未对项目范围进行界定，故港口对项目团队能否在不改变项目要求的情况下以300万美元的协议预算完成第一阶段工作持有怀疑。事实证明，设计—建造团队不仅没有超出预算，还与港口方分享了超过10万美元的成本节约金额。新建的2号码头为安置加尔维斯顿港的邮轮设施增加了80 000平方英尺的面积，建设了一段长2 000英尺的泊位，可供两艘邮轮同时停靠。11月11日，一艘载有1 600名乘客的邮轮停靠进加尔维斯顿港，标志着项目正式投入运行。在当地的工匠、港口方、皇家加勒比国际邮轮公司和设计—建造团队的通力合作下，第一阶段顺利完工。

第二阶段：1号码头扩建。1号码头扩建和修缮工程在2003年11月完成，耗资900万美元。项目团队扩建了现有的码头，并通过设计和建造其他设施提高了码头的运营效率，增加了乘客的舒适度和安全感。团队还整修和改善了码头的内部设施，从而将可供乘客和邮轮运营使用的空间扩大了2倍，其中，包括增加了新的主等候区、VIP登船/等候区、出票柜台、直达乘客登船桥的三级扶梯、消防疏散楼梯、喷水灭火和报警系统，以及安全设施。

第三阶段：拆除井口建筑物。项目第三阶段是为港口后续扩建腾出空间，于2004年8月完成。

三、项目融资

为了满足建设进度要求和融资需求，必须解决短期和长期融资问题。项目第一、第二阶段所需的短期现金由皇家加勒比国际邮轮公司和嘉年华邮轮公司提供过桥贷款支持。港口后续扩建所需的长期资金则由新设立的港口设施公司通过发行债券进行融资，其所发债券的利息免交联邦所得税。在第三阶段中，项目也成功地按照设计—建造合同完成了交付，包括耗费200万美元拆除一个大型混凝土升降机。作为PPP的一部分，西图公司同意开始工作并融资100万美元用于向承担拆除工作的承包商支付费用，保证项目迅速展开，而不用等待港口设施公司发债融资。最终，完成拆除的费用比第二低的投标价节约了近100万美元。

四、项目成果

在PPP模式下，政府和社会资本通力合作，成功地在规定时间和成本内为所需的设施完成了融资和交付。社会资本方协助港口方获得过桥贷款融资，自身也参与融资，并通过PPP合同获得相应回报。相比于设计和建造新设施，整修和再利用现有建筑和码头为项目节约了时间和资金。

从更大的经济范畴来说，2003年，邮轮公司、员工和乘客在得克萨斯州购物的花费近6.31亿美元，创造了9 767个、总薪酬4.25亿美元的工作岗位。加尔维斯顿集中了得克萨斯州约96%的邮轮服务，从邮轮产业活动中获得了巨大的收益。

五、经验启示

美国得克萨斯州加尔维斯顿港口改扩建PPP项目，对我国在新形势下运用PPP模式推进港口建设具有重要启示。一是设计恰当的融资机制、模式是关键。本项目中一方面通过设立第三方法人“港口设施公司”，来持有邮轮与港口的合同和租约，使港口方能够留存经营收益用于投资其他基础设施扩建项目；另一方面在港口设施公司能够发债融资前，为港口方提供一份带有过桥贷款条款的固定利率合同，来保证项目建设的迅速开展，这种创新的融资机制设计提高了融资的效率与安全性。这对我国的港口建设具有启示意义，我们应借鉴美国推进港口建设PPP模式的经验，将PPP模式引入港口建设，充分利用社会资本方在资金、技术、管理等方面的优势，有效缓解政府财政资金压力，创新投融资机制。二是完善的法律制度、规范的合同文本确保PPP项目的顺利运作。在美国得克萨斯州加尔维斯顿港口改扩建PPP项目中，西图公司开展了相关法律评估，确保设立一家独立于加尔维斯顿港的法人是合法的，使用设计—

建造方式完成也是合法的。随后西图公司精心起草了邮轮公司为港口改扩建提供的担保文件、法案、合同，并且贯彻项目始末，有效地规范了项目参与各方的职责与义务。这样完善的法律制度，明确了政府与社会资本的权利义务划分，有效地提高了项目的运行效率和透明度。

第四节　加大海洋金融创新力度

一、加快涉海金融产品创新

一是依托船舶制造、港航物流、渔业养殖和水产品加工等海洋产业中核心企业与关联企业的协作关系，积极开展产业链和供应链融资，开发和提供适合链条上下游产业特点的融智、融资全方位金融服务。二是积极开展融资租赁业务，采用直接租赁、转租赁、售后回租、杠杆租赁等多种方式，重点支持海洋工程、装备制造、船舶修造、港口码头建设、海洋基础设施等的设备投资，提高海洋产业关键技术的研发和应用。三是加快发展信用证、保函、保理、承兑汇票、委托贷款、信托贷款等表外融资业务，支持海洋传统产业升级改造和高端产业发展。鼓励金融机构稳步开展并购贷款业务，促进企业兼并重组，实现海陆产业的资源整合和技术共享。四是围绕支持海洋创新科技体系、重大创新平台和科技成果转化平台建设创新风险管控模式和金融服务产品，发展创业投资、天使投资，重点加强对海洋化工、生物医药、海水综合利用、海洋新能源等科技企业的支持力度。五是建立并完善适合海洋环保和生态发展的绿色信贷指导目录及环境风险评级标准，积极开展碳排放权（排污权）抵押贷款、能效贷款、

CDM项目融资、EMC融资等，重点对海洋环保、生态修复、环境监测、海水开发利用等海洋清洁生产和环保项目提供支持。六是推广“桥隧担保”、“担保换期权”、组合担保等新型担保模式，推动银行业机构与各类担保机构的互信合作，参考担保机构资信状况的历史担保记录对担保倍数实行浮动制。

二、推动抵质押方式创新

一是构建应收账款变现平台，加大应收账款用于质押贷款的覆盖率和贷款担保率，降低应收账款质押贷款的成本和风险。二是积极发展和培育海域使用权二级交易市场，鼓励金融机构开展海域使用权抵押贷款，加大对以海域使用权为质押的滩涂和海水养殖、临港工业等海洋产业的融资支持。三是充分利用海洋产业中大量闲置的存货资产和码头、船坞、船台等沿海资产，发展存货质押贷款和资产抵押贷款业务，满足海产品加工、船舶建造、港口及海洋物流企业的融资需求。四是发展专利权质押、著作权质押、物流保理、股权抵押等新型担保模式。探索并完善标准化仓单质押、订单质押、存货浮动质押、提货权质押等创新方式，推动各港口与大宗商品储备基地、专业物流仓储公司等的对接。发挥出口退税账户质押、预付款保函、履约保函等的作用，提高出口型海洋产业的融资规模。

三、加快中介服务体系创新

一是加快涉海经济评估机构建设。尽快引进和成立与海洋资源、海洋产业专属设备、海洋高新技术以及知识产权等涉海有形和无形资产相关的价值评估和交易机构，增强涉海资产的抵押、变现能力，弥补金融机构的专业短板。二是设立和规范发展专门服务于海洋经济企业的融资担保机构。积极推动银行业金融机构与各类担保机构的互信合作，参考担保机构的资信状况的历史担保记录对担保倍数实行浮动制，强化担保机构的担保抵押能力。

第五节　完善海洋风险防控体系和风险分担机制

一、提高保险对海洋经济的有效覆盖

一是针对以水产养殖为主的海洋第一产业，将渔业养殖保险和其他涉海主要险种纳入政策性保险，并由政府给予保险公司和渔民适当税收减免或保费补贴。二是针对生产加工、仓储以及海洋运输等第二、第三产业，商业保险机构要结合海洋经济的产业特点，完善和丰富既有运输、存储等环节的保险品种。三是要继续扩大相对成熟的出口信用保险的覆盖范围，并积极推动信用保险向国内交易拓展，发挥其在订单融资、仓单融资中的作用。四是要开发针对海洋中小企业小额信贷的信用保险，险种设计和缴费期安排要尽量灵活。

二、规范发展风险投资

一是积极引导各类风险资本介入，引导银行信贷和社会其他资金流向海洋产业，满足海洋经济从初创期到成熟期各发展阶段的资金需求。二是积极发展投资银行业务，加强与风险投资、创业投资、天使投资、信托等机构和个人的合作，通过发挥风险投资机构对海洋科技创新项目的筛选和监督作用，降低贷款风险，满足海洋科技项目的初始融资需求。三是建立

海洋创投引导基金、船舶资本化基金、渔船油价稳定基金、渔获量均衡基金等，引导海洋优势产业、科技转化以及海洋生态的可持续发展。四是鼓励银行、信托、第三方理财机构等与私募机构合作，对于优势和重点海洋产业建立产业私募基金；对创业期、成长期的海洋中小高科技企业建立权益风险私募基金。

第六节　加快金融基础设施体系建设

一、建立符合海洋经济发展需求的交易平台和市场

建立服务于海洋经济的股权场外交易市场，开展未上市股份公司股份转让试点。支持更多的海洋企业实现场外挂牌。发挥各大港口航运物流优势，发展海洋大宗商品交易市场及期货市场，建设海洋商品国际交易中心。建立和完善海洋科技成果宣传、价值评估、交易流转和转化应用的产权交易平台和机制，提高海洋科技的转化力度。围绕海洋经济中存在的大量土地、海域、滩涂等自然资源以及碳排放权等环境资源，尽快成立环境交易所，通过赋予资源有偿使用价值和金融属性，提高金融支持海洋经济的作用空间。

二、加快支付体系建设

进一步推进现代化支付系统、网上支付跨行清算系统对涉海金融机构的覆盖面，推动电子商业汇票、银行卡、网上支付等非现金支付工具的应用，支持第三方支付机构业务发展，为海洋经济发展提供安全、便捷、高

效的资金结算服务。

三、完善涉海企业信用体系

加强征信体系和中小企业信用体系建设，搭建涉海中小企业互保增信平台，组建涉海信用企业群，通过采用群内企业缴纳互保金、相关部门提供风险补偿等方式，为涉海中小企业提供融资便利。

第七节　推进金融合作与开放

一、改善涉海经济外汇管理服务

优化外汇管理和服务，开辟绿色通道，简化重点涉海企业外汇业务审批手续。稳步推进货物贸易外汇管理制度改革，便利涉海企业货物贸易活动。对涉海企业短期外债指标予以适当倾斜。利用内保外贷等政策，加大对涉海企业“走出去”后的融资支持。支持有条件的涉海企业通过境外私募和公募方式开展跨境资本运作。鼓励符合条件的涉海企业在国家批准本省开展离岸业务后开设离岸金融账户。

二、创新国际金融业务产品

大力开发航运物流金融产品和供应链融资产品，鼓励金融机构围绕核心企业，覆盖供应链上下游，满足港口航运物流服务体系各环节的融资需求。支持涉海高新技术企业利用股权、专利权、商标专用权开展质押融资，大力支持自主知识产权研发项目，围绕海洋生态、清洁能源产业推广低碳金融创新业务，构建海洋经济循环链。积极开展直接租赁、售后回租等融资租赁业务，重点支持海洋工程装备业、船舶修造业、水上飞机制造业等临港工业和港口码头建设的设备投资，引进吸收成长性好、成套性强、产业关联度高的关键设备，提高海洋产业技术含量。促进银行和保险服务相结合，开发适合海洋经济发展需求的保险产品，充分发挥保险行业风险保障作用。进一步完善渔业政策性保险，提高渔业政策性保险覆盖面，注重渔船、渔民和渔监渔政人员特殊风险保障需求研究，提供特殊风险保险服务。大力发展航运保险、船舶保险和海洋环保责任险等险种，为海洋交通运输业、船舶工业和海洋油气业发展提供保障。积极开发服务滨海旅游的特色保险产品，完善滨海旅游业保险产品体系。

三、推动跨境人民币结算业务和离岸金融业务发展

支持涉海企业的跨境人民币业务，简化手续，鼓励涉海企业在跨境贸易、跨境投融资活动中使用人民币。不断拓展跨境人民币结算业务种类，探索开展涉海企业资本项下的人民币业务。银行业金融机构要结合外向型涉海企业特点，丰富人民币跨境结算产品，推出与之配套的保值避险、资金理财等产品，提高跨境人民币结算便利性，帮助涉海企业规避汇率风险。

第八节　构建金融激励与补偿机制

一、加强信贷政策与财政政策的协调配合

鼓励海洋与渔业管理部门加快推进海域使用权抵押登记、流转等工

作，支持海域使用权专业评估机构发展。探索开展沿海资产的确权、登记工作，推动沿海资产抵押贷款业务发展。完善渔业船舶抵押登记工作，开展在建船舶抵押登记工作。采取有效措施维护金融机构合法债权，积极协助金融机构做好海域使用权、沿海资产、渔业船舶等抵押品的处置工作，减免处置税费，加大对恶意逃废债行为的惩罚力度。充分发挥融资平台作用，加大对发展海洋经济的支持。支持各级政府综合运用财政贴息、奖励、补助等方式，引导多元化社会资金积极投资海洋产业。积极发挥财政资金杠杆作用，将海洋产业信贷纳入已有的担保风险补偿机制中，引导担保机构和银行参与涉海信贷担保和投放。提高对涉海产业项目重点基础设施、重大项目和重要产业建设开发融资的奖补贴息力度，引导社会民间资本等多元化社会资金投资海洋经济发展。

二、完善金融机构与地方政府共同参与的风险共担体系建设

鼓励和支持各地组建海洋金融服务投资有限公司、海洋信贷担保机构，搭建投融资平台，引导信贷资金和社会资金投向海洋经济产业。通过财政资金补助、担保受益者交纳等方式，探索建立有效的风险金补偿机制，建立和完善地方政府与金融机构“利益共享、风险共担”的风险分担机制。

三、加大优化金融生态环境工作力度

政府部门要进一步转变职能，提高司法效率，强化和完善法律制度建设。全面推进信用体系建设，进一步完善社会信用的惩戒机制，规范金融生态的信用秩序。加快发展中介服务体系，从政策上鼓励成立会计、审计、律师等各类事务所，扩大中介机构数量，丰富和完善蓝色金融生态

链。要加大金融创新力度，充分发挥金融机构在改善金融生态中应该发挥的重要作用，促进金融生态环境的改善。

四、构建高层次金融人才培养长效机制

在人才培养方面，金融机构要进一步完善、建立内部人才培养机制，并加强与高校、研究机构的产学研合作，培养出一批业务精、职业素质高的金融高级人才。同时，还可通过派遣员工赴境外深造，培养出具备国际视角的金融领军人才。

参考文献

[1] 张立光、郭琪．推进山东省海洋经济发展的金融创新与改革[J].公司金融研究，2013（5）．

[2] 苗永生.浙江发展海洋经济的重点领域[J].浙江经济，2008（5）．

[3] 赖罄玫、王慧红.科技创新助力福建海洋经济发展[J].福建农机，2014（6）．

[4] 陈琳.福建省海峡产业集聚与区域经济发展耦合评价研究[D].福建农林大学硕士论文，2012.

[5] 许嫣妮.积极培育海洋与渔业经济新增长点[N].福建日报，2016-01-02.

[6] 伍长南.福建打造海峡蓝色经济区建设海洋强省再研究[J].福建金融，2014（6）．

[7] 林永健.大力提高福建海洋经济综合竞争力[J].综合竞争力，2011（9）．

[8] 福建省海洋与渔业厅.福建海洋经济发展报告（2014）[R].2014.

[9] 黄少安、李增刚.山东半岛蓝色经济区发展报告：2015[R].2015.

[10] 于春海. 西方主流金融发展观念的演变及其对我国的启示[J]. 政治经济学评论，2014（1）．

[11] 常玉春.货币与经济增长[D].复旦大学博士学位论文，2006.

[12] 雷达、于春海.金融自由化发展战略的内部深化与外部开放的冲突——发展中国家的经验及对中国的启示[J].国际经济评论，2005（4）．

[13] 易诚.坚持先行先试与顶层设计相结合的金融改革之路[J].浙江金融，2012（11）．

[14] 中国人民银行福州中心支行课题组.金融发展理论视角下平潭自由港金融发展战略研究、金融改革发展研究与海峡西岸经济区实践[M].2015.

[15] 贾卓鹏、王晋.金融支持半岛蓝色经济区发展的路径选择[J].中国农村金融，2012（23）．

[16] 杨子强.海洋经济发展与陆地金融体系的融合：建设蓝色经济区的核心[J].金融发展研究，2010（1）.

[17] 杨子强.加快金融创新，助力蓝色海洋战略[J].金融发展研究，2011（10）.

[18] 刘东民、何帆等.海洋金融发展与中国海洋经济战略[J].国际经济评论，2015（5）.

[19] 肖立晟、王永中、张春宇.欧亚海洋金融发展的特征、经验与启示[J].国际经济评论，2015（5）.

[20] 宋汉光.金融护航海洋经济发展的实践与探索[M].北京，中国经济出版社，2013.

[21] 李莉、周广颖、司徒毕然.美国、日本金融支持循环海洋经济发展的成功经验和借鉴[J].生态经济，2009（2）.

[22] 中国社会科学院世界经济与政治研究所国际金融研究中心海洋经济与海洋金融课题组.挪威海洋经济金融发展经验与启示[I].2014.

[23] 李弘.画说金融史[OL].财新网，2012.

[24] 陈传金.英国东印度公司的兴衰[J].徐州师范学院学报（哲社版），1987（1）.

[25] 申晓若.英国东印度公司的历史轨迹[J].内蒙古民族师范学院（哲社版），1996（1）.

[26] 赵伯乐.从商业公司到殖民政权——英国东印度公司的发展变化[J].华中师范大学学报（哲社版），1986（6）.

[27] 刘芸芸."南海泡沫事件"研究[D].山东大学硕士学位论文，2011.

[28] 仇远."南海泡沫事件"的几点启示[N].中国证券报，2006-02-08.

[29] 张梦醒.英国"南海泡沫"危机的现代启示意义[J].天津经理学院学报，2012（4）.

[30] 刘婷婷.借鉴伦敦劳合社运作模式探析促进上海航运再保险业发展的路径[J].对外经贸，2012（1）.

[31] 刘璐、王春慧.伦敦劳合社经营绩效研究[J].石家庄经济学院学报，2014（6）.

[32] 李晗希.挪威、冰岛争议海域渔业合作剖析及其对南海渔业合作的借鉴[D].外交学院硕士学位论文，2013.

[33] 舒小昀.北海油气资源与周边国家边界划分[J].湖南科技学院学报，2007（2）.

[34] 高磊.争议海区海洋矿产资源共同开发研究[D].中国海洋大学硕士学位论文，2009.

[35] 丁丹.二战后德国与邻国边界、领土争端的解决述评[J].湖北理工学院学报（人文社会科学版），2015（1）.

[36] 邹立刚、叶鑫欣.南海资源共同开发的法律机制构建略论[J].河南省政法管理干部学院学报，2011（1）.

[37] 张爱珠.创新融资机制助力海洋经济[J].浙江经济，2012（5）.

[38] 周秋麟、周通.国外海洋经济研究进展[J].海洋经济，2011（1）.

[39] 殷克东、李兴东.我国沿海11省市海洋经济综合实力的测评[J].统计与决策，2011（3）.

[40] 刘明、徐磊.我国海洋经济的十年回顾与2020年展望[J].宏观经济研究，2011（6）.

[41] 世界海洋经济发展战略研究课题组.主要沿海国家海洋经济发展比较研究[J].统计研究，2007（9）.

[42] 王颖、阳立军.新中国60年浙江海洋经济发展与未来展望[J].经济地理，2009（12）.

[43] 刘亭.浙江海洋经济发展的方向和重点[J].浙江经济，2010（8）.

[44] 杨涛.金融支持海洋经济发展的政策与实践分析[J].金融与经济，2012（9）.

[45] 俞立平.我国金融与海洋经济互动关系的实证研究[J].统计与决策，2013（10）.

[46] 刘栋、吴刚.国际视点：强化海洋开放欧盟推出“蓝色经济”计划[N].人民日报，2014-05-13.

[47] 虞琤.英国劳合社模式的解析及借鉴[J].上海保险，2013（1）.

[48] 张梦醒.英国“南海泡沫”危机的现代启示意义[J].天津经理学院学报，2012（4）.

[49] 陈传金.英国东印度公司的兴衰[J].徐州师范学院学报（哲社版），1987（1）.

[50] 赵伯乐.从商业公司到殖民政权——英国东印度公司的发展变化[J].华中师范大学学报（哲社版），1986（6）.

[51] 李晗希.挪威、冰岛争议海域渔业合作剖析及其对南海渔业合作的借鉴[D].外交学院硕士学位论文，2011.

[52] 向玫.金融工具在航运业的发展与应用[D].上海交通大学硕士学位论文，2011.

[53] 黄燕、江金荣.金融支持海洋渔业产业链发展研究[J].现代金融，2013（11）.

[54] 张帆.区域海洋产业融资机制设计初探[D].中国海洋大学硕士学位论文，2009.

[55] 于谨凯.我国海洋产业可持续发展研究[M].北京，经济科学出版社，2007.

[56] 王世表、李平.中国渔业信贷问题探索与发展对策[J].中国海洋大学学报，2007（1）.

[57] 孙建、林漫.利用金融创新促进海洋高新技术的产业化[J].财经研究，2001（12）.

[58] 姜旭朝、张晓燕.中国涉海产业类上市公司资本结构与公司绩效实证分析[M].经济科学出版社，2006.

[59] 杨林.海洋渔业经济可持续发展的财政投入机制与效应研究[M].北京，经济科学出版社，2007.

[60] 吴明理.海洋经济可持续发展及金融支持问题研究[J].金融发展研究，2009（7）.

[61] 刘明.我国海洋高科技产业的金融支持研究[J].当代经济管理，2011（2）.

[62] 龙勇、王良文.设立政策性海洋发展银行研究[J].南方金融，2014（9）.

[63] A. Glenn Crothers.*Commercial Risk and Capital Formation in Early America: Virginia Merchants and the Rise of American Marine Insurance*, 1750-1815. The Business History Review, 2004, 78（4）.

[64] Rolandas Radzevičius, Adonis F. Velegrakis, Wendy M.I. Bonne, Stella Kortekaas, Erwan Garel, Nerijus Blažauskas, Regina Asariotis. *Marine Aggregate Extraction Regulation in EU Member States.Journal of Coastal Research*, 2010, Special Issue No. 51.

[65] George Gogoberidze. *Tools for comprehensive estimate of coastal region marine economy potential and its use for coastal planning.* Journal of Coastal Conservation, 2012, 16（3）.

[66] Vicki O'Donnell, Cathal O'Mahony. *Maintaining a Marine Leisure Industry in a Recession.* Journal of Coastal Research, 2011, Special Issue No. 61.

[67] Miriam Fernández, Juan Carlos Castilla. *Marine Conservation in Chile: Historical Perspective, Lessons, and Challenges.* Conservation Biology, 2005, 19（6）.

[68] Martin D. Smith, John Lynham, James N. Sanchirico, James A. Wilson, Steven D. Gaines. *Political economy of marine reserves: Understanding the role of opportunity costs.* Proceedings of the National Academy of Sciences of the United States of America, 2010, 107（43）.

[69] Chennat Gopalakrishnan.Transnational Corporations and Ocean Technology Transfer: *New Economic Zones Are Being Developed by Public/Private Partnerships but Deep Sea Miners Balk on Royalties.* The American Journal of

Economics and Sociology, 1989, 48（3）.

[70] Christopher Kingston. *Marine Insurance in Britain and America, 1720-1844: A Comparative Institutional Analysis*. The Journal of Economic History, 2007, 67（2）.

[71] Agur I, Demertzis M. *Excessive Bank Risk Taking and Monetary Policy*.SSRN working paper, 2012.

[72] Angeloni I, Faia E. *Capital Regulation and Monetary Policy with Fragile Banks*. Journal of Monetary Economics, 2013, 60（3）.

[73] Avery R B, Berger A N. *Loan commitments and bank risk exposure*. Journal of Banking and Finance, 1991, 15（1）.

[74] Barrell R, Davis E P, Karim D, et al. *Bank regulation, property prices and early warning systems for banking crises in OECD countries*. Journal of Banking and Finance, 2010, 34（9）.

[75] Bernanke B S. *Causes of the recent financial and economic crisis*. Statement before the Financial Crisis Inquiry Commission, Washington, September, 2010.

[76] Bouwman C H S. Liquidity: *How banks create it and how it should be regulated*[R]. SSRN working paper, 2013.

[77] Casu B, Girardone C. *An analysis of the relevance of off-balance sheet items in explaining productivity change in European banking*. Applied Financial Economics, 2005, 15（15）.

[78] Cleary W. Sean, Jones Charles P.. *Investments Analysis and Management First Canadian Edition*. John Wiley and Sons, Inc., 2004.

[79] Duran M A, Lozano-Vivas A. *Off-balance-sheet activity under adverse selection: The European experience*. Journal of Economic Behavior and Organization, 2013, 85.

[80] Federico, P., Vazquez, F. *Bank Funding Structures and Risk: Evidence from the Global Financial Crisis.* IMF, Working Paper, No.29, 2012.

[81] Gorton G, Metrick A. *Securitized banking and the run on repo.* Journal of Financial economics, 2012, 104（3）.

[82] Lepetit L, Nys E, Rous P, et al. *Bank income structure and risk: An empirical analysis of European banks.* Journal of Banking and Finance, 2008, 32（8）.

[83] Purnanandam A. *Originate-to-distribute model and the subprime mortgage crisis.* Review of Financial Studies, 2011, 24（6）.

[84] Schwarcz S L. *Regulating Shadow Banking.* Review of Banking and Financial Law, 2012, 31（1）.

[85] Sunderam A. *Money creation and the shadow banking system.* Review of Financial Studies, 2015, 28（4）.

附录 1

全国海洋经济发展规划纲要

我国是海洋大国，管辖海域广阔，海洋资源可开发利用的潜力很大。加快发展海洋产业，促进海洋经济发展，对形成国民经济新的增长点，实现全面建设小康社会目标具有重要意义。为此，特制定《全国海洋经济发展规划纲要》（以下简称《纲要》）。《纲要》涉及的主要海洋产业有海洋渔业、海洋交通运输、海洋石油天然气、滨海旅游、海洋船舶、海盐及海洋化工、海水淡化及综合利用和海洋生物医药等；涉及的区域为我国的内水、领海、毗连区、专属经济区、大陆架以及我国管辖的其他海域（未包括我国港、澳、台地区）和我国在国际海底区域的矿区。规划期为2001~2010年。

一、我国海洋经济的发展现状和存在的主要问题

海洋经济是开发利用海洋的各类产业及相关经济活动的总和。我国海洋经济居世界沿海国家中等水平，目前正处于快速成长期。发展海洋经济已具备良好的自然条件、经济基础和社会环境，但也存在一些问题。

（一）发展现状

1. 海洋自然条件优越、资源丰富。我国海域辽阔，跨越热带、亚热带和温带，大陆海岸线长达18 000多千米。海洋资源种类繁多，海洋生物、石油天然气、固体矿产、可再生能源、滨海旅游等资源丰富，开发潜力巨大。其中，海洋生物2万多种，海洋鱼类3 000多种；海洋石油资源量约240亿吨，天然气资源量14万亿立方米；滨海砂矿资源储量31亿吨；海洋可再生能源理论蕴藏量6.3亿千瓦；滨海旅游景点1 500多处；深水岸线400多公里，深水港址60多处；滩涂面积380万公顷，水深0~15米的浅海面积12.4万平方千米。此外，在国际海底区域我国还拥有7.5万平方公里多金属结核矿区。

2. 海洋经济发展的社会条件日趋完善。20世纪90年代以来，我国把海洋资源开发作为国家发展战略的重要内容，把发展海洋经济作为振兴经济的重大措施，对海洋资源与环境保护、海洋管理和海洋事业的投入逐步加大。为规范海洋开发活动，保护海洋生态环境，国家先后公布实施了《中华人民共和国海洋环境保护法》、《中华人民共和国海上交通安全法》、《中华人民共和国渔业法》、《中华人民共和国海域使用管理法》等一系列法律法规。全民海洋意识日益增强。沿海一些地区迈出了建设海洋强省（自治区、直辖市）的步伐。海洋经济的快速发展已经具备了良好的社会条件。

3. 海洋经济发展已初具规模。近二十年来，沿海地区经济快速发展，对海洋产业的投入力度逐年增加，为海洋经济的持续、稳定、快速发展奠定了基础。“九五”期间，沿海地区主要海洋产业总产值累计达到1.7万亿元，比“八五”时期翻了一番半，年均增长16.2%，高于同期国民经济增长速度。据统计，2000年主要海洋产业增加值达到2 297亿元，占全国国内生产总值的2.6%，占沿海11个省（自治区、直辖市）国内生产总值的4.2%。海水养殖、海洋油气、滨海旅游、海洋医药、海水利用等新兴海洋产业发展迅速，有力地带动了海洋经济的发展。我国海洋渔业和盐业产量连续多年保持世界第一，造船业世界第三，商船拥有量世界第五，港口数量及货物吞吐能力、滨海旅游业收入居世界前列。

（二）存在的主要问题

海洋经济发展缺乏宏观指导、协调和规划，海洋资源开发管理体制不够完善；海洋产业结构性矛盾突出，传统海洋产业仍处于粗放型发展阶段，海洋科技总体水平较低，一些新兴海洋产业尚未形成规模；部分海域生态环境恶化的趋势还没有得到有效遏制，近海渔业资源破坏严重，一些海洋珍稀物种濒临灭绝；部分海域和海岛开发秩序混乱、用海矛盾突出；海洋调查勘探程度低，可开发的重要资源底数不清；海洋经济发展的基础设施和技术装备相对落后。

二、发展海洋经济的原则和目标

（一）指导原则

1. 坚持发展速度和效益的统一，提高海洋经济的总体发展水平。我国海洋经济正处于成长期，应保持较高的发展速度，增加海洋经济总量，提高增长质量，提升海洋经济在国民经济中的地位。

2. 坚持经济发展与资源、环境保护并举，保障海洋经济的可持续发展。加强海洋生态环境保护与建设，海洋经济发展规模和速度要与资源和环境承载能力相适应，走产业现代化与生态环境相协调的可持续发展之路。

3. 坚持科技兴海，加强科技进步对海洋经济发展的带动作用。加快海洋科技创新体系建设，进一步优化海洋科技力量布局和科技资源配置。加强海洋资源勘探与利用关键技术的研究开发，培养海洋科学研究、海洋开发与管理、海洋产业发展所需要的各类人才，提高科技对海洋经济发展的贡献率。

4. 坚持有进有退，调整海洋经济结构。发挥市场配置资源的基础性作用，大力调整和改造传统海洋产业，积极培育新兴海洋产业，加快发展对海洋经济有带动作用的高技术产业，深化海洋资源综合开发利用。在国家规划指导下，调整主要海洋产业布局。沿海地区发挥自身优势，建设各具特色的海洋经济区域。

5. 坚持突出重点，大力发展支柱产业。努力扩大并提高海洋渔业、海洋交通运输业、海洋石油天然气业、滨海旅游业、沿海修造船业等支柱产业的规模、质量和效益。发挥比较优势，集中力量，力争在海洋生物资源开发、海洋油气及其他矿产资源勘探等领域有重大突破，为相关产业发展提供资源储备和保障。

6. 坚持海洋经济发展与国防建设统筹兼顾，保证国防安全。海洋经济发展要与增强国防实力、维护海洋权益、改善海洋环境相适应，坚持军民兼顾、平战结合，使海洋经济发展与国防建设相互促进、协调发展。保证国防建设的用海需要，保护海上军事设施。

（二）发展目标

1. 海洋经济发展的总体目标：海洋经济在国民经济中所占比重进一步提高，海洋经济结构和产业布局得到优化，海洋科学技术贡献率显著加大，海洋支柱产业、新兴产业快速发展，海洋产业国际竞争能力进一步加强，海洋生态环境质量明显改善。形成各具特色的海洋经济区域，海洋经济成为国民经济新的增长点，逐步把我国建设成为海洋强国。

2. 全国海洋经济增长目标：到2005年，海洋产业增加值占国内生产总值的4%左右；2010年达到5%以上，逐步使海洋产业成为国民经济的支柱产业。

3. 沿海地区海洋经济发展目标：到2005年，海洋产业增加值在国内生产总值中的比重达到8%以上，一部分省（自治区、直辖市）海洋产业总产值超过1 000亿元，形成一批海洋经济强市、强县，海洋产业成为沿海地区的支柱产业。到2010年，沿海地区的海洋经济有新的发展，海洋产业增加值在国内生产总值中的比重达到10%以上，形成若干个海洋经济强省（自治区、直辖市）。

4. 海洋生态环境与资源保护目标：到2005年，主要污染物排海量比

2000年减少10%，近岸海域生态环境恶化趋势减缓，外海水质保持良好状态，海洋生物资源衰退趋势得到初步遏制。进一步提高对赤潮的监控能力，重点海域监控区内赤潮发现率达到100%，努力减轻赤潮灾害造成的损失。渤海综合整治取得初步成效。逐步实现重点入海河口、湿地及滩涂资源的保护和可持续利用。到2010年，入海污染物排放量得到进一步控制，海洋生态建设取得新进展，沿海城市附近海域和重要海湾整治取得明显成效。

三、主要海洋产业

海洋产业要调整结构，优化布局，扩大规模，注重效益，提高科技含量，实现持续快速发展。加快形成海洋渔业、海洋交通运输业、海洋油气业、滨海旅游业、海洋船舶工业和海洋生物医药等支柱产业，带动其他海洋产业的发展。

（一）海洋渔业

积极推进渔业和渔区经济结构的战略性调整，推动传统渔业向现代渔业转变，实现数量型渔业向质量型渔业转变。加快发展养殖业，养护和合理利用近海渔业资源，积极发展远洋渔业，发展水产品深加工及配套服务产业，努力增加渔民收入，实现海洋渔业可持续发展。

海洋捕捞业要逐步实施限额捕捞制度，控制和压缩近海捕捞渔船数量，引导渔民向海水养殖、水产品精深加工、休闲渔业和非渔产业转移。积极开展国际间双边和多边渔业合作，开辟新的作业海域和新的捕捞资源。发展远洋渔业，重点扶持一批远洋捕捞骨干企业。

海水养殖业要合理布局，改变传统的养殖方式，提高集约化和现代化水平。因地制宜发展滩涂、浅海养殖，逐步向深水水域推进，形成一批大型名特优新养殖基地；开发健康养殖技术和生态型养殖方式，推广深水网箱，合理控制养殖密度；改善滩涂、浅海养殖环境，减少病害发生。

积极发展水产品精深加工业。对产业结构进行调整，以水产品保鲜、保活和低值水产品精深加工为重点，搞好水产品加工废弃物的综合利用。提高加工技术水平，搞好水产品加工的清洁生产。培植龙头企业，创立名牌产品，认真执行水产品绿色认证标准，努力开拓国内外市场。结合水产品海洋捕捞、养殖业区域布局，建设以重点渔港为主的集交易、仓储、配送、运输为一体的水产品物流中心。

重视海洋渔业资源增殖。采取放流、底播等养护措施，人工增殖资源。要把渔业资源增殖与休闲渔业结合起来，积极发展不同类型的休闲渔业。

鼓励发展与渔业增长相适应的第三产业，拓展渔业空间，延伸产业链条，大力推进渔业产业化进程。

（二）海洋交通运输业

海洋交通运输业的发展要进行结构调整，优化港口布局，拓展港口功能，推进市场化，建立结构合理、位居世界前列的海运船队，逐步建设海运强国。

保持港口总吞吐量稳步增长，到2005年，沿海港口总吞吐量超过16亿吨。加快建设现代化集装箱、散货等深水港口设施，重点建设国际航运中心深水港和主枢纽港，扩大港口辐射能力，注重港口发展由数量增长型向质量提高型转化。集装箱运输要重点建设以上海国际航运中心为主、能靠泊7万~10万吨及其以上集装箱船舶的干线港，相应发展支线港、喂给港，促进我国形成布局合理、层次清晰、干支衔接、功能完善、管理高效的国际集装箱运输系统。

大宗散货运输要根据产业结构调整、资源调运量和工业布局的需要，衔接好北方、华东地区外运铁矿石、原油及液化天然气的运输接驳。

要根据船舶大型化发展的要求，实施以长江口深水航道为重点的治理工程，改善主要出海口航道及进出港通航条件；根据区域经济和港口城市社会经济发展的需要，适当建设区域性港口码头，改扩建部分老港口码头，并调整结构和功能。

到2010年，要基本建立比较完善的港口运输市场体系。以港口为中心的国际集装箱运输、大宗散货运输等综合运输网络基本建立，港口布局更加完善，运输能力进一步提高，港口服务功能更加多样化，装备技术水平不断提高，基本建成主要港口的智能化管理系统。

（三）海洋油气业

勘探与开发并举，利用与保护并重。开展海域综合地质调查，提出新的油气远景区和新的含油气层位，积极开展近海天然气水合物勘探前期工作，并纳入国家能源发展规划。

海洋油气资源勘探开发要贯彻“两种资源、两个市场”的原则，实行油气并举、立足国内、发展海外，自营开采与对外合作并举，积极探索争议海域油气资源的勘探开发方式。坚持科技创新，不断提高勘探成功率和采收率；坚持上下游一体化发展，有选择地发展下游产业，完善产业结构，增强产业抗风险能力。

重点建设面向珠三角、长三角、环渤海经济圈的南海、东海、渤海天然气田，逐步形成三个区域性市场供应体系。石油开发建设近期以渤海为重点，在现有开发区域周围扩大储量规模；海南岛近海及珠江口的现有油田以挖潜为主，同时加强新层系及深水区域的勘探；继续加强东海、南海的石油勘探工作。加快滩海地区重点区域的勘探开发。

（四）滨海旅游业

滨海旅游业要进一步突出海洋生态和海洋文化特色，努力开拓国内、国际旅游客源市场；实施旅游精品战略，发展海滨度假旅游、海上观光旅游和涉海专项旅游；加强旅游基础设施与生态环境建设，科学确定旅游环境容量，促进滨海旅游业的可持续发展。

滨海旅游业的区域布局重点是渤海海滨，北黄海海滨海岛，沪、浙、闽、粤海滨海岛以及海南岛和北部湾等区域。

（五）海洋船舶工业

海洋船舶工业要突出主业、多元经营、军民结合，由造船大国向造船强国稳步发展。形成环渤海船舶工业带和以上海为中心的东海地区船舶工业基地、以广州为中心的南海地区船舶工业基地。重点发展超大型油轮、液化天然气船、液化石油气船、大型滚装船等高技术、高附加值船舶产品及船用配套设备，同时稳步提高修船能力。

海洋工程装备制造要重点发展海洋钻井平台、移动式多功能修井平台、海洋平台生产和生活模块、从浅海到深水区导管架和采油气综合模块、大型工程船舶、浮式储油生产轮。

（六）海盐及海洋化工业

海盐及盐化工业要坚持以盐为主、盐化结合、多种经营的方针，做好结构调整，提高工艺技术和装备水平，大力开发高附加值产品。继续进行海洋化学资源的综合利用和技术革新，加强系列产品开发和精深加工技术，重点发展化肥和精细化工。海洋化工要逐步形成规模较大的海水化学资源开发产业。海藻化工要不断开发新产品，扩大原料品种和产品品种，提高质量。

（七）海水利用业

把发展海水利用作为战略性的接续产业加以培育。继续积极发展海水直接利用和海水淡化技术，重点是降低成本，扩大海水利用产业规模，逐步使海水成为工业和生活设施用水的重要水源。到2010年，海水淡化年产量达到2 000万吨以上，海水年利用总量达到500亿立方米以上；在北方沿海缺水城市（海岛）建立海水综合利用示范基地，建设一批大规模海水利用的沿海示范城市。

（八）海洋生物医药业

积极发展海洋生物活性物质筛选技术，重视海洋微生物资源的研究开发，加强医用海洋动植物的养殖和栽培。重点研究开发一批具有自主知识产权的海洋药物。努力开发一批技术含量高、市场容量大、经济效益好的海洋中成药。积极开发农用海洋生物制品、工业海洋生物制品和海洋保健品。到2010年，形成初具规模的海洋医药与生化制品业。

四、海洋经济区域布局

海洋经济区域分为海岸带及邻近海域、海岛及邻近海域、大陆架及专属经济区和国际海底区域。开发建设的时序和布局：由近及远，先易后难，优先开发海岸带及邻近海域，加强海岛保护与建设，有重点开发大陆架和专属经济区，加大国际海底区域的勘探开发力度。

（一）海岸带及邻近海域

根据自然和资源条件、经济发展水平和行政区划，把我国海岸带及邻近海域划分为11个综合经济区，通过发挥区域比较优势，形成各具特色的海洋经济区域。

1. 辽东半岛海洋经济区：本区东起丹东市鸭绿江口，西至营口市盖州角，以基岩海岸为主，岸线长1 300千米，滩涂面积约900平方千米。优势海洋资源是港口资源、旅游资源、渔业资源。海洋开发基础好，是海洋经济较发达的地区之一。主要发展方向为，以大连港为枢纽，营口港、丹东港为补充，建设多功能、区域性物流中心；提高海洋船舶制造的自动化水平和产品层次；建设大连、旅顺、丹东滨海旅游带；重点发展海珍品养殖；保障复州湾、金州湾盐业生产基地的持续发展；培植海水利用产业，提高大连市的海水利用程度。

2. 辽河三角洲海洋经济区：本区从营口市盖州角到锦州市小凌河口，为淤泥质海岸，岸线长300千米，滩涂面积约800平方千米。优势海洋资源是油气资源和海水资源。海洋开发基础弱。主要发展方向为，重点建设辽河油田的临海油气田，勘探开发笔架岭、太阳岛等油气区；加强海水资源开发利用，发展营口、锦州盐业生产基地；加快锦州港建设，为辽西、内蒙古东部地区物资运输服务。

3. 渤海西部海洋经济区：本区北起锦州市小凌河口，南到唐山市滦河口，主要为砂砾质海岸，岸线长400千米，滩涂面积约170平方千米。优势海洋资源是滨海旅游资源、港口资源、油气资源。海洋经济发展基础薄弱。主要发展方向：发展北戴河、南戴河、山海关、兴城旅游业；继续保持秦皇岛港煤炭输出大港的地位，拓展综合性港口功能；加快绥中、秦皇岛海洋石油资源开发。积极发展海水淡化和海水直接利用。

4. 渤海西南部海洋经济区：本区北起唐山市滦河口，南至烟台市虎头崖，为淤泥质海岸，岸线长1 100千米，滩涂面积约3 800平方千米。优势海洋资源是油气资源、港口资源和海水资源。海洋开发北部基础较好，南部较差。主要发展方向：开发建设歧口、渤中、南堡、曹妃甸海区的油气田，重点建设蓬莱、渤海油气田群；勘探开发赵东、马东东、新港滩海油气区；强化天津港的集装箱干线港地位，继续建设黄骅港、京唐港；继续发展海水淡化和综合利用产业，天津要建成海水淡化利用示范市。调整区内海盐生产能力，发展海洋化工产业。

5. 山东半岛海洋经济区：本区西起烟台市虎头崖，南至鲁苏交界的绣针河口，为基岩海岸，岸线长3 000千米，滩涂面积约2 400平方千米。优势海洋资源是渔业资源、旅游资源和港口资源。海洋开发基础好，海洋经济比较发达。主要发展方向：发展海水养殖业和远洋捕捞业，搞好水产品精加工；强化青岛集装箱干线港的地位，提高烟台、日照等港口综合发展水平；以海洋综合科技为先导，大力发展海洋生物工程、海洋药物开发和海洋精细化工制品；开发建设以青岛、烟台、威海为重点的滨海及海岛特色旅游带；积极发展青岛等缺水城市的海水利用。

6. 苏东海洋经济区：本区北起绣针河口，南抵长江口，绝大部分为淤泥质海岸，岸线长954千米，滩涂面积约5 100平方千米。优势海洋资源是渔业资源、滩涂资源。南部、北部地区海洋开发程度较高。主要发展方向：建设海珍品和鱼类养殖出口创汇基地；转变滩涂开发利用方式，发展特色水产品和经济作物；重点建设连云港主枢纽港，发挥新欧亚大陆桥头堡作用，开发南通港的外港区；结合沿海工业布局，积极引导海水利用；挖掘滨海旅游资源，形成独特的滨海旅游景区。

7. 长江口及浙江沿岸海洋经济区：本区北起长江口，南抵浙闽交界的沙埕湾，绝大部分为淤泥质海岸，岸线长2 012千米，滩涂面积约3 300平方千米。优势海洋资源是港口资源、旅游资源和渔业资源。长江口及杭州湾地区海洋开发基础好、程度高，是我国海洋经济发展最具潜力的地区之一。主要发展方向：建设上海国际航运中心，加强宁波北仑深水港和杭州湾外港区建设；发展海洋油气和海洋化工深加工；优化资源配置、调整布局结构，发展海洋船舶工业，提高国际竞争力；完善杭州、宁波和舟山群岛旅游景区，建设浙北—上海海滨海岛旅游带；调整渔区经济结构，发展远洋捕捞，搞好浙南海水养殖基地建设；加强海水资源综合利用技术的研究与开发。

8. 闽东南海洋经济区：本区北起沙埕湾，南至漳州市诏安湾，主要为基岩海岸，岸线长3 324千米，滩涂面积约1 500平方千米。优势海洋资源是渔业资源、港口资源和旅游资源。海洋经济发展基础较好。主要发展方向：调整海洋渔业结构，抓好海水养殖基地建设；强化厦门港集装箱干线港的建设，相应发展福州、泉州、漳州等港口；搞好厦门港、福州港的对台海运直航试点，为恢复对台直接通航做好准备；构筑海峡西岸有特色的滨海、海岛旅游带；加强海洋可再生能源、海洋生物工程技术的研究与发展。

9. 南海北部海洋经济区：本区东起诏安湾，西至湛江市尾角，以基岩海岸为主，岸线长3 204千米。优势海洋资源主要有港口资源、油气资源、旅游资源和渔业资源。珠江口周边地区海洋开发基础好、程度高，是我国海洋经济发展最具潜力的地区之一。主要发展方向：逐步形成珠三角港口集装箱运输体系，搞好区内港口的优化配置，发挥广州、汕头、湛江等区域性枢纽港作用；加大珠江口油气资源综合利用，发展海洋油气和海洋化工深加工；发展滨海、海岛休闲旅游和港、澳、粤大三角城市观光、购物旅游；鼓励发展外海捕捞，重点发展海湾养殖业。

10. 北部湾海洋经济区：本区东起湛江市尾角，西到防城港市北仑河口，海岸类型多样，海岸线长1 547千米。优势海洋资源是港口资源、渔业资源和油气资源。海洋经济处于发展阶段。主要发展方向：优化港口布局，搞好防城港、北海港、钦州港资源配置；发展珍珠等特色海产品养殖；大力开发北部湾口的渔业资源；大力开发海洋生态旅游和跨境旅游，重点发展北海滨海度假旅游。

11. 海南岛海洋经济区：本区海南岛本岛海岸线长1 618千米，滩涂面积约490平方千米。优势海洋资源是热带海洋生物资源、海岛及海洋旅游资源和油气资源。海洋经济基础较薄弱。主要发展方向：发展海岛休闲度假旅游、热带风光旅游、海洋生态旅游；发展海洋天然气资源加工利用；完善海口、洋浦和八所港口功能，加强与内陆连接的运输能力；抓好苗种繁育和养殖基地建设，鼓励发展外海捕捞。

（二）海岛及邻近海域

海岛是我国海洋经济发展中的特殊区域，在国防、权益和资源等方面有着很强的特殊性和重要性。海岛及邻近海域的资源优势主要是渔业、旅游、港址和海洋可再生能源。总体经济基础薄弱，生态系统脆弱。发展海岛经济要因岛制宜，建设与保护并重，军民兼顾与平战结合，实现经济发展、资源环境保护和国防安全的统一。

海岛及邻近海域的主要发展方向：加大海岛和跨海基础设施建设力度，加强中心岛屿涵养水源和风能、潮汐能电站建设；调整海岛渔业结构和布局，重点发展深水养殖；发展海岛休闲、观光和生态特色旅游；推广海水淡化利用；建立各类海岛及邻近海域自然保护区。

（三）大陆架和专属经济区

1. 渔业区。黄海渔业资源严重衰退，要严格控制捕捞强度，加强对海洋鱼类产卵场、索饵场、越冬场和洄游区域的保护，扩大对虾和洄游性鱼类的增殖放流规模。东海主要渔业资源衰退，要加强对多种经济鱼、虾类索饵场和越冬场及部分种类的产卵场的资源保护，加强人工鱼礁投放，严格实施限额捕捞制度，逐步恢复渔业资源。南海渔业资源丰富，种类繁多，要控制捕捞强度，适当投放人工鱼礁，加快恢复渔业资源，继续开展渔业资源调查，增加可捕捞渔业资源。

2. 油气区。黄海油气区要进一步调查勘探，努力发现商业性油气田。东海油气区要加大勘探工作力度，采用多种形式进行台西盆地和台西南盆地的勘探，稳步增加油气产量。南海油气区要加大珠江口盆地、琼东南盆地、北部湾盆地边际油田和莺歌海盆地的油气资源勘探力度，扩大勘探范围和程度，增加油气资源储备，重点开发建设北部湾油田、东方气田。要加强南部海域油气资源勘探，探索对外合作模式，维护我国南海南部海洋权益。

（四）国际海底区域

加强国际海底区域资源勘探、研究与开发。持续开展深海勘查，大力发展深海技术，适时发展深海产业。圈定多金属结核靶区，开展富钴结壳等新型矿产的调查，兼顾国际海底区域其他资源的前期调查，加强生物基因技术的研究与开发。努力提高深海资源勘探和开发技术能力，维护我国在国际海底区域的权益。

五、海洋生态环境与资源保护

严格实施海洋功能区划制度，合理开发与保护海洋资源，防止海洋污染和生态破坏，促进海洋经济可持续发展。

（一）海洋污染防治

严格控制陆源污染物排海，陆源污染物排放必须达标。逐步实施重点海域污染物排海总量控制制度。改善近岸海域环境质量，重点治理和保护河口、海湾和城市附近海域，继续保持未污染海域环境质量。加强入海江河的水环境治理，减少入海污染物。加快沿海大中城市、江河沿岸城市生活污水、垃圾处理和工业废水处理设施建设，提高污水处理率、垃圾处理率和脱磷、脱氮效率。限期整治和关闭污染严重的入海排污口、废物倾倒区。妥善处理生活垃圾和工业废渣，严格限制重金属、有毒物质和难降解污染物排放。临海企业要逐步推行全过程清洁生产。加强沿海地区面源污染控制，积极发展生态型种养殖。

加强海上污染源管理。提高船舶和港口防污设备的配备率，做到排放达标。海上石油生产及运输设施要配备防油污设备和器材，减少突发性污染事故。

开展重点海域污染治理。加强渤海综合整治和管理，加快渤海综合整治能力建设。开展大连湾、胶州湾、杭州湾和舟山海域等重点海域综合整治工作。

（二）海洋生态保护

海洋生态保护重点是加强典型海洋生态系统保护，修复近海重要生态功能区，建立和完善各具特色的海洋自然保护区，形成良性循环的海洋生态系统。

开展全国性海洋生态调查，重点开展红树林、珊瑚礁、海草床、河口、滨海湿地等特殊海洋生态系统及其生物多样性的调查研究和保护。加强现有海洋自然保护区保护能力建设，提高管理水平，规划建设一批新的海洋自然保护区。

加强近海重要生态功能区的修复和治理，重点是渤海海域、舟山海域、闽南海域、南海北部浅海等生态环境的恢复与保护。建设一批海洋生态监测站。开展海洋生态保护及开发利用示范工程建设。

（三）海洋生物资源保护

控制和压缩近海传统渔业资源捕捞强度，继续实行禁渔区、禁渔期和休渔制度，确保重点渔场不受破坏。加强重点渔场、江河出海口、海湾等海域水生资源繁育区的保护。投放保护性人工鱼礁，加强海珍品增殖礁建设，扩大放流品种和规模，增殖优质生物资源种类和数量。加强珍稀濒危物种保护区建设。

（四）海岸、河口和滩涂保护

合理利用岸线资源。开展海岸调查评价，制订海岸利用和保护规划。深水岸线优先保证重要港口建设需要。对具有特色的海岸自然、人文景观要加强保护。保护红树林等护岸植被，严禁非法采砂，加强侵蚀岸段的治理和保护。

因地制宜，突出重点，进行河口综合整治。加强长江口、珠江口、钱塘江口等通海航道综合整治和生态环境保护；治理保护黄河口三角洲，黄河流路相对稳定，防治河口区潮灾和海岸侵蚀。

严格控制滩涂围垦和围填海。对围垦滩涂和围填海活动要科学论证，依法审批。严禁围垦沿海沼泽草地、芦苇湿地和红树林区。

六、发展海洋经济的主要措施

加快海洋经济的发展，要充分发挥市场配置资源的基础性作用，同时要制定相应政策，增加政府投入，采取必要措施。总的要求是，建立和完善涉海法律法规和管理体系，理顺海洋管理体制，加大海洋经济发展的投融资力度和技术支持力度，加强和完善政府功能，推动各项工作措施的落实。

（一）完善法律法规体系，加大执法力度，理顺海洋管理体制

完善相关法律法规体系，抓紧制定和组织实施海域权属管理制度、海域有偿使用制度、海洋功能区划制度，完善海洋经济统计制度。加强海上执法队伍的建设、协调与统一。加大《中华人民共和国海域使用管理法》、《中华人民共和国海洋环境保护法》、《中华人民共和国海上交通

安全法》、《中华人民共和国矿产资源法》、《中华人民共和国渔业法》等法律法规的执法力度。

理顺海洋管理体制，加强各级海洋行政管理机构建设，明确中央和地方、各有关部门在海洋管理中的工作职责，建立适应海洋经济发展要求的行政协调机制，维护海洋经济领域的市场秩序，改革和完善行政审批制度，为国内外企业进入海洋经济领域创造良好的投资环境。

（二）实施科技兴海，提高海洋产业竞争力

各级人民政府对海洋科技能力建设的投入，要重点支持对海洋经济有重大带动作用的海洋生物、海洋油气勘探开发、海水利用、海洋监测、深海探测等技术的研究开发。提高海洋科技创新能力，力争在若干海洋科技领域有所突破。实施海洋人才战略，加快培养海洋科技和经营管理人才。

（三）拓宽投融资渠道，确立企业投资主体地位

要拓宽海洋基础设施建设的投融资渠道，确立企业在发展海洋经济过程中的投资主体地位，发挥大型海洋产业企业集团参与国内外市场竞争的作用，努力提高重点海洋产业的国际竞争力。鼓励和支持国内外各类投资者依法平等参与海洋经济开发。

（四）发挥沿海地区自身优势，推动海洋经济发展

沿海地区各级人民政府要把海洋经济作为重要的支柱产业加以培育，发挥各地区比较优势，打破行政分割和市场封锁，努力形成资源配置合理、各具特色的海洋经济区域。沿海各省、自治区、直辖市人民政府要按照国家海洋经济发展的总体要求，结合实际，抓紧制订和组织实施本地区海洋经济发展规划。

（五）加大海洋环境保护投入，保障海洋经济可持续发展

重点加强污染源治理，加快建设沿海城市、江河沿岸城市污水和固

体废弃物处理设施。完善海洋生态环境监测系统与评价体系。加强赤潮研究、监控和预报，建立赤潮监控区。鼓励非政府组织开展海洋生态环境保护活动。加强海洋环境保护的国际合作。

（六）加大扶持力度，促进海岛的建设和发展

各级人民政府对海洋基础设施建设的投入，要重点支持海岛交通、电力、水利等项目建设；沿海地方各级人民政府要逐步提高对贫困海岛的财政转移支付力度；逐步扩大沿海岛屿对外开放领域，多渠道吸引资金参与海岛建设。

（七）提高海洋防灾减灾能力，完善海洋服务体系

建设海洋立体观测预报网络系统，开展大范围、长时效、高精度预报服务，形成有效的监测、评价和预警能力，完善沿海防潮工程，减少风暴潮、巨浪等海洋灾害损失。努力发展海洋信息技术，建立海洋空间基础地理信息系统，大力推进海洋政务信息化工作。加强船舶安全管理，整顿、维护航行秩序，完善海上交通安全管理和应急救助系统，不断提高航海保障、海上救生和救助服务水平。

附录 2

全国科技兴海规划纲要（2008 ~ 2015 年）

为全面贯彻落实科学发展观，指导和推进海洋科技成果转化与产业化，加速发展海洋产业，支撑、带动沿海地区海洋经济又好又快发展，依据《国家“十一五”海洋科学和技术发展规划纲要》、《全国海洋经济发展规划纲要》和《国家海洋事业发展规划纲要》，特制定《全国科技兴海规划纲要（2008~2015年）》（以下简称《规划纲要》）。

一、现状与需求

（一）发展现状

20世纪90年代初，沿海地区掀起了科技兴海热潮。经过十几年的发展，科技兴海工作取得了很大成绩，加快了海洋科技成果转化和产业化，增强了开发利用海洋资源的能力，促进了海洋经济快速发展。

1. 推进了一批高新技术的转化应用，提高了海洋开发意识。国家和地方大力推进海洋生物资源开发、海水综合利用、海洋油气和矿产资源勘探开发、海岸带资源环境保护等方面的科技攻关，开发并转化了一批高水平的技术成果和产品，取得了显著的经济效益，调动了沿海地区开发海洋、发展海洋产业的积极性。

2. 实践了多种产学研紧密结合的科技兴海模式，加快了海洋科技进入经济主战场的步伐。通过示范引导，推动企业、高等院校、科研院所等联合开展科技兴海工作，先后建立了16个全国科技兴海示范基地、8个技术转移中心以及28个省级示范基地，培育了一批海洋龙头企业，显著提高了技术开发、转化、咨询和服务能力。

3. 促进了传统产业优化升级，培育和发展了新兴海洋产业。水产养殖、加工等产业快速发展，渔业结构得到优化，盐业产品逐步多样化，交通运输业国际竞争能力明显增强。海洋油气、海水利用及海洋生物医药等产业不断发展壮大，在海洋产业中的比重逐年增加，有力地促进了沿海地区产业结构调整。

4. 推动海洋经济持续快速增长，增加了就业人数。2001~2007年，海洋生产总值从9 301亿元增长到24 929亿元，占国内生产总值的比重从8.48%增长到10.11%，海洋经济在国民经济中的地位进一步突出；海洋经济布局和产业结构进一步优化，同时拉动了沿海地区劳动就业的稳步增长。

但是，从总体上看，科技兴海工作不能适应海洋经济发展的形势和需要，仍存在一些突出问题：缺乏总体部署，尚未形成科技促进海洋经济持续健康发展的长效机制；科技对海洋经济贡献率小，关键技术自给率和科技成果转化率低，部分领域的成果和专利转化率不足20%；高新技术产业比重较小，企业作为技术创新的主体地位尚未形成，科技转化与服务平台不够完善，海洋高新技术产业人才短缺；科学开发利用海洋、有效促进开发与保护相协调的能力相对较弱。

（二）发展需求

科技兴海已进入一个新的历史阶段，机遇和挑战并存。世界已进入全面开发利用、合理保护和科学管理海洋的时代，依靠科技成果转化应用和产业化，推动海洋经济发展，促进生态系统良性循环，加强海洋管理已经成为沿海国家的重要任务。我国已进入大规模、多方式开发利用海洋以及推进海洋经济发展方式转变的新时期，发展海洋经济对于促进东部率先实现科学发展、和谐发展的作用更加突出。促进海洋经济的又好又快发展，需要从资源依赖型向技术带动型转变、从数量增长型向生态安全和产品质量安全型转变、从分散自发型向区域统筹型转变、从规模扩张向增强核心竞争力转变；需要推进海洋开发从浅海向深海发展，加速海洋高新技术产业化，不断催生海洋新兴产业，保护海洋生态环境，协调区域海洋产业布局。这些都对科技兴海工作提出了新的更高要求，迫切需要做出规划与新的部署。

二、指导思想、基本原则和发展目标

（一）指导思想

以邓小平理论和“三个代表”重要思想为指导，全面贯彻科学发展观，切实落实“实施海洋开发”和“发展海洋产业”的战略部署，以建设海洋强国为目标，以促进海洋科技成果转化和产业化为主线，以推动沿海地区海洋经济发展为重点，坚持“加快转化、引导产业、支撑经济、协调发展”的方针，增强海洋资源与生态环境的可持续利用能力，提高海洋管理与安全保障水平，促进海洋产业结构优化和发展方式的转变，提升海洋经济的发展水平。

（二）基本原则

1. 政府引导、市场驱动。以国家目标和市场需求为牵引，国家和沿海地区各级政府引导，逐步完善海洋技术创新体系和市场机制，推动企业技术创新主体地位的形成，提升科技支撑、引领海洋产业发展的能力。

2. 统筹协调、优化配置。注重海洋科技成果产业化的区域协调和阶段衔接。优化配置跨区域、跨学科和跨部门的海洋科技资源，构建政府—企业—高校—科研院所—金融机构结合、海陆统筹、区域合作的科技兴海模式。

3. 集成创新、持续发展。大力推进海洋高新技术成果集成创新和产业化，提高成果的转化率及其效益；加速海洋公益、海洋管理技术推广应用，着力保障和改善民生，实现海洋经济和海洋生态环境协调发展。

4. 示范带动、整体推进。通过示范工程和基地建设，培育优势产业和特色产业，提高支柱产业核心竞争力，辐射带动海洋产业向优势区域集聚，延伸完善产业链，整体促进海洋产业可持续发展。

（三）发展目标

1. 总体目标。到2015年，海洋科技促进海洋经济又好又快发展的长效机制初步建立，科技兴海布局合理，海洋产业标准体系较为完善，科技成果转化率提高到50%以上，取得一批海洋产业核心技术，培育3~5个新兴产业，培育一批中小型海洋科技企业；以企业为主体的科技创新体系初步形成；海洋公共服务能力显著提高；海洋产业竞争力和可持续发展能力显著增强；海洋开发利用与海洋生态环境保护协调发展；科技进步对海洋经济的贡献率显著提高。

2. 区域目标。到2015年，基本形成适应区域海洋科技能力和沿海经济社会发展需求、具有区域特点、国家和地方及企业相结合的科技兴海平台。环渤海和长江三角洲地区，形成以中心城市为载体的海洋科技成果转化、产业化和服务平台，以及辽宁"五点一线"、津冀沿岸带、山东半岛城市群、长三角城市群构成的科技兴海网络，加速海洋高技术产业集聚、辐射和扩散，营造海洋科技实现梯度转移的良好环境；珠三角地区和海峡西岸经济区发挥区域和政策优势，形成有特色的海洋高技术成果转化和产业化基地；北部湾经济区和图们江口区形成接应基地。

三、重点任务

（一）加速海洋科技成果转化，促进海洋高新技术产业发展

围绕海洋产业竞争能力和发展潜力，优先推动海洋关键技术成果的深度开发、集成创新和转化应用，鼓励发展海洋装备技术，促进产业升级，培育新兴产业，促进海洋经济从资源依赖型向技术带动型转变。

1. 优先推动海洋关键技术集成和产业化。海洋渔业技术集成与产业化。开展海水增养殖、生物资源保障、远洋渔业等技术成果集成与转化，重点加强优良品种培育、病害快速诊断及其综合防治、渔业资源评估及可持续利用等关键技术的成果转化。扩大环境友好型养殖、深水抗风浪网箱养殖、水产品质量安全保障等技术的应用规模；推动海洋水产品加工、贮藏、运输等关键技术应用，以及环境友好型捕捞装备和现场综合加工技术开发。

海洋生物技术集成与产业化。重点开展生物活性物质、海洋药物产业化以及海洋微生物资源利用等技术成果转化，建立有效的海洋生物化工、制药物质质量标准评价体系，推广海洋药物、功能食品、化妆品、海洋生物新材料及其他高附加值精细海洋化工和新型海洋生物制品成果。

海水综合利用产业技术集成与产业化。重点开发应用海水淡化技术，大力推进工业冷却用水、消防用水、城市生活用水、火电厂脱硫等的海水直接利用技术应用规模，开展海水化学资源利用技术集成转化，抓好海水综合利用大规模示范工程，带动海水利用产业快速发展。

海水农业技术集成与产业化。重点开展蔬菜、观赏植物等野生耐盐植物的规模化栽培工艺、改良技术和产品综合加工利用技术转化；建立海水农业新型种植模式、海水灌溉技术和海岸滩涂开发利用生态化示范工程，通过技术集成和示范，构建滩涂海水生态农业产业化开发体系。

2. 重点推进高新技术转化和产业化。海洋可再生能源利用技术产业化。强化海洋可再生能源技术的实用化，开展潮汐能、波浪能、海流能、海洋风能区划及发电技术集成创新和转化应用。重点发展百千瓦级的波浪、海流能机组及其相关设备的产业化；结合工程项目建设万千瓦级潮汐电站；鼓励开发温差能综合海上生存空间系统；推广应用海洋生物质能技术，建设海洋生物质能开发利用试验基地。

深（远）海技术应用转化。重点支持深（远）海环境监测、资源勘查技术与装备，深海运载和作业技术与装备成果的应用；推进深海生物基因资源利用技术开发及产业化；开发多金属结核、结壳、热液硫化物开采技术和装备；形成具备深（远）海空间利用技术的集成与服务能力的国家深海开发基地。

海洋监测技术产业化。开展海洋生态环境监测技术产品的稳定性试验与成果推广，推进监测设备和检测标准物质制备产品化与标准化；突破海洋动力环境监测设备的关键技术，提升国产海洋监测仪器设备的可靠性和稳定性，形成模块化、系统化和标准化的产品以及稳定发展的产业，并推向国际市场；集成应用海底环境监测技术，逐步形成技术服务能力。

海洋环境保护技术推广。开发海洋污染和生态灾害监测、分析、治理技术产品，开展溢油、赤潮、病害防治等海洋污染应急处置技术产品的应用推广；开发海洋仿生技术产品，重点开展海洋仿生监测和示踪技术的研究与开发，发展环境友好型的海洋仿生设备、建筑材料、化工材料以及具有特殊功效的纺织材料等。

3. 鼓励海洋装备制造技术转化应用。海洋油气勘探开发装备制造技术成果应用。开发具有自主知识产权的新型平台、适合深水海域油气开发的深水平台、油气储运系统、水下生产系统等海洋石油开采装备技术产品；加快海上油田设施的监测、检测、安全保障和评估技术的开发和应用。

船舶制造新技术开发和转化应用。重点开展超大型油船、液化天然气船、超大型集装箱船、滚装船、海上浮式生产储油装置、游轮（艇）等船舶的研发，加大对船舶共性技术、基础技术和关键配套产品的开发和应用。

海洋装备环境模拟和检验技术开发服务。重点开展海洋用大型探测仪器、深水作业设施、分析监测设备和海上作业辅助设施等的环境模拟、检验和服务。

（二）加快海洋公益技术应用，推进海洋经济发展方式转变

围绕海洋生态环境保护与开发协调发展，重点实施节能减排、海洋生态环境保护与修复、基于生态系统的海洋管理等技术集成开发与应用推广，形成海洋管理与生态环境保护技术应用体系，不断提高海洋保护和管理水平。

1. 节能减排关键技术转化应用。海洋渔业节能减排关键技术集成与应用。大力推广水质净化、节水节能关键技术，积极推广环保型优质饵料，开发渔船、网箱的节能设施，集成推广污物资源化利用技术，建立海洋渔业对海域污染及能源消耗的控制模式。

海洋工程和船舶节能减排技术集成与应用。重点实施港口、油气平台、人工岛等工程建设的节能减排技术和装备的应用，集成和推广海洋工程设施的污染物在线实时监测、控制与净化处理技术及产品。加快船舶节能减排技术和装备的转化应用。

沿海城市公共性节能排放技术集成与应用。开发电厂和其他大型工业流程二氧化碳捕获技术和海上封存等实用技术，研制并应用塑料替代产品和替代技术，集成推广陆源污水的离岸排放技术；推广应用城市建筑垃圾、航道疏浚泥等垃圾资源化利用技术。

2. 海洋生态保护、修复技术集成与应用。生态资源评估技术开发与应用。引进消化并开发一批生态评估与管理系统，建立海洋生态资产评估技术体系，实施关键海域的生态资产评估，摸清我国近海生态和资源现状；开发海岸带生态系统风险评价与管理技术，提高海洋综合管理水平。

海洋生态系统保护和修复技术开发与应用。集成转化海洋生物资源恢

复、濒危物种保护的技术，重要原良种种质保护技术和兼捕物控制技术；推广保护区网络构建技术，实施海洋珍稀濒危物种保育工程。开发生态综合修复工程技术与模式，开展受损的滨海芦苇湿地、红树林、海草床、珊瑚礁、河口、海湾、泻湖等典型生态系统修复和功能恢复；推广应用外来入侵生物控制技术。集成应用海陆协调的环境污染治理、突发性污染事故生物治理、海洋灾后恢复等工程技术。

3. 生态化海洋工程技术的集成应用。海岸带人工生态景观建设工程技术推广应用。集成应用滩涂围垦、滨海公路网络、河口和低洼岸段海塘等生态景观式人工海岸建设模式与海岸线科学化利用的相关技术，推进重大生态型工程、宜居型海上城市建设。

海岛生态工程建设技术开发与应用。开发推广“风能产电—海水淡化—植被绿化—岛屿生态”等科技兴岛模式；加强岛屿周边海域生物资源保护与可持续利用技术，推进无人岛及周围海域的资源调查、勘探与评价，综合集成应用重大自然灾害应急技术等。

4. 海洋生态化管理技术开发应用。以生态系统为基础，构建海洋生态化管理技术体系。重点开展海洋生态系统健康和完整性评价、生物多样性保护、污染物入海总量控制、海域综合承载力评价和利用、海域使用监控和效能评估、生态补偿管理等技术的开发应用；加强遥感、信息等高技术在管理中的应用。

（三）加快海洋信息产品开发，提高海洋经济保障服务能力

围绕海洋开发的生态环境和生命财产安全，集成海洋监测、信息、预报等技术，形成业务化示范系统，为海洋工程、海洋交通运输、海洋渔业、海洋旅游、海上搜救、海洋管理等提供各种信息服务系统和产品，推动海洋信息产业发展。

1. 开发海洋工程环境服务产品。重点开展海洋工程开发环境分析评估产品；开发适合海上作业所需的深海区海底地形地貌、工程地质环境可视化产品；支持重大涉海工程的海洋环境物模实验、数值模拟以及环境场试验；形成海洋环境灾害和海洋工程地质评估能力和产品；开发海洋工程腐蚀、污损、疲劳度等在线监测、安全评估与控制技术。

2. 开发海洋交通和渔业的环境服务产品。重点开发中国近海、重要国际海上通道及重点海域的实时海洋环境预报预警和导航服务产品、船舶压舱水检测及在线处理产品、渔情监测预报、渔业资源评估等海洋捕捞渔业服务系统。

3. 集成开发海洋灾害监测预警产品。重点开发沿海海洋灾害监测预警、海洋气候和极端海洋天气过程预测、海洋灾害频发区和脆弱区海洋灾害风险区划与评估产品，建立风暴潮、赤潮、溢油、海冰、海啸、海平面上升等海洋灾害应急管理辅助决策支持系统。

4. 优化开发管理决策支持服务产品。重点开发区域海洋环境容量、区域海洋承载能力评估及实用服务系统，优化并综合应用海洋过程和社会经济模型，开发关键海湾环流与水质预报、海洋污染预报及其损害评估、典型生态状况及脆弱性和适应性评估、气候变化对沿岸生态环境影响预测及评估、海沙资源评估等海洋资源环境管理决策支持产品。

5. 开发特定目的的海洋信息服务产品。开发涉海休闲、旅游、运动的环境预报产品；进一步拓展深海与极地海洋活动的环境保障服务领域；增强海上搜救应急预报，失事目标（人、船舶等）的漂移路径、搜寻范围的预报以及搜救行动的海洋环境预报等。

（四）构建科技兴海平台，强化科技兴海能力建设

充分利用国家、部门、地方的涉海科技基础条件平台，结合企业的科

技开发基地和试验场，根据科技兴海区域发展目标和科技能力，建设一批成果转化与推广平台、信息服务平台、环境安全保障平台、标准化平台和示范区（基地、园区），形成技术集成度高、带动作用强、国家和地方结合、企业逐步为主体的科技兴海平台和示范区网络。

1. 成果转化与推广平台。以国家和省（部）级重点实验室、工程中心为依托，以地方科技转化机构、企业科技开发基地和试验场等为主体，发展建设11个国家级、30个省（市）级海洋科技成果公共转化平台和若干专项成果转化基地。重点领域包括海洋生物工程、海水综合利用、现代海洋装备以及海洋仪器实验等。各省区建立海洋科技推广服务体系，鼓励社会团体、科研院所、高校、企业和中介组织参与海洋科技创新成果推广应用，支持海洋科技成果推广中介机构、培训机构、技术推广站的发展。

2. 信息服务平台 。充分利用现有的海洋科技条件资源信息网络，建立信息共享机制，搭建与海洋经济发展需求相适应的科技兴海信息服务平台并实现业务化运行。重点建设科技兴海技术和海洋产业信息服务平台、海洋科技交易服务平台、海洋经济环境保障公共信息服务平台、海洋经济决策辅助平台等。建设1个国家级平台、3个区域级平台、11个省（部）级平台及若干专业化信息服务平台。

3. 环境安全保障平台。在优化现有的海洋环境监测和观测站的基础上，重点建设海洋开发活动和经济活动区及重大工程区的监测平台，利用监测观测信息传输网络和支撑决策的信息采集系统和网络，构建适于海洋开发和海洋产业发展的环境安全保障平台，形成支撑决策的信息采集系统和网络。在重点河口区、重点养殖区、大型海洋工程实施区、产业聚集区等，与国家和地方海洋监测网络统筹协调，建设区域性长期立体观测系统，以及重点经济活动区的固定断面与固定点的长期生态环境观测平台。

4. 标准化平台。以海洋标准化体系为基础，按照科技兴海的重点领域和布局，构建国家和区域两级科技兴海标准化平台网络。重点建设海洋资源勘探开发、海洋高技术产业化、海洋循环经济和海洋生态环境保护与管理等技术标准体系，强化海洋标准化培训和推广应用。建设1个国家级、3个区域级平台。

5. 基地、园区。建立一批具有辐射带动效应的科技兴海示范区、园区和基地，并随着科技兴海工作的不断深入，逐步扩大领域和范围。重点是海洋高技术产业化园区、海洋循环经济示范区、海洋经济可持续发展模式示范区、海洋高新产业链延伸和产业集聚区。

（五）实施重大示范工程，带动科技兴海全面发展

按照科技兴海的总体目标和海洋产业的发展需求，通过多种投资方式和强化投入，实施科技兴海专项示范工程，带动沿海地区科技兴海工作全面发展，促进海洋经济向又好又快发展方式转变。

1. 海洋生物资源综合利用产业链开发示范工程。结合海洋生物制品产业园区建设，建立1~3个技术集成、装备配套、产业衔接的海洋生物资源综合利用产业链示范工程和发展模式，开发以大宗水产品为原料的海洋功能食品、生物材料、精细化工制品、生物活性物质和海洋药物的综合利用技术，优化水产品精深加工及水产加工废弃物综合利用配套工艺和装备技术，构建具有自主知识产权的海洋生物资源综合利用关键技术体系，提高水产品精深加工装备制造能力和海洋生物资源产业化能力。

2. 海水综合利用产业链开发示范工程。通过10万吨级海水淡化与综合利用技术装备研发转化，结合缺水城市临海、临港区建设，重点示范海水循环冷却、海水淡化及浓盐水的综合利用技术，优化海水预处理、防腐蚀及防生物附着、设备配套、膜或热源高效利用等工艺技术，建设海水综合

利用产业链区域示范工程，构建具有自主知识产权的海水淡化与综合利用关键技术体系，构建技术应用—装备产业化—产业链示范相互促进的海水综合利用产业链发展模式，提高海水淡化装备制造能力和产业化能力。

3. 海水养殖产业体系化综合示范工程。结合沿海区域海洋生态和经济发展特征，重点开展海水养殖育种和良种扩繁、高效无公害饲料生产、高效低毒药物和免疫制品生产、病害综合防治和产品质量控制等技术开发，并针对工厂化海水养殖、离岸网箱养殖、滩涂和浅海增养殖，建立5~6 个海水养殖产业体系化示范工程，发展环境友好型养殖模式，促进海水养殖技术升级和产业良性发展。

4. 海洋装备制造业技术产业化示范工程。在沿海地区具有技术能力和转化条件的城市，建立海洋油气开发工程装备、海底管线电缆铺设维修装置的产业化基地，开展海洋油气资源勘探、深海作业、通讯导航船用电子仪器、机电设备等技术的中试，建立产业化示范工程，推动产业化进程。

5. 海洋监测技术应用示范工程。对已经形成的海洋监测技术装备成果进行产品定型和产业化技术开发，在北部海域、东海、南海的适宜海域，建设区域海洋监测示范系统，开展业务化运行示范与评估，全面应用和业务化运行调试各类监测技术产品，并在沿海地区形成应用示范区，形成1~3个海洋监测技术成果转化和产业化基地，促进海洋监测技术产业化。

6. 循环经济发展模式示范工程。以减少资源消耗、降低废物排放和提高资源利用率为目标，选择典型临海工业园区、海岛经济区、海洋旅游区，依托有关地方政府和海洋油气、化工、临海电力等重点行业相关企业开展试点，建立示范工程，探索循环经济发展模式。对于海洋开发过程中产生的废弃物（如疏浚泥等），开展综合利用示范，探索建立海洋资源循环利用机制和海洋资源回收利用体系。

7. 海洋可再生能源利用技术示范工程。在条件适宜的海岛和滨海地区，建立海洋可再生能源开发利用技术的试验基地和示范工程，重点开发风能、潮汐能、波浪能、海流能发电和相关配套装备技术，提高能量转换效率及抗台风能力，建立高效多能互补发电示范系统，集成示范边远海岛和滨海地区通电保障系统。筛选高效海洋能源生物，建设产业链示范工程。

8. 海洋典型生态系统修复示范工程。选择典型海洋生态系统，建设3~5个生态修复示范工程，并在对自然资源、生态系统和主要保护对象影响评价的基础上，建立生态旅游示范模式。重点包括建立滩涂生态系统修复示范区，集成示范、推广耐盐植物修复技术；建立滨海湿地、红树林和珊瑚礁生态系统修复工程，实施退化区原位修复和异地修复技术开发和综合示范；建立功能衰退的养殖生态系统修复示范工程、综合示范应用养殖容量控制、人工鱼礁和海藻床建设等。

四、保障措施

（一）加强组织领导，建立科技兴海长效机制

由国家海洋局、科学技术部牵头，吸收有关涉海部门组成全国科技兴海领导小组，建立健全全国科技兴海工作领导机制，全面落实《规划纲要》，推进各涉海部门逐步建立起规划协调和管理有效的运行机制，有机衔接《规划纲要》与海洋科技规划和经济规划的行动部署，定期召开科技兴海经验交流会，举办科技兴海成果展览会。各沿海地区在当地政府领导下，根据《规划纲要》制订本地区的科技兴海规划或行动计划，并纳入本地区的国民经济和社会发展规划，认真组织实施。同时，建立科技兴海规划实施监测和评估制度，完善科技兴海规划实施评估的指标体系、监测体

系和考核体系。全国和各沿海地区要定期发布科技兴海公报，逐步形成科技兴海管理和科技为海洋经济服务的长效机制。

（二）优化政策环境，建立产业发展激励机制

研究制定海洋技术、产业政策和相关配套制度，发布科技兴海关键技术和产品目录，重点鼓励和支持海洋技术创新和自主知识产权产品开发。进一步改善促进海洋高技术企业发展的税收政策。引导和支持创新要素向企业集聚，建立海洋技术（知识产权）评估机制，支持产学研联合开展技术引进消化吸收再创新。加大政府采购对海洋自主创新的支持力度。完善政府采购技术标准和产品目录，对重要海洋技术创新产品实施政府采购，对于需要研究开发的重大海洋技术创新产品或技术实行政府订购制度。在政府采购中规定采购海洋产品的合理比例。进一步增强全民的海洋意识，强化海洋文化建设，创建科技兴海的社会环境。

（三）强化融资引导，建立多元资金投入机制

发挥国家财政的引导作用，鼓励和引导地方财政、企业和社会加大对科技兴海的投入力度，推进多元化、社会化的科技兴海投入体系建设，有效形成政府资金和市场资金的对接。国家海洋局和科学技术部进一步加大对科技兴海项目的支持力度，相关计划向科技兴海项目倾斜支持。沿海省市要设立“科技兴海专项资金”，海域使用金要按一定比例重点支持科技兴海；鼓励设立创业风险投资引导基金。充分利用“科技型中小企业技术创新基金”，对海洋科技型中小企业重点支持，鼓励和引导企业自主创新。促进政策性金融机构建立和完善对海洋高技术产业化项目的支持机制，积极探索科技兴海风险投入机制。

（四）加快人才培养，完善成果转化市场机制

加强海洋高技术产业化人才和团队培养，加速海洋科技成果转化和产

业化人才队伍建设；采用多种方式，支持企业培养和吸引创新人才；营造宽松环境，鼓励人才流动；鼓励科技人才采取技术入股等方式与企业进行长期合作；建立有利于激励海洋科技成果转化、产业化的人才评价、知识产权保护和奖励制度。建设以海洋高新技术评价、论证、中试、中介、推广为主要职责的高效中介服务机构。面向企业和市场，建立以科技成果转化、技术咨询、技术交易、人才和信息交流等为主要内容的多层次服务网络，创建区域性海洋科技服务中心，为海洋新产品开发、新技术推广、科技成果转化等做好科技中介服务。

（五）加强合作交流，形成国际合作促进机制

利用多种渠道吸引国际金融机构、外国政府贷款和境外大企业、大财团采取各种合理方式，投入我国海洋开发和基础设施建设。鼓励海洋企业全面开拓海外市场，稳步推进海洋企业到海外进行战略性投资，积极引导和支持海洋企业建立海外研发机构，鼓励海洋企业加快国际化经营，参加国际技术联盟。积极开展国际合作和技术交流，形成内外结合、相互促进的发展机制。

附录 3

山东半岛蓝色经济区发展规划

第一章　发展基础与战略意义

第一节　海洋资源环境综合评价

山东半岛是我国最大的半岛，濒临渤海与黄海，东与朝鲜半岛、日本列岛隔海相望，西连黄河中下游地区，南接长三角地区，北临京津冀都市圈。区位条件优越，海洋资源丰富，海洋生态环境良好，具有加快发展海洋经济的巨大潜力。

海洋空间资源综合优势明显。山东半岛陆地海岸线总长3 345千米，约占全国的1/6，沿岸分布200多个海湾，以半封闭型居多，可建万吨级以上泊位的港址50多处，优质沙滩资源居全国前列。拥有500平方米以上海岛320个，多数处于未开发状态。海洋空间资源类型齐全，可用于开发建设的空间广阔。

海洋生物、能源矿产资源富集。近海海洋生物种类繁多，全省海洋渔业产量长期居全国首位。海洋矿产资源丰富，海洋油气已探明储量23.8亿吨，我国第一座滨海煤田——龙口煤田累计查明资源储量9.04亿吨，海底金矿资源潜力在100吨以上，地下卤水资源已查明储量1.4亿吨。海上风能、地热资源开发价值大，潮汐能、波浪能等海洋新能源储量丰富。海洋资源禀赋较好，开发潜力巨大。

海洋人文资源底蕴深厚。山东海洋文化拥有约6500年的历史，底蕴深厚、特色鲜明。近年来举办的青岛奥帆赛、中国水上运动会、国际海洋节、中国海军节等一系列重大活动，进一步丰富了海洋文化内涵。海洋文化优势突出，有利于提升海洋经济发展的软实力。

海洋生态环境承载能力较强。山东半岛属典型的暖温带季风气候，台风登陆概率低。近岸海域以清洁、较清洁海区为主，水动力条件较好，自净能力较强。全省海洋自然保护区、海洋特别保护区和渔业种质资源保护区数量均居全国前列。近岸海域生态环境质量总体良好，能够为海洋经济发展和滨海城镇建设提供必要的支撑。

第二节　发展成就

近年来，山东海洋经济发展迅速，成为促进全省经济发展的新动力，在全国海洋经济中的地位日益突出。

海洋经济总体实力显著提升。2009年，山东省海洋生产总值达到6 040亿元，占全国海洋生产总值的18.9%，居全国第二位；海洋渔业、海洋盐业、海洋工程建筑业、海洋电力业增加值均居全国首位，海洋生物医药、海洋新能源等新兴产业和滨海旅游等服务业发展迅速，形成了较为完备的海洋产业体系。

海洋科技引领作用明显增强。山东省海洋科研实力居全国首位，科技进步对海洋经济的贡献率超过60%。截至2009年年底，共有国家和省属涉海科研、教学事业单位近60所，省部级海洋重点实验室29家，各类海洋科学考察船20多艘，国家级科技兴海示范基地10个，海洋科技人员占全国一半以上，其中，两院院士23名。“十五”以来全省共承担国家海洋领域“863”计划项目470多项，取得了一系列具有国际先进水平的科研成果。

海洋生态环境保护取得积极进展。山东省已累计建成各类海洋与渔业保护区88处。全省拥有日照、牟平和长岛3个可持续发展先进示范区，数量居全国首位。海域的综合整治、生态修复与生态保护取得明显成效，近岸海域海水环境质量总体状况好转；初步形成了覆盖全省沿海的海洋环境监测预报网络，监测预报能力明显提高。

海陆基础设施不断完善。2009年，沿海港口深水泊位达到184个，总吞吐量7.3亿吨，占全国沿海港口的15%，是我国北方唯一拥有三个亿吨大港（青岛港、日照港、烟台港）的省份。沿海公路、铁路、航空、管道网络建设进程加快，水利、能源和通信等设施建设取得新进展，对海洋经济发展的支撑保障能力不断增强。

对外开放取得新突破。2009年，区内实现进出口总额1 104.2亿美元，利用外资实际到账50.7亿美元。海洋生物医药、海洋食品加工、海洋装备制造、港口物流等产业国际合作规模不断扩大；开放环境明显优化，在我国海洋经济国际合作与对外开放中的地位进一步提升。

海洋管理水平稳步提升。在全国率先出台了《海域使用管理条例》，海洋管理法律法规体系进一步完善。海域使用管理、海上安全生产、海洋防灾减灾和抢险救助能力明显加强，海洋环境监察、海上联合执法力度不断加大，海洋综合管理水平处于国内领先地位。

第三节　机遇与挑战

今后一段时期，是我国海洋经济的黄金发展期，山东半岛蓝色经济区建设面临着前所未有的重大机遇。党中央、国务院对海洋经济发展高度重视，胡锦涛同志对打造和建设好山东半岛蓝色经济区作出了重要指示，党的十七届五中全会通过的《中共中央关于制定国民经济和社会发展第十二个五年规划的建议》明确提出了发展海洋经济的总体部署，为深入实施海洋强国战略、依托海洋经济促进区域经济发展指明了方向；我国正处于加快转变经济发展方式和调整经济结构的关键时期，海洋经济发展的体制机制环境不断优化；自主创新能力不断提高，科技对海洋经济发展的支撑引领作用不断增强；国际海洋开发合作不断深化，欧美日韩等国家和地区开发利用海洋的成功经验，为我国提供了有益的借鉴。

同时，山东半岛蓝色经济区的发展也面临着诸多挑战。海洋资源开发利用方式相对粗放，海洋环境保护和生态建设亟待加强；海洋产业结构和布局不够合理，海洋经济综合效益亟待提高；海洋科技研发及成果转化能力不足，海洋经济核心竞争力亟待增强；涉海部门职能交叉，海洋综合管理和海陆统筹发展的体制机制亟待完善。

第四节　重大意义

在新形势下，大力发展海洋经济，加快建设山东半岛蓝色经济区，关系到维护国家战略利益、加快转变经济发展方式和促进区域协调发展大局。

有利于拓展国民经济发展空间，维护国家战略安全。打造和建设好山东半岛蓝色经济区，有利于提高海洋资源的开发利用水平，增强对国民经济发展的资源支撑作用，加快推进海洋国土开发，提高海洋维权和国际海域开发的后勤服务能力，保障我国黄海、渤海运输通道安全，维护和争取国家海洋战略权益。

有利于加速形成新的经济增长极，完善我国沿海整体经济布局。打造和建设好山东半岛蓝色经济区，有利于加快培育战略性海洋新兴产业，构筑现代海洋产业体系，促进发展方式转变；有利于推动海陆统筹协调，提升海洋经济辐射带动能力，进一步密切环渤海与长三角地区的联动融合，优化我国东部沿海地区总体开发格局。

有利于推进海洋生态文明建设，促进海洋经济可持续发展。打造和建设好山东半岛蓝色经济区，有利于探索海洋资源科学开发利用的新模式和海洋生态环境保护的新途径，提高资源利用与配置效率，维护黄海、渤海生态平衡与生态安全，提高海洋综合管理水平，促进经济、生态、社会效益的有机统一。

有利于提高海洋经济国际合作水平，深化我国沿海开放战略。打造和建设好山东半岛蓝色经济区，加快推进海洋经济对外开放，有利于引进先进技术、管理经验和智力资源，巩固和提升以青岛为中心的东北亚国际航运综合枢纽地位，提升黄海、渤海和黄河流域的开放水平，深化我国与东北亚各国的战略伙伴关系，进一步拓展我国对外开放的广度和深度。

第二章　总体要求

第一节　指导思想

高举中国特色社会主义伟大旗帜，以邓小平理论和“三个代表”重要思想为指导，深入贯彻科学发展观，认真落实党的十七届五中全会关于发展海洋经济的战略部署，按照胡锦涛同志关于打造和建设好山东半岛蓝色经济区的重要指示，以做大做强海洋经济为目标，以加快转变发展方式为主线，以深化改革、扩大开放为动力，着力优化海洋经济结构、着力加强海洋生态文明建设、着力提高海洋科教支撑能力、着力推动海陆联动发展、着力推进海洋综合管理，将山东半岛蓝色经济区建设成为具有国际先进水平的海洋经济改革发展示范区和我国东部沿海地区重要的经济增长极，为实施海洋强国战略和促进全国区域协调发展做出更大贡献。

第二节　发展原则

转变发展方式，实现科学发展。密切跟踪世界海洋经济发展趋势，突出海洋科技支撑引领作用，科学开发海洋资源，加快培育海洋优势产业，调整优化产业布局，推动海洋经济发展由粗放增长型向集约效益型转变。

强化生态保护，实现持续发展。按照建设海洋生态文明的要求，依据不同海域生态环境承载能力，合理安排开发时序、开发重点与开发方式，美化优化人居环境，推动蓝色经济区走上生产发展、生活富裕、生态良好的文明发展道路。

推动海陆统筹，实现联动发展。发挥半岛型地理优势，把海洋和陆地作为一个整体，实行资源要素统筹配置、优势产业统筹培育、基础设施统筹建设、生态环境统筹整治，推动海洋经济加快发展，带动内陆腹地开发开放。

深化改革开放，实现创新发展。把创新作为推动海洋经济发展的根本动力，加大重点领域和关键环节改革力度，形成有利于海洋经济科学发展的体制机制，进一步提高海洋经济对外开放水平，积极优化发展环境，努力拓展发展空间。

第三节　战略定位

立足山东半岛在海洋产业、海洋科技、改革开放和生态环境等方面的突出优势，结合我国加快转变发展方式和优化沿海空间布局等方面的战略要求，科学确定山东半岛蓝色经济区发展定位，全面提升对我国海洋经济发展的引领示范作用。

建设具有较强国际竞争力的现代海洋产业集聚区。以高端技术、高端产品、高端产业为引领，强化港口、园区、城市和品牌的带动作用，加快发展海洋高新技术产业，改造提升传统产业，培育壮大海洋优势产业集群，建设具有较强自主创新能力和国际竞争力的现代海洋产业集聚区。

建设具有世界先进水平的海洋科技教育核心区。整合海洋科教资源，着力加强海洋科技自主创新体系和重大创新平台建设，实施海洋高新技术研发工程，突破一批关键、核心技术；提高教育现代化水平，加大各类人才培养力度，完善人才激励机制，聚集一批世界一流的海洋科技领军人才和高水平创新团队，构筑具有国际影响力的海洋科技教育人才高地。

建设国家海洋经济改革开放先行区。深化重点领域和关键环节的改革，完善海洋产业政策体系，推进实施海洋综合管理，着力构建海洋经济科学发展的体制机制；深化海洋经济技术国际合作，建设中日韩区域经济合作试验区，打造东北亚国际航运综合枢纽、国际物流中心、国家重要的大宗原材料交易及价格形成中心，构筑我国参与经济全球化的重要平台。

建设全国重要的海洋生态文明示范区。科学开发利用海洋资源，加大海陆污染同防同治力度，加快建设生态和安全屏障，推进海洋环境保护由污染防治型向污染防治与生态建设并重型转变；提升海洋文化品位，优化美化人居环境，增强公共服务能力，打造富裕安定、人海和谐的宜居示范区和著名的国际滨海旅游目的地。

第四节　发展目标

当前和今后一段时期，要抓住国家加快发展海洋经济的重大机遇，深入开展海洋经济发展试点工作，推动山东半岛蓝色经济区又好又快发展。

到2015年，现代海洋产业体系基本建立，综合经济实力显著增强；发展方式转变和经济结构调整迈出实质性步伐，海洋经济综合效益显著提高；海洋科技创新体系基本形成，自主创新能力大幅提升；单位地区生产总值能耗和主要污染物排放总量持续降低，海陆生态建设和污染治理取得显著成效，环境质量明显改善；作为东北亚国际航运综合枢纽和国际物流中心的地位显著提升，海洋经济对外开放格局不断完善；人民生活质量进一步提高，率先达到全面建设小康社会的总体要求。海洋生产总值年均增长15%以上，区内研究与试验发展经费占地区生产总值的比重达到2.5%，海洋科技进步贡献率提高到65%左右，人均地区生产总值超过8万元，城镇居民人均可支配收入和农民人均纯收入年均增长10%左右，城镇化水平达到65%左右。

到2020年，建成海洋经济发达、产业结构优化、人与自然和谐的蓝色经济区，率先基本实现现代化。海洋经济综合实力和竞争力位居全国前列，建成具有世界先进水平的海洋科技教育人才中心，经济开放水平大幅提升，成为我国参与经济全球化发展的重点地区，海洋生态文明建设取得显著成效，单位地区生产总值能耗达到国内先进水平，主要污染物排放总量得到严格控制，区域、海洋生态环境质量不断改善，实现基本公共服务均等化，人民生活更加富裕。海洋生产总值年均增长12%以上，人均地区生产总值达到13万元左右，城镇化水平达到70%左右。

第三章　优化海陆空间布局

根据山东半岛蓝色经济区的战略定位、资源环境承载能力、现有基础和发展潜力，按照以陆促海、以海带陆、海陆统筹的原则，优化海洋产业布局，提升胶东半岛高端海洋产业集聚区核心地位，壮大黄河三角洲高效生态海洋产业集聚区和鲁南临港产业集聚区两个增长极；优化海岸与海洋开发保护格局，构筑海岸、近海和远海三条开发保护带；优化沿海城镇布局，培育青岛—潍坊—日照、烟台—威海、东营—滨州三个城镇组团，形成“一核、两极、三带、三组团”的总体开发框架。

第一节　提升核心

胶东半岛高端海洋产业集聚区，是山东半岛蓝色经济区核心区域。提升核心区域的发展水平，对于促进山东半岛蓝色经济区加快发展、优化产业结构、提升总体竞争力，具有重要的拉动作用。

核心区域以青岛为龙头，以烟台、潍坊、威海等沿海城市为骨干，充分发挥产业基础好、科研力量强、海洋文化底蕴深厚、经济外向度高、港口体系完备等方面综合优势，着力推进海洋产业结构转型升级，构筑现代海洋产业体系，建设全国重要的海洋高技术产业基地和具有国际先进水平的高端海洋产业集聚区。加快提高海洋科技自主创新能力和成果转化水平，推动海洋生物医药、海洋新能源、海洋高端装备制造等战略性新兴产业规模化发展；加快提高园区（基地）集聚功能和资源要素配置效率，推动现代渔业、海洋工程建筑、海洋生态环保、海洋文化旅游、海洋运输物流等优势产业集群化发展；加快提高技术、装备水平和产品附加值，推动海洋食品加工、海洋化工等传统产业高端化发展。

第二节　壮大两极

黄河三角洲高效生态海洋产业集聚区和鲁南临港产业集聚区，是山东半岛蓝色经济区的重要增长极。加快培育壮大南北两个增长极，对于促进山东半岛蓝色经济区协调发展、提升区域整体实力具有重要作用。

黄河三角洲高效生态海洋产业集聚区，发挥滩涂和油气矿产资源丰富的优势，培育壮大环境友好型的海洋产业。建设一批大型生态增养殖渔业区，大力发展现代渔业；加强油气矿产等资源勘探开发，加快发展海洋先进装备制造业、环保产业；大力发展临港物流业、滨海生态旅游业等现代海洋服务业，培育具有高效生态特色的重要增长极。

鲁南临港产业集聚区，依托日照深水良港，充分发挥腹地广阔的优势，按照《钢铁产业调整和振兴规划》的要求，积极推动日照钢铁精品基地建设，集中培育海洋先进装备制造、汽车零部件、油气储运加工等临港工业；加强集疏运体系建设，密切港口与腹地之间的联系，加快发展现代港口物流业，加强日照保税物流中心建设，把鲁南临港产业集聚区打造成为区域性物流中心和我国东部沿海地区重要的临港产业基地。

第三节　构筑三条开发保护带

优化海岸和海洋空间开发保护格局，推进海岸、近海和远海三条开发保护带的可持续发展，提升海洋资源开发利用效率和水平，促进海陆产业互动发展，进一步增强海洋经济对陆域经济的带动作用。

海岸开发保护带。从海岸线向内陆10千米起至领海基线（内水海域界线）之间的带状区域，其中，内水面积3.59万平方千米，具有资源环境承载力较强、海洋产业发达、人口城镇密集等特点，是发展壮大海洋经济、统筹海陆发展的最重要区域和优先开发区域。按照优化开发、强化保护的原则，明确岸线、滩涂、海湾、岛屿等空间资源的功能定位和发展重点，加强海洋环境保护和生态建设，提升资源开发利用水平，推进海洋产业结构优化升级，重点打造海州湾北部、董家口、丁字湾、前岛、龙口湾、莱州湾东南岸、潍坊滨海、东营城东海域、滨州海域九个集中集约用海片区，构筑功能明晰、优势互补的开发和保护格局。

——岸线。为切实保障渔业经济发展，划定必要的岸段专门用于渔业生产，其他岸段根据资源条件、环境状况和地理区位，划分为严格保护、控制开发、优化提升和重点开发四类，明确开发保护方向。（1）严格保护岸段。主要包括各类保护区、重要地理标志等所在岸线和邻近海域，重点搞好生态修复，禁止开展影响生态环境的开发活动，适度发展滨海旅游等生态型海洋产业。（2）控制开发岸段。主要包括资源环境承载能力较弱的岸线和邻近海域，重点加强陆源污染治理和破损岸线海域的修复，严格控制大规模开发活动。（3）优化提升岸段。主要包括开发程度较高、人类活动影响较大的海湾岸线和邻近海域，重点加强陆源污染治理和环境整治，优化海洋产业结构，提升可持续发展能力。（4）重点开发岸段。主要包括资源环境承载能力较强、经济社会发展基础较好的岸线和邻近海域。推行集中集约用海和离岸建设等开发利用方式，重点发展高端海洋产业和现代临港产业。

——滩涂。加强滩涂资源和生态系统的保护，实行有序开发，合理利用。（1）渤海沿岸淤泥质滩涂。推行生态养殖，重点发展现代渔业；科学开发卤水和海水资源，积极发展集约高效盐业和现代盐化工；恢复浅海滩涂的自然生态，加强湿地保护，大力发展生态旅游。（2）黄海沿岸砂质滩涂。加强对日照万平口至两城、海阳万米沙滩、乳山银滩等优质沙滩资源的保护，加快发展运动休闲等特色旅游。（3）黄海沿岸淤泥质滩涂。加大生态保护和修复力度，积极发展高效增养殖、海洋文化旅游等产业。

——海湾。以环胶州湾、石岛湾、威海湾、芝罘湾和莱州湾五大海湾为重点，优化美化人工岸线，加强海洋生态系统、自然景观和珍贵动植物资源的保护，实施优化开发工程，进一步提升海湾环境承载能力和服务功能。(1) 环胶州湾，重点打造以海洋高技术产业和现代服务业为特色的海湾经济区。(2) 环石岛湾，重点打造以海洋新能源产业为特色的海湾经济区。(3) 环威海湾，重点打造以休闲旅游产业为特色的海湾经济区。(4) 环芝罘湾，重点打造以现代服务业为特色的海湾经济区。(5) 环莱州湾，重点打造以高效生态经济为特色的海湾经济区。

——海岛。优先开发37个面积在1平方千米以上和有人居住的岛屿，重点开发保护五大岛群。（1）庙岛群岛及烟台岛群：在加强海岛保护的前提下，重点发展现代渔业和旅游业，加快开发风能、潮汐能等海洋清洁能源。（2）威海岛群：加快发展现代渔业、海洋运输业和旅游业，提升刘公岛海洋文化旅游品位。（3）青岛近岸岛群：以青岛经济技术开发区为依托，打造现代化的港口物流、能源和出口加工基地；以灵山岛、田横岛、竹岔岛为中心的系列岛群，重点发展海珍品增养殖业和旅游业。（4）日照近岸岛群：重点发展增养殖业和旅游业，建立近岸海域岛群自然保护区。（5）滨州近岸岛群：重点发展浅海滩涂增养殖、盐和盐化工、经济作物和药用植物种植，加强贝壳砂的开发利用。

近海开发保护带。从海岸开发保护带外部界线向外12海里宽的带状区域，拥有丰富的海洋渔业、能源、矿产等资源，是开发海洋资源、培育海洋优势产业的重点区域。按照重点开发、合理保护的原则，加快海洋资源勘查和开发利用，壮大海洋能源矿产资源开发、海洋工程建筑等产业；全面规范近海开发利用秩序，扩大人工放流和底播增殖规模，严格执行禁渔期和禁渔区制度；推行清洁生产，防止海上油气矿产开采、船舶航行、海上倾废等造成海洋环境污染。

远海开发保护带。从近海开发保护带外部界线至专属经济区外部界线的带状区域，海洋生物、海底矿产等资源丰富，开发利用前景广阔，是海洋经济发展最具潜力的战略区域。按照维护权益、有序开发的原则，加大资源勘探开发力度，发展海洋捕捞、海底能源矿产开发、海洋工程建筑等产业；维护国家海洋权益，切实履行保护海洋环境的国际义务和责任，维护海洋生态系统平衡。

第四节 培育三个城镇组团

充分考虑山东半岛各城市发展水平，按照城镇体系合理布局的总体要求，完善城镇基础设施建设，提升区域中心城市综合服务功能，支持烟台、潍坊成为较大的市，促进青岛—潍坊—日照、烟台—威海、东营—滨州三个城镇组团协同发展，打造我国东部沿海地区的重要城市群，为海洋经济集聚发展提供战略支撑。

青岛—潍坊—日照组团。充分发挥青岛的区域核心城市作用，建设国家创新型城市和西海岸经济新区，构建环湾型大城市框架，大力发展海洋高技术产业和现代服务业，建设成为全国重要的现代海洋产业发展先行区、东北亚国际航运枢纽、国际海洋科研教育中心、滨海旅游度假胜地和海上体育运动基地，进一步增强辐射带动能力。扩大潍坊、日照两个中心城市规模，拓展城市发展空间。充分发挥潍坊连接主体区与联动区的枢纽作用，重点发展海洋高端高效产业；日照重点发展现代临港产业。加强潍坊、日照与青岛在基础设施建设和产业发展等方面的对接，完善一体化合作发展机制，形成功能互补、产业互动、融合发展的现代化城镇组团。

烟台—威海组团。加快推进烟台国家创新型城市建设，进一步提升烟台、威海的中心城市地位，增强城市综合服务功能，拓展城市发展空间；统筹组团内各层次城镇的发展，加强组团内产业分工与协作，推进一体化进程；充分发挥与日韩两国经贸联系密切的优势，大力发展外向型经济，促进海洋高端产业集聚发展，建设成为全国重要的海洋产业基地、对外开放平台和我国北方富有魅力的滨海休闲度假区。

东营—滨州组团。合理扩大东营、滨州的城市规模，完善城市基础设施，提升城市综合服务功能，加强组团内城镇和产业的分工与协作，突出高效生态和海洋经济特色，做大做强优势产业，加快发展循环经济，着力建设特色海洋产业集聚区，打造成为环渤海地区新的增长区域和生态型宜居城镇组团。

第四章　构建现代海洋产业体系

构建现代海洋产业体系是打造和建设好山东半岛蓝色经济区的核心任务。以培育战略性新兴产业为方向，以发展海洋优势产业集群为重点，强化园区、基地和企业的载体作用，加快发展海洋第一产业，优化发展海洋第二产业，大力发展海洋第三产业，促进三次产业在更高水平上协同发展。

第一节　加快发展海洋第一产业

加强科技创新，健全服务体系，大力实施现代海洋渔业重点工程，提高综合效益，进一步巩固海洋第一产业的基础地位。

现代水产养殖业。调整渔业养殖结构，着力培育特色品种，加快完善水产原良种体系和疫病防控体系，建设全国重要的海水养殖优良种质研发中心、海洋生物种质资源库和海产品质量检测中心，打造一批良种基地、标准化健康养殖园区和出口海产品安全示范区。（1）以荣成、长岛、蓬莱、莱州、胶南等海域为主体，推进生态低碳养殖，建设总体规模300万亩以上的浅海优势海产品养殖基地。（2）以东营、潍坊、滨州等沿海地区为重点，建设200万亩标准化生态健康养殖基地。（3）以莱州、文登、荣成、无棣、日照东港区、昌邑、寿光等沿海地区为重点，建设一批优质海水鱼工厂化养殖基地和现代渔业示范区。

渔业增殖业。依法加强渔业资源管理，科学保护和合理利用近海渔业资源，加大渔业资源修复力度，推行立体增殖模式。逐步改善渔业资源种群结构和质量，建设人工渔礁带和渔业种质资源保护区，重点在莱州湾东部、庙岛群岛、崆峒列岛、荣成、崂山、即墨近海、海州湾北部等海域建设全国重要的海洋牧场示范区。

现代远洋渔业。实施海外渔业工程，争取公海渔业捕捞配额，适当增加现代化专业远洋渔船建造规模，重点培育荣成、寿光、蓬莱、黄岛等远洋渔业基地。推进远洋渔业产品精深加工和市场销售体系建设，把烟台金枪鱼交易中心打造成为国际性金枪鱼产品集散地。巩固提高过洋性渔业，加快发展大洋性渔业，建设一批海外综合性远洋渔业基地，提高参与国际渔业资源分配能力。到2015年，远洋渔业年产量、远洋渔船数量分别提高到40万吨和600艘左右；到2020年，分别达到50万吨和650艘左右。

滨海特色农业。在滨海地区因地制宜发展设施蔬菜、优质果品、特色作物等高效农业。推进无公害农产品、绿色食品、有机食品认证，培育名牌产品，建设沿海农业休闲观光走廊。

第二节　优化发展海洋第二产业

以结构调整为主线，以海洋生物、装备制造、能源矿产、工程建筑、现代海洋化工、海洋水产品精深加工等产业为重点，坚持自主化、规模化、品牌化、高端化的发展方向，着力打造带动能力强的海洋优势产业集群，进一步强化海洋第二产业的支柱作用。

海洋生物产业。加强海洋生物技术研发与成果转化，重点发展海洋药物、海洋功能性食品和化妆品、海洋生物新材料、海水养殖优质种苗等系列产品，培育一批具有国际竞争力的大企业集团，把烟台、威海、日照、潍坊建设成为国内一流的海洋生物产业基地，把青岛打造成为国际一流的海洋生物研发和产业中心。

海洋装备制造业。重点发展造修船、游艇和邮轮制造、海洋油气开发装备、临港机械装备、海水淡化装备、海洋电力装备、海洋仪器装备、核电设备、环保设备与材料制造等产业，建设国家海洋设备检测中心，把东营、潍坊、威海、日照、滨州打造成专业性现代海洋装备及配套制造业基地，把青岛、烟台打造成具有国际竞争力的综合性海洋装备制造业基地。

海洋能源矿产业。加强潮汐能、波浪能、海流能等海洋能发电技术的研究，建设海洋能源利用示范项目。以青岛为中心，加快低成本藻类炼油等关键技术的研发，适时建设海洋藻类生物能源和非粮燃料乙醇项目。加强对海洋石油和天然气、海底煤矿和金矿等资源的勘探和开发，建立重要海洋资源数据库。实施黄渤海油气、龙口煤田、莱州金矿、莱州湾卤水等开发工程，加强与中央企业的战略合作，规划建设国家重要的海洋油气、矿产开发和加工基地。

海洋工程建筑业。加强关键技术研发和应用，推进实施海上石油钻井平台、港口深水航道、防波堤、跨海桥隧、海底线路管道和设备安装等重大海洋工程；加快企业兼并重组和资源整合，打造综合性设计集团和大型专业化施工集团，培育一批具有国际竞争力的龙头企业，把青岛、日照、烟台等建设成为全国重要的海洋工程建筑业基地。

现代海洋化工产业。以大型企业集团为龙头，加快兼并重组，引导海洋化工集聚发展。巩固盐业大省地位，优化盐化工组织结构和产业结构，积极推进地方盐化工骨干企业与中盐总公司等央企合作，推进盐化工一体化示范工程，形成以高端产品为主的产业新优势，建成海洋化学品和盐化工产业基地。积极发展海水化学新材料产业，重点开发生产海洋无机功能材料、海水淡化新材料、海洋高分子材料等新产品，加快建设青岛、烟台、潍坊、威海等海洋新材料产业基地。

海洋水产品精深加工业。积极开发鲜活、冷鲜等水产食品和海洋保健食品，提升海产品精深加工水平，支持龙头企业做大做强，在烟台、威海、青岛、日照、潍坊等地建设一批水产品精深加工基地，加快建设荣成、城阳、芝罘等一批冷链物流基地，提高出口产品附加值，使其成为重要的水产品价格形成中心、水产品物流中心和水产品加工基地。

第三节　大力发展海洋第三产业

加快发展生产性和生活性服务业，积极推进服务业综合改革，构建充满活力、特色突出、优势互补的服务业发展格局，提升海洋第三产业的引领和服务作用。

海洋运输物流业。做大做强海运龙头企业，积极发展沿海和远洋运输，推进水陆联运、河海联运，培植壮大港口物流业，加快构建现代化的海洋运输体系。大力推行港运联营，把港口与沿海运输和疏港运输结合起来；有效整合港口物流资源，大力培育大型现代物流企业集团，加快发展第三方物流；发挥好保税港区、出口加工区和开放口岸的作用，规划建设一批现代物流园区和大宗商品集散地，重点建设青岛、日照、烟台、威海四大临港物流中心，积极推进东营、潍坊、滨州、莱州等临港物流园区建设，打造以青岛为龙头的东北亚国际物流中心。

海洋文化旅游业。突出海洋特色，推动文化、体育与旅游融合发展，建设全国重要的海洋文化和体育产业基地，打造国际知名的滨海旅游目的地。（1）文化产业。大力发展海洋文化创意、动漫游戏、数字出版等新兴文化产业，全力打造一批海洋文艺精品，建设一批有影响力和带动力的海洋文化产业园。（2）体育产业。发挥青岛、日照、烟台、威海、潍坊等海上运动设施比较完备的优势，加快建设综合性海洋体育中心和海上运动产业基地。（3）旅游产业。大力开发特色旅游产品，提高旅游产品质量和国际化水平，完善旅游休闲配套设施，建设长岛休闲度假岛和荣成好运角旅游度假区，把青岛、烟台、威海等打造成为国内外知名的滨海休闲度假目的地；开展滨海旅游小城市、旅游小镇标准化建设；深刻挖掘海洋人文资源内涵，加快建设一批特色海洋文化旅游景区；加快发展工业旅游，重点打造青岛国际啤酒城、青岛国际电子信息城、烟台国际葡萄酒城、东营石油城等产业旅游目的地；高水平设计海洋旅游精品线路，建设三条各具特色、互为补充的滨海旅游带，做大做强山东蓝色旅游品牌。

涉海金融服务业。加强与国内外金融机构的业务协作和股权合作，加快引进金融机构法人总部、地区总部和结算中心；按市场化原则整合金融资源，探索组建服务海洋经济发展的大型金融集团；深化农村信用社改革，积极发展村镇银行、贷款公司等多种形式的农村新型金融组织；加快发展金融租赁公司等非银行金融机构和证券公司。规范发展各类保险企业，开发服务海洋经济发展的保险产品；进一步加强和完善保险服务，建立承保和理赔的便利通道；大力发展科技保险，促进海洋科技成果转化。

涉海商务服务业。适应海洋经济发展要求，大力发展软件信息、创意设计、中介服务等新型服务业态，改造提升商贸流通业。（1）软件和信息服务业。依托青岛、烟台、潍坊、威海等软件园，大力发展软件外包，建设具有较强国际影响力的软件出口加工基地。加快推进电子政务建设，规范发展电子商务，积极发展数据处理等新型信息服务业。实施标准化战略，加强标准化信息服务平台建设。（2）创意设计产业。鼓励发展涉海创意产业，重点培育一批创意设计企业，建设创意设计产业集聚区。鼓励大专院校设置工业设计专业，加强人才培养和培训，培育壮大一批专业工业设计公司。（3）中介服务和会展业。加快培育涉海业务中介组织，大力发展海事代理、海洋环保、海洋科技成果交易等新兴商务服务业；培育一批知名会展企业集团，把青岛、烟台等地发展成为具有较强影响力的特色会展城市。（4）新型商贸流通业。积极运用信息技术改造提升传统商贸流通业，大力发展海洋产品连锁经营、特许经营等新型流通方式及相配套的高效物流配送体系。

第四节 推动海洋产业集聚和区域联动发展

提升园区载体功能。提高园区管理和建设水平，重点鼓励产业基础好、发展优势突出的园区拓展发展空间，强化创新功能，提高产业承载和集聚能力，形成经济（技术）开发区、高新技术产业开发区、海关特殊监管区域各有侧重、相互配套的发展格局。支持规划区内各类产业园区深入挖潜，优化调整结构，推行园中园和一区多园模式，建设特色海洋经济园，园内企业符合规定的，可以享受国家高新技术企业所得税优惠政策。支持青岛经济技术开发区等国家级园区扩区，支持条件成熟的省级园区上升为国家级园区，在港口等交通便利地区和集中集约用海片区，规划建设一批特色海洋产业基地。

打造海洋产业区域联动发展平台。根据主体区和联动区在发展阶段、产业结构上的差异性，以海洋产业链为纽带，以海洋产业配套协作、产业链延伸、产业转移为重点，优化海陆资源配置，在联动区建设一批海洋产业联动发展示范基地；加强联动区与主体区的对接，搞好海洋资源开发、科技研发、重大项目建设。

第五章　深入实施科教兴海战略

科教兴海是蓝色经济区发展的核心战略。加强海洋科技创新综合性平台、专业性平台和科技成果转化推广平台建设，完善现代海洋教育体系，加强重点学科建设和海洋职业技术教育，加快海洋创新型人才队伍建设，努力建设具有国际先进水平的海洋科技、教育、人才中心。

第一节　完善海洋科技创新体系

加快海洋重大科技创新平台建设。优化配置科技资源，加快构建以国家级海洋科技创新平台为龙头，以省级各类创新平台为主体的科技创新平台体系，全面增强海洋科技创新能力和国际竞争力。按照国家统一部署，加大政策和资金扶持力度，做大做强国家级海洋科技创新平台。在海洋生物、海洋化工、新材料、海洋装备制造技术等优势领域组建国家工程（技术）研究中心。加快建设或引进船舶制造、工程装备、仪器仪表等应用技术开发方面的创新平台。通过国家科技计划、公益性行业科研专项等现有政策渠道，加大对蓝色经济区相关单位开展海洋科研工作的支持力度。积极开展国家重点基础研究计划（“973”计划）、国家高技术研究发展计划（“863”计划）和国家海洋公益性科研专项等重大科研项目研究，努力在一些重大关键技术领域取得突破，形成一批具有自主知识产权的科技成果。完善国际科技交流合作机制，进一步加强与日本、韩国、俄罗斯、乌克兰、印度以及欧美等国家和地区的海洋科技交流合作。

强化企业技术创新体系建设。鼓励符合条件的企业建设实验室、工程技术研究中心、博士后工作站和企业技术中心。支持企业与高校、科研院所建立多种模式的产学研合作创新组织，推动企业与科研机构建立产业技术创新战略联盟。实行支持自主创新的财税、金融和政府采购等政策，完善企业自主创新的激励和投入机制；制订和实施扶持中小科技企业成长计划，健全创业投资和风险投资机制，引导企业增加研发投入。

促进海洋科技成果转化。加快建设海洋科技成果中试基地、公共转化平台和成果转化基地。加大国家高技术产业化专项资金的支持力度，组织实施一批高技术产业化示范工程，促进海洋高技术产业在青岛、烟台、潍坊、威海等地集聚发展，择优建设海洋产业国家高技术产业基地。完善海洋科技信息、技术转让等服务网络，规划建设青岛国家海洋技术交易服务与推广中心。引导企业制定知识产权发展战略，支持有条件的城市申报国家知识产权试点城市。

第二节　提升海洋教育发展水平

优化整合海洋教育资源，提高海洋高等教育和职业技术教育质量，打造全国重要的海洋教育中心。探索落实区内高等学校专业设置自主权的体制机制，加大区内战略性新兴产业相关专业设置的政策倾斜，增加海洋专业招生计划，积极支持列入“985”、“211”工程的高等院校建设，加强海洋专业学院建设，构建门类齐全的海洋学科体系。支持中国海洋大学巩固海洋基础学科优势，重点发展与海洋经济密切相关的学科专业，将其建设成为世界一流的综合类海洋大学。支持山东大学、中国石油大学（华东）及区内其他高等院校结合自身优势和市场需求，选择发展特色海洋学科专业。支持区内重点高等院校和科研院所加强海洋相关学科建设，扩大高层次海洋人才培养规模。在投资、财政补贴等方面加大对海洋职业技术教育的支持力度，实施示范性职业技术院校建设计划，在沿海7市建设一批以海洋类专业为主的中等职业学校，规划建设1所国家级海洋经济技师学院。支持国内高校在区内建立涉海专业的教学、实习和科研基地。积极开展海洋教育国际合作交流，支持高等院校与世界知名大学和科研机构建立合作院校、联合实验室和研究所。在中小学普及海洋知识，建设青岛海洋教育科普基地。

第三节　构筑海洋高端人才高地

建立健全人才培养、引进、使用、激励机制，建设我国海洋高端人才聚集地和高素质人力资源富集区。实施高端人才培养计划，以两院院士、泰山学者和山东省有突出贡献的中青年专家为重点，加强创新型海洋科技领军人才队伍建设。依托国家重大科研项目、重大工程、重点科研基地和国际学术合作交流项目，打造高科技人才培养和集聚基地。实施海洋紧缺人才培训工程，选派优秀人才到国外培训。完善首席技师和有突出贡献技师选拔管理制度，实施“金蓝领”培训工程，培育高技能实用人才队伍。在中央引进海外高层次人才“千人计划”和海洋科教人才出国（境）培训项目等方面，加大对蓝色经济区的支持力度。建设一批海外留学人员创业园区（基地）和引智示范基地。加快培育专业性海洋人才市场，建设东北亚地区的海洋人才集聚中心和交流中心。

第六章　统筹海陆基础设施建设

统筹海陆重大基础设施建设，着力构建快捷畅通的交通网络体系、配套完善的水利设施体系、安全清洁的能源保障体系和资源共享的信息网络体系，提高蓝色经济区发展的支撑保障能力。

第一节　交通网络建设

优化布局，强化枢纽，完善网络，提升功能，发挥组合效应和整体优势，构建海陆相连、空地一体、便捷高效的现代综合交通网络。

港口。以青岛港为龙头，优化港口结构，整合港航资源，加快港口公用基础设施及大型化、专业化码头建设，培植具有国际竞争力的大型港口集团，形成以青岛港为核心，烟台港、日照港为骨干，威海港、潍坊港、东营港、滨州港、莱州港为支撑的东北亚国际航运综合枢纽。青岛港要以国际集装箱干线运输、能源和大宗干散货储运集散为重点，依托青岛前湾保税港区，拓展港口物流、保税、信息、商贸等服务功能，建设成为现代化的综合性大港和东北亚国际航运枢纽港。烟台港要进一步巩固提升区域性能源原材料进出口口岸、渤海海峡客货滚装运输中心、陆海铁路大通道重要节点和我国北方地区重要的集装箱支线港地位，加快西港区建设，提高烟台保税港区建设水平，发展成为环渤海地区的现代化大型港口。日照港要提高大宗散货和油品港口地位，进一步扩大集装箱业务，服务大宗散货中转储运和集装箱支线运输。威海港要建成环渤海地区的集装箱喂给港和面向日韩的重要港口。东营港、潍坊港、滨州港、烟台港莱州港区要依据《黄河三角洲高效生态经济区发展规划》确定的功能定位，加强深水泊位、航道、防波堤等公用基础设施建设，完善功能，提高吞吐能力，形成分工明确的黄河三角洲港口群。

铁路。以山东省铁路主骨架为依托，扩大路网规模，完善路网结构，提高路网质量，打通环海、省际铁路大通道，加快重点铁路项目建设，构筑沿海快速铁路、港口集疏运和集装箱便捷货物铁路运输、大宗物资铁路运输和省际间客货铁路运输体系，形成功能完善、高效便捷的现代化铁路运输网络。

公路。加快高等级公路建设和普通路网升级改造，优化路网结构，形成干支相连、快速便捷的公路网络。

机场。加快区域内机场建设和改造，科学规划建设青岛新国际机场，增加和开辟国内外航线，形成以青岛新国际机场为中心，以烟台、威海、潍坊、东营等机场为支线的空港格局。

综合运输枢纽。整合现有交通资源，加强各种运输方式的有效衔接，加快综合运输枢纽建设，大力发展多式联运、甩挂运输等先进运输方式，实现区域和城乡客运一体化、货运物流化。开展渤海海峡跨海通道研究工作。

第二节　水利设施建设

坚持兴利除害结合、开源节流并举，以增加供水能力和防洪防潮为重点，加强水利基础设施建设。

完善水资源保障体系。合理利用地表水和地下水，充分利用黄河水，加快南水北调东线工程建设，加强污水处理回用，积极利用淡化水，深度开发雨洪水，在保障河道生态用水的前提下，实现区域内多种水源的合理配置和高效利用，提高区域的供水能力、水资源调蓄能力和应急保障能力。依托全省南北贯通、东西互济的大水网格局，构建以区域内南水北调胶东输水干线和黄河干流为依托，以各级河渠为纽带，以水库、闸坝为节点，河库串联、水系联网、城乡结合、配套完善的现代化供水保障工程网络，实现水资源的合理调配。

加强防洪防潮设施建设。完善防洪防潮减灾体系，努力实现水库、河道、防潮堤的统一规划，水库泄洪与河道防洪协调统一、内河防潮与沿海防潮协调统一。加强河道综合治理，提高骨干河道防洪能力，加快重点地区中小河流治理，实施河道修复工程。稳定黄河清水沟流路。全面完成水库除险加固任务。加强蓄滞洪区建设，提高防洪减灾和利用洪水能力。完善大中城市防洪体系，重点城市要确保达到国家规定的防洪标准。高标准建设重点临海一线防潮堤和入海河道防潮堤，改造加固低标准的防潮堤坝，构筑安全屏障。

加大海水入侵防治力度。以莱州湾南岸和东岸、胶东滨海平原及河口海水入侵区为重点，按照挡住海水、留住淡水、蓄淡压咸、改善环境的要求，严格控制地下水开采，实施拦蓄补源、地下水回灌、河口地下水库建设、地下坝截渗等工程，防止海水入侵。

第三节 能源建设

加快发展清洁能源，优化能源结构，提高利用效率，努力构筑安全稳定的能源供应体系。

大力发展可再生能源。（1）风能。有序开发风能资源，重点建设沿海7市大型陆地风电基地和鲁北、莱州湾、渤中、长岛、山东半岛北、山东半岛南6个海上百万千瓦级风电基地。（2）生物质能。合理规划建设生物质能电站，鼓励建设生物质能热电联产机组，积极扩大沼气利用，适度发展非粮燃料乙醇。（3）太阳能。发展太阳能光伏产业，推进以太阳能为主的新能源城市建设。鼓励太阳能热利用，提高太阳能热利用规模和水平。（4）海洋能。在乳山、荣成、日照等海域规划建设潮汐能和波浪能发电示范项目，逐步加快海洋能的开发利用步伐。（5）地热能。大力推进地热能开发利用，适时启动风光储输联合示范工程项目。

推进核电建设。建设海阳、荣成核电项目，规划建设烟台核电研发中心，加强区内核电厂址资源的勘察、论证和保护工作，保护和储备好核电厂址资源。力争在2020年初步形成两个核电基地。

优化发展燃煤火电。根据“上大压小”的要求，重点建设60万和100万千瓦级大容量、高参数、环保型燃煤电厂，以加强受端电网支撑，保证电网安全可靠运行。在沿海大中城市负荷中心及热负荷集中的地区，优先安排背压式热电联产项目，适当建设30万千瓦级热电联产机组，提高城市集中供热水平，促进城市节能减排。

加强输配电网建设。大力实施“西电东送”战略，加快宁东—青岛直流输电工程建设进度，规划建设高效能的输变电工程，积极接纳外部来电。增加500千伏变电站布点，扩建部分变电站，进一步完善500千伏主网架。搞好可再生能源与常规能源协调匹配发电技术与调度方式的衔接，切实维护电网安全稳定运行，到2020年建成智能化输配电网。

加快油气储备与管网设施建设。积极推进黄岛国家石油储备地下水封洞库项目和青岛进口液化天然气（LNG）接收站建设，规划建设烟台港西港区石油储运中转基地。完善港口向内地辐射的输油网络体系，重点建设日照—仪征、烟台港西港区—淄博等输油管道。加快董家口—泊里—胶州—莱西、日照—临沂等输气管道建设，增加西部气田、东部气田、进口

LNG和渤海近海气田四个天然气气源对山东半岛的供应量。

第四节　信息基础设施建设

加快构筑智能化、宽带化、高速化的现代信息网络。改造优化现有网络基础设施，积极开展下一代互联网、新一代移动通信网、数字电视网等先进网络的试验与建设，全面推进信息基础设施升级换代，加快物联网、云计算发展。整合网络资源，积极推进电信网、互联网、广播电视网融合发展。规划建设青岛至现有互联网国际通信业务出入口的专用通信通道，开展面向全球的数据处理、托管和存储等业务。加强网络信息安全能力建设，建立健全各类网络信息安全保障制度。加快推进金土工程，实施数字海洋工程，构建覆盖海陆的三维地球物理信息平台，完善海洋信息服务系统。推广使用区内城市一卡通。完善信息服务体系，构筑电子物流、电子商务、电子政务三位一体的跨地区、跨行业、跨部门口岸公共信息平台。

第七章　加强海洋生态文明建设

按照建设生态文明的要求，把资源节约型、环境友好型社会建设放在首要位置，集约高效利用海洋资源，积极推进重要海洋生态功能区建设，实行海陆环境同治，大力发展循环经济，完善海洋监测预测和防灾减灾体系，增强海洋经济可持续发展能力。

第一节　节约集约利用资源

重点推进海洋资源、土地资源和水资源的高效利用，加快建立科学的资源开发利用与保护机制。

海洋资源。推行海洋表层、中层、底层立体开发方式，提高海洋资源综合利用效率。加快修编海洋功能区划，实行海洋功能区划定期评估制度。坚持发展与保护、利用与储备并重，加强对重要岸线的监管与保护。制定单位岸线和海域面积投资强度标准规范，严禁盲目圈占海域、滥占岸线。严格执行围填海计划，鼓励围填海造地工程设计创新，提高围填海造地利用效率，减少对海洋生态环境的影响。开发超大型海上建筑浮游技术和海底空间利用技术，建设海上水陆两用飞机场，开展海下大型储藏基地建设研究。强化海岛分类分区管理，建立有居民海岛综合协调管理机制，规范无居民海岛使用程序，促进无居民海岛合理开发。推广使用开采、分离、提取等先进技术，提高海洋能源、矿产、海水等资源综合利用效率。加强深海地质勘查，寻找新的可开发资源，增强后备资源保障能力。

土地资源。严格执行土地利用总体规划和年度计划，统筹土地资源的开发利用和保护，落实耕地占补平衡，依法严格保护基本农田和林地、湿地。严格土地用途管制，重点用好存量建设用地，提高节约集约用地水平。推进未利用地集中连片开发，加快盐田、鱼塘、盐碱荒滩地整理。合理确定新增建设用地规模、结构和时序，提高单位土地投资强度和产出效益。推进征地制度改革，扩大土地有偿使用范围。

水资源。实行最严格的水资源管理制度，大力推广应用节水技术和全过程节水方式，全面推进节水型社会建设。限制发展高耗水行业，支持企业实施节水技术改造。积极推广农业旱作技术，大力发展节水灌溉农业和节水型水产养殖业。鼓励有条件的生活小区、工业企业使用海水淡化水、再生水，加快建设一批海水淡化及综合利用示范城市。加强城乡水资源保护，完善水质预报预警和应急处理制度，实施水源地和地下水保护行动计划，建立区域用水供水安全保障体系。

第二节 加强海洋生态建设

依据海洋生态环境承载力，优化生态空间结构，保护海洋生物的多样性，保持海洋生态系统的完整性。

海洋与渔业保护区建设。加大投入力度，加强海洋自然保护区、海洋特别保护区、水产种质资源保护区建设，开展海洋特别保护区规范建设和管理试点，加大渔业产卵场、索饵场、洄游通道和重要水产增养殖区保护力度，构建完善的海洋与渔业保护区体系。到2015年，新建和升级各类保护区约80处；到2020年，新建和升级各类保护区约50处。

海洋生态修复与治理。完善海洋资源有偿使用和生态补偿制度，探索建立国家海洋生态补偿机制，支持山东开展海洋生态补偿试点。大力实施柽柳林、海草床、滨海湿地等典型生态系统的保护与修复工程。建立珍稀濒危物种监测救护网络和海洋生物基因库，开展典型海域水生生物和珍稀濒危物种的繁育与养护。加强海洋生物多样性、重要海洋生态环境和海洋景观的保护。加快推进海湾生态整治，维护沿海生态环境健康。

沿海防护林建设。重点加强海岸基干林带、纵深防护林、消浪（净化）林带建设，实施护岸林和林地资源修复，构筑沿岸生态林防护屏障。加强森林资源保护，提高森林质量，大力推行植树造林，强化农田林网建设，搞好海岸带绿化。到2015年和2020年，区内森林覆盖率分别达到36%和38%左右。

海岸带综合治理。坚持保护岸线的自然属性，维护岸线的稳定性，增强岸线资源利用的复合性。对未开发利用的岸线资源，严格按照规划加强管理，确保科学利用。实施破损岸线和沿海滩涂治理修复工程，开展海岸带综合整治试点，到2015年和2020年，破损岸线治理率分别达到80%和95%。

海岛生态保护。贯彻实施海岛保护法，编制海岛保护规划。加强海岛水土流失防治，开展海岛珍稀野生动物和海洋生物物种救护行动，加快推进生态海岛建设，建设一批海岛生态保护示范区。科学界定海岛功能，禁止不符合功能定位的开发活动，加强对海岛及其周边海域生态系统的保护。对领海基点所在海岛划定保护区，禁止任何改变地形、地貌的开发活动。

第三节　强化海陆污染同防同治

推行严格的环境保护标准和污染物排放总量控制制度，实施海陆统筹、河海兼顾、一体化治理，健全联动治理机制，改善环境质量，提升环境承载能力。

大力推进工业污染治理。实施氮、磷、石油烃等主要污染物总量控制计划。加大对排污企业的监管力度，严格执行总量控制和排污许可证制度。依法淘汰污染严重的落后生产能力，关停排污不达标的企业，确保工业污染源稳定达标排放。加大对高能耗、高物耗、高排放行业的技术改造力度，提高清洁生产技术普及率和企业清洁生产审核率。加快燃煤电厂、钢铁等行业脱硫、脱氮设施建设，大幅减少二氧化硫和氮氧化物排放。强化工业颗粒物和粉尘污染治理，加强对工业危险固体废弃物的安全处置。完善污水处理基础设施，加快推进生态工业园区建设。发挥藻类、贝类等海洋生物固碳、汇碳功能，大力发展海洋碳汇产业。

加强农业和生活污染治理。加大土壤污染防治力度，全面推行清洁种植。加强畜禽养殖污染防治，实施集约化、生态化养殖，开展全过程污染控制，全力推行清洁生产、种养平衡、综合利用模式。提高生活废弃物综合处置与利用水平，防止水土流失，控制面源污染。加快沿海城镇污水集中处理设施建设。到2015年，完成所有沿海城镇排水管网建设。

全面开展流域和海洋污染综合治理。开展重点污染源排放、近岸海域环境、海洋生态质量等监测与评价工作，加强对重点入海河流的治理，实施重点海域污染物总量控制工程。严格控制海水养殖污染，加强对河流入海口、重点海湾、近岸海域的污染治理；加强沿海地区环境监管能力建设，建立健全海洋环境突发事件监视监测与应急处置体系，有效防范赤潮、绿潮等海洋生物灾害对海洋环境的危害；加大海上船舶、溢油等污染防治力度，确保陆源排污口、海上石油平台、海上人工设施等达标排放。到2015年和2020年，近岸海域一、二类海域面积分别达到90%和95%。

第四节　大力发展循环经济

认真贯彻落实国家节能减排政策，以提高资源产出率为目标，积极探索循环经济发展模式，加快建设重大资源综合利用项目和节能工程，制定促进海洋循环经济发展的优惠政策，努力打造全国重要的循环经济发展示范区。制订循环经济发展规划，健全完善体制机制。积极推广使用清洁能源，建立再生资源回收、加工和利用体系，建设一批循环经济工业园区。全面推行绿色设计和制造，建设全国重要的新能源汽车和汽车零部件再制造基地。加快重点行业和传统工业低碳技术改造，推行节能产品认证，推广高效节能产品，提高企业节能降耗水平；鼓励现有工业企业向园区转移，推进废水、废气和固体废弃物的集中回收利用。扎实推进钢铁产业结构调整试点，建立资源循环和固体废弃物资源化的循环经济生产体系。提高加工深度，延伸产业链条，建设资源节约型、环境友好型有色金属产业基地。

第五节　完善海洋防灾减灾体系

制订实施海洋监测和防灾减灾应急能力建设规划，适时建设国家环黄海、渤海海洋灾害预测与防灾减灾中心，加强机构和人才队伍建设，完善省市县三级海洋观测预报和防灾减灾体系。加快推进海洋观测台站、地波雷达监测系统等预报警报设施建设，增加监测观测密度和深度，形成海陆空一体的监测预报网络。着力突破风暴潮、赤潮、绿潮、海冰、海浪、地震海啸等重大海洋灾害精细化预警关键技术，提高海洋灾害监测预警水平。加强海洋气候气象研究，开展气候变化对沿海生态、社会、经济的潜在影响评估，研究制定海洋领域气候变化应对措施，推进海洋灾害风险评估、区划及警戒潮位核定工作。加强海洋气象灾害监测预警和服务能力建设，开展海洋气象灾害精细化预报技术研究，完善台风、寒潮、海上大风、海雾等气象灾害监测预警及应急服务系统。完善海洋灾害应急预案，健全管理机制，构筑海上安全生产和海洋灾害应急救助体系。加强海洋行政执法能力建设，保障用海秩序及海洋环境与生态质量。切实加强海事管理，积极发展海事仲裁业务。

第八章　深化改革开放

依靠深化改革解决深层次问题，加快转变对外经济发展方式，率先构建充满活力、富有效率、更加开放、有利于科学发展的体制机制，不断增强海洋经济发展的动力和活力。

第一节 推进重点领域和关键环节的改革

加快行政管理体制改革。加快转变政府职能，强化政府社会管理和公共服务职能，构建责任政府、服务政府和法治政府。创新海陆统筹管理模式，探索开展海洋综合管理试点，推行海上综合执法，加强海上执法、海洋维权能力建设。合理调整青岛、烟台、潍坊、威海等重点城市行政区划，规划建设青岛西海岸、潍坊滨海、威海南海等海洋经济新区。扩大县（市）经济管理权限，完善省财政直管县体制，进一步激活县域经济发展活力，赋予经济强镇部分县级经济管理权限。加快事业单位改革和行业协会、商会及中介组织改革。创新开发区、保税港区、出口加工区等各类园区的管理体制。

深化经济体制改革。鼓励国有大中型企业和各类优势企业跨区域、跨行业、跨所有制兼并重组，着力培育一批以海洋产业为主体、具有国际竞争力的大型企业集团。大力发展非公有制经济，进一步完善政策，优化环境，放宽市场准入，支持民间资本进入海陆基础设施建设、公用事业等领域。在扩大国家服务业综合改革试点时，对烟台、潍坊等区内符合条件的城市予以优先考虑。

健全完善现代市场流通体系。引进现代交易制度和流通方式，积极发展海洋商品的现货竞价交易和现货远期交易。深化金融体制改革，加快发展多层次的资本市场。

健全城乡统筹发展的体制机制。总结国家城乡统筹综合配套改革试点的成功经验，并结合蓝色经济区实际适时加以推广，加大对城乡统筹发展的支持力度。建立城乡统一规划管理机制。加强农村基础设施建设，促进城乡基础设施共建共享。改革农村土地管理制度，逐步建立城乡统一的建设用地市场；健全土地承包经营权和农业用海域使用权流转市场，鼓励发展农村新型合作组织。根据国家统一部署，开展蓝色经济区农村住房建设与危房改造试点和新农保试点。深化户籍制度改革，放宽中小城市和城镇落户限制，促进农村人口进入城镇稳定就业并定居。建立城乡统筹的公共财政制度，加大对农村公共服务投入力度，增强基层社会管理和公共服务职能。统筹城乡社会事业发展，加快科技、教育、文化、医药卫生等体制改革，建立一体化的就业、社会保障等公共服务平台，提高基本公共服务均等化水平。

第二节　完善开放型经济体系

提高开放型经济水平。加快调整出口贸易结构，深入实施科技兴贸战略，支持企业扩大自主品牌、自主知识产权产品出口，鼓励发展高端加工贸易，推动加工贸易转型升级。大力承接国际离岸服务外包，建设一批具有国际竞争力的服务外包示范基地。支持青岛大力发展服务外包产业，待条件成熟时创建中国服务外包示范城市。深入实施市场多元化战略，巩固日韩、欧美等国高端市场，积极拓展东盟、拉丁美洲等新兴市场。加快调整进口贸易结构，扩大先进技术设备进口，完善重要进口资源储备体系，建设国家重要资源战略储备基地。提高利用外资质量和水平，优化外资结构，积极引导外资投向现代海洋渔业、海洋高技术产业、现代服务业等优势产业。积极争取国际金融组织贷款、外国政府贷款。大力实施“走出去”战略，对区内企业“走出去”给予资金筹措、外汇审核、保险担保、货物通关、检验检疫等方面的优惠政策，引导企业积极开展跨国经营，推动境外合作区、资源开发基地、研发和销售中心建设。提升对外承包工程、劳务输出的层次和水平。加强海洋经济交流与合作，建立多种形式的合作交流机制，加快推进青岛中德生态园建设，研究开展日照国际海洋城、潍坊滨海产业园等中外合作项目。加强与港澳台地区在发展海洋经济等方面的合作。设立中国国际海洋节（青岛），举办海洋经济文化（技术）国际博览会和蓝色经济高峰论坛。

打造中日韩区域经济合作试验区。把山东半岛蓝色经济区作为中日韩区域经济合作试验区，支持在海洋产业合作、投资贸易便利化、跨国交通物流、电子口岸互联互通等方面先行先试。进一步加强与日韩两国在海洋产业、海洋科技、节能环保等领域的合作与交流，争取建立中日韩循环经济示范基地，承担中日韩科技联合研究计划。开展中韩两国海陆联运汽车直达运输，积极推进烟台中韩跨国海上火车轮渡项目前期研究论证工作。积极探索中日韩双边或多边检验检疫合作机制，加强进出口贸易、食品安全及相关领域的互信互认合作。积极探索与日韩间电子口岸（单一窗口）数据交换标准建设，建立三地电子商务认证体系和物流配送体系。建立东北亚地区标准及技术法规共享平台，实现与日韩技术标准对接。

第三节　加强国内区域合作

强化与京津冀和长三角地区的对接互动。加快推进与京津冀和长三角地区重大交通基础设施的互连互通，规划建设国家高速公路长春—深圳线山东境内段等重大交通项目，加强港口、机场等基础设施运营管理方面的合作。积极推动产业分工与协作，支持企业在海洋产业、高端制造业、现代服务业、科技教育等领域的交流与合作，促进市场开放融合。

加强对黄河流域地区的服务带动。规划建设德州—商丘公路、山西中南部铁路通道等基础设施项目，形成以山东半岛重要沿海港口为核心、辐射带动黄河流域的综合交通网络。深化能源、矿产资源合作，大力实施

“西电东送”工程，积极参与中西部地区煤炭、有色金属等矿产资源的开发利用。扩大与黄河流域有关省区的经贸交流与合作，增强服务带动能力。

第九章　保障措施

健全区域合作发展机制，加大政策支持力度，切实加强组织领导，完善规划实施机制，确保规划任务目标顺利实现。

第一节　创新蓝色经济区一体化发展机制

按照交通同网、市场同体、环境同治、产业联动、信息共享的要求，加强区内统筹协调，构筑优势互补、合作共赢的区域发展新格局。强化在交通、水利、能源、信息等重大基础设施建设方面的合作，统筹基础设施布局与建设；优化配置要素资源，共建共享区域统一市场；推进陆域、流域和海域污染综合治理，形成陆海一体化环境管理的新机制；统筹产业协调发展，促进区域内部产业错位发展；完善区域发展政策，探索建立区域经济利益分享和补偿机制。

第二节　加大政策支持力度

财政税收政策。研究制定国家引导和扶持海洋战略性新兴产业发展的优惠政策，对蓝色经济区建设给予支持。落实国家关于远洋捕捞等税收优惠政策；加大对海洋资源勘探的投入力度，国家现有海洋资源勘探专项向山东倾斜；落实国家风力发电增值税优惠政策，研究制定支持太阳能、潮汐能等新能源产业发展的财税优惠政策；研究对区内符合中国服务外包示范城市条件的城市给予税收优惠政策；对区内符合条件的项目，在安排中央文化产业发展专项资金时给予适当倾斜。围绕落实国家重点扶持政策，2011年山东省级财政安排10亿元专项资金、区内7市共安排10亿元专项资金，以后每年省、市两级财政专项资金都要有所增加，用于支持蓝色经济区建设。整合省级现有专项资金，重点支持列入规划的交通、能源、水利等重大基础设施项目建设和海洋产业发展。适时启动资源税改革。

投资融资政策。对区内重大基础设施建设、重大产业布局、项目审核等方面给予支持。优化投资结构，增强政府投资的示范和带动作用。制定海洋产业发展指导目录，引导各类资金投向海洋优势产业和战略性新兴产业。国家在安排重大技术改造项目和资金方面给予支持。通过市场化运作，设立蓝色经济区产业投资基金。支持城市商业银行等地方金融机构发展壮大，条件成熟时可根据需要对现有金融机构进行改造，做出特色，支持蓝色经济区建设。引导银行业金融机构加大信贷支持力度。积极推进金融体系、金融业务、金融市场、金融开放等领域的改革创新，积极开展船舶、海域使用权等抵押贷款。支持国内外金融企业依法在区内设立机构。合理规划布局新型农村金融机构和小额贷款公司，健全完善农户小额信用贷款和农户联保贷款制度。支持符合条件的企业发行企业债券和上市融资，积极引进全国性证券公司，支持区内证券公司做大做强。支持区内国家高新技术产业开发区内非上市股份有限公司股份进入证券公司代办股份转让系统进行公开转让，打造非上市高科技企业资本运作平台。规范和健全各类担保和再担保机构，积极服务海洋经济发展。促进海域使用权依法有序流转，创设海洋产权交易中心。建设海洋商品国际交易中心，积极开展电子商务。研究设立国际碳排放交易所，重点支持海洋减碳经济发展。

规范发展各类保险企业，开发服务海洋经济发展的保险产品。

海域、海岛和土地政策。依照海洋功能区划和土地利用总体规划，统筹协调各行业用海用岛，合理利用海岛和海域资源，在围填海指标上给予倾斜，优先用于发展海洋优势产业、耕地占补平衡和生态保护与建设。大力推行集中集约用海，对在同一区域集中建设的用海项目、推行优化平面设计的围填海造地和海上飞地项目，实行整体规划论证，提速审批；对列入中央投资计划和省重点的建设项目，开辟用海审批绿色通道。国家在海域使用金分配使用上对山东予以适当倾斜，养殖用海依法减免海域使用金。支持山东开展用海管理与用地管理衔接的试点，积极推动填海海域使用权证与土地使用权证的换发试点工作，以及凭人工岛海域使用权证书按程序办理项目建设手续试点。实行土地利用计划差别化管理，对重大建设项目特别是使用未利用地的建设项目，国家在安排用地计划时予以倾斜；鼓励对宜农土地后备资源进行开发；区内逐步建立市级土地指标统筹使用和跨市域土地指标统筹使用制度；组织实施国家级重大土地整治工程，支持开展未利用地开发管理改革试点。严格执行国家城乡建设用地增减挂钩有关管理政策，通过农村建设用地整治安排区内的建设项目用地。

对外开放政策。加大对区内企业在进出口和开展境外投资合作等方面的扶持力度，建立便捷高效的境内支撑和境外服务体系。适当加大对区内出口退税负担较重地区的财政支持力度。推进口岸大通关建设和通关便利化，实施分类通关、区域通关改革，逐步推行通关全程电子化，进一步提高通关效率。促进海关特殊监管区域和保税监管场所科学发展，支持符合条件的地区按程序申请设立海关特殊监管区域；允许青岛前湾、烟台保税港区在海关监管、外汇金融、检验检疫等方面先行先试；支持外国籍干线船舶在青岛前湾、烟台保税港区发展中转业务。支持青岛口岸发展国际过境集装箱运输。在标准化体系和可追溯体系建设以及检验检疫、市场开拓等方面给予政策和资金扶持，支持设立国家级出口农产品质量安全示范区。

第三节　加强规划组织实施

山东省人民政府要切实加强对规划实施的组织领导，制定规划实施意见，明确工作分工，落实工作责任，完善决策、协调和执行机制。要按照本规划确定的功能定位和发展重点，制订专项规划，加快推进重点项目建设；加大改革创新力度，完善社会监督机制，有序推进海洋经济发展试点工作，确保规划顺利实施。

国务院有关部门要按照职能分工，加强对规划实施的支持和指导，进一步细化各项政策措施，加大对涉海重大项目、重点工程建设和海洋优势产业、战略性新兴产业发展的支持力度，指导解决规划实施过程中遇到的问题。

发展改革委要加强对规划实施情况的跟踪分析和督促检查，会同海洋局和山东省人民政府开展规划实施的评估，加大对海洋经济发展试点工作的指导力度，重大问题及时向国务院报告。

附录 4

福建海峡蓝色经济试验区发展规划

第一章　发展基础与重大意义

第一节　综合优势

福建区位条件优越、海洋资源丰富、海洋生态环境良好，具有加快发展海洋经济的巨大潜力。

区位条件优越。福建海峡蓝色经济试验区位于台湾海峡西侧，北承浙江海洋经济发展示范区，南接广东海洋经济综合试验区，西连广大内陆腹地，是我国深化对外开放的重要窗口、促进两岸交流合作的前沿平台，在完善我国沿海地区开发开放格局中具有重要作用。

资源优势突出。福建海岸线长3 752千米，全省共有大小港湾125个，可建万吨级以上泊位的深水岸线长210.9千米，其中，三都澳、罗源湾、兴化湾、湄洲湾、厦门湾、东山湾可建20万~50万吨级超大型泊位的深水岸线长47千米，岸线曲折率和深水岸线长度均居全国首位。全省有海岛2 215个，其中，面积大于500平方米的海岛1 374个，数量均居全国第二位。滩涂广布，未开发利用的浅海滩涂面积为6 000多平方千米。近海生物种类3 000多种，可作业的渔场面积达12.5万平方千米，2010年水产品人均占有量与总产量分别居全国第二位和第三位。海洋矿产资源种类多，已发现60多种，其中，有工业利用价值的20余种。台湾海峡盆地西部油气蕴藏区域达1.6万平方千米，50米等深线以深海域风能理论蕴藏量超过1.2亿千瓦。

文化底蕴深厚。福建是我国海洋文化的重要发源地，拥有四五千年的海洋文化历史。地域特色鲜明的妈祖文化、海上丝绸之路文化、郑和下西洋文化、船政文化等，在我国乃至世界海洋文明发展史上具有重要地位。

生态环境良好。2010年，福建59.5%的近岸海域达到一类、二类水质标准。全省有15个海洋保护区和27个海洋特别保护区，保护类型涉及红树林、典型海岸带湿地、典型无居民海岛、渔业资源、地质遗迹以及濒危物种等。

第二节　发展成就与问题

多年来，福建高度重视海洋经济发展，把建设海洋经济强省作为一项重要战略目标，海洋经济呈现出持续向好的发展势头。

海洋经济实力显著提升。“十一五”期间，福建海洋生产总值年均增长16.7%，2010年达3 680亿元，占全国海洋生产总值的9.6%，居全国第五位；海洋三次产业比例为8.3：43.4：48.3；海洋渔业、海洋交通运输、滨海旅游、海洋船舶、海洋工程建筑五个传统海洋产业优势明显，海洋生物医药、海水利用、海洋新能源等新兴产业发展迅速。海洋生产总值占地区生产总值的比重达25%，海洋经济已成为全省国民经济的重要支柱。

海洋科教支撑能力明显增强。拥有国家海洋局第三海洋研究所、福建省水产研究所、福建省海洋研究所、福建省农科院、福建省微生物研究所、中船重工集团725研究所厦门分部和厦门大学、集美大学、福建农林大学、厦门海洋职业技术学院等一批涉海科研机构和高等院校，海洋科技研发投入持续加大，海洋药物、海洋生物制品、海产品精深加工等技术研发取得重大突破，海洋科技进步贡献率达59%。

沿海基础设施和海洋公共服务水平不断提高。2010年，福建沿海拥有万吨级及以上深水泊位123个，货物吞吐量3.27亿吨，集装箱吞吐量868万标箱，厦门港、福州港、泉州港集装箱吞吐量超百万标箱，厦门港跻身全国亿吨大港行列。沿海地区铁路、公路、能源、水利、信息等基础设施建设加快。以“百个渔港建设、千里岸线减灾、万艘渔船安全应急指挥系统”为内容的海洋“百千万工程”建设有序开展，6个中心渔港、9个一级渔港和一批二级、三级渔港相继建成或开工建设，完成海堤除险加固383.5千米，覆盖沿海、近海、远海的立体通信网络已经形成，海洋防灾减灾能力明显增强。

闽台海洋合作持续拓展。经国家批准分别设立了海峡两岸（福建）农业合作试验区、6个台商投资区、6个台湾农民创业园、35个台轮停泊点、28个对台小额贸易口岸，2010年闽台贸易额达到103.9亿美元，福建实际利用台资26.7亿美元。沿海8个港口（港区）全面开通对台海上直航，率先开通对台海上直航客滚航线，率先实现两岸双向旅游，厦门—金门、马尾—马祖、泉州—金门等海上客运航线成为两岸人员往来的重要通道。

海洋综合管理稳步加强。编制实施了海洋环境保护、人工渔礁建设、无居民海岛保护与利用、海洋生态保护等规划，在全国率先建立了海域使用补偿和海域使用权抵押登记制度，率先创立乡镇海管站和村级协管员制度，率先建成海上立体实时监测网，率先开展海湾数模与环境研究，率先实施海湾围填海规划的战略环境评价和气候可行性论证评估，率先完成省内海域勘界和海岸线修测工作。厦门市率先在全国实施海岸带综合管理，成为联合国推广的示范模式之一。

同时也应看到，福建海洋经济发展当前也存在诸多问题，主要是，海洋产业层次较低，海洋新兴产业和现代服务业规模较小；海洋高新技术人才紧缺，科技研发及成果转化能力不足；海洋资源开发利用深度不够，近岸海域生态安全和环境保护压力增大；海洋防灾减灾任务艰巨，陆海统筹发展的体制机制亟待完善。

第三节　重大意义

建设福建海峡蓝色经济试验区，对于推动海峡西岸经济区又好又快发展、优化我国沿海地区总体开发开放格局、促进两岸交流合作具有重要意义。

有利于科学开发利用海洋资源，提升海峡西岸经济区综合竞争力。加快建设福建海峡蓝色经济试验区，可以充分发挥福建海洋区位资源环境等综合优势，进一步推动陆海统筹、联动发展，提高岸线、海域、海岛等海洋资源的集约利用水平，加快构建现代化海洋产业体系，促进经济发展方式转变。

有利于完善我国沿海地区经济布局，促进区域协调发展。加快建设福建海峡蓝色经济试验区，可以推动与浙江海洋经济发展示范区、广东海洋经济综合试验区的一体化发展，密切与长三角和珠三角的联动融合，增强沿海地区开发开放总体实力，辐射带动周边地区加快发展和扩大开放。

有利于深化两岸交流合作，促进两岸关系和平发展。加快建设福建海峡蓝色经济试验区，可以充分发挥福建对台交往的独特优势，推动建立两岸海洋开发深度合作的长效机制，提升在台湾海峡及附近海域海洋资源开发利用、海洋生态环境保护、海洋防灾减灾、海上运输通道安全等领域的合作层次和水平，共同维护海洋权益，巩固两岸关系和平发展的良好势头。

第二章　总体要求和发展目标

第一节　指导思想

高举有中国特色社会主义伟大旗帜，以邓小平理论和“三个代表”重要思想为指导，深入贯彻科学发展观，以科学发展为主题，以加快转变经济发展方式为主线，以科学开发利用海峡、海湾、海岛资源为重点，着力推进体制机制创新，优化海洋开发空间布局，构建现代海洋产业体系，深化闽台海洋开发保护合作，强化海洋科技教育支撑，提高海洋资源环境承载力，完善沿海基础设施和公共服务，提升海洋综合管理水平，将福建海峡蓝色经济试验区建设成为突出两岸深度合作特色、具有较强竞争力的海洋经济科学发展示范区，切实提高福建海洋经济总体实力和综合竞争力，加快建设海洋经济强省和海峡西岸经济区，为我国建设海洋强国做出更大贡献。

第二节　基本原则

陆海统筹。加强陆海资源、产业、空间的互动，强化陆海规划衔接，坚持节约集约用地、用海，把海洋区位和资源环境优势与陆域产业、科技、人才等方面的优势结合起来，形成陆海资源互补、产业互动、协调发展的新格局。

集聚升级。坚持海洋产业规模扩张与空间布局优化相结合，集聚发展高端临海临港产业，加快培育壮大海洋新兴产业，大力发展海洋服务业，提升发展现代海洋渔业，形成一批在国内外具有较强竞争力的海洋产业集群和海洋经济密集区。

创新驱动。坚持科技兴海，加强海洋科技创新能力建设，促进海洋科技成果高效转化和高技术产业化，提升海洋产业核心竞争力。深化海洋综合管理体制改革，完善海洋开发政策，营造有利于海洋经济科学发展的体制政策环境。

闽台合作。坚持先行先试，积极探索闽台合作开发海洋资源、协同保护海洋生态环境的新途径与新方式，建设两岸海洋产业对接的核心区域、两岸海洋文化交流的重要基地、两岸直接往来的综合枢纽。

人海和谐。坚持开发与保护并重，严格遵循各区域主体功能定位，合理开发利用海洋资源，加大海洋生态建设与环境保护力度，着力弘扬海洋文化，保护海洋文化遗产，加强海洋生态文明建设，促进经济社会和资源环境的可持续发展。

第三节　战略定位

立足福建在海洋经济发展中的综合优势，落实国家关于发展海洋经济的战略部署，科学确定福建海峡蓝色经济试验区的发展定位，为提升我国海洋经济科学发展水平提供示范。

——深化两岸海洋经济合作的核心区。落实两岸经济合作框架协议，以厦门经济特区、平潭综合实验区和福州、泉州、漳州等台商投资区等为依托，全面推进两岸海洋开发合作，加强两岸海洋产业深度对接，积极构建两岸海洋经济合作圈，进一步提升福建在深化两岸交流合作中的核心引领作用。

——全国海洋科技研发与成果转化重要基地。发挥海洋科技、人才优势，加快建设海洋科技研发平台和中试基地，实施海洋高技术研发工程，突破一批关键核心技术。围绕市场需求和开发需要，不断创新体制机制，加快推进海洋科技成果高效转化与产业化应用。

——具有国际竞争力的现代海洋产业集聚区。改造提升传统海洋产业，着力培育海洋新兴产业，加快发展现代海洋服务业，集聚发展高端临海产业，培育壮大海洋优势产业集群。依托中心城市和重要港湾，不断优化产业布局，全面提升海洋产业综合实力和国际竞争力。

——全国海湾海岛综合开发示范区。发挥福建海湾优良、海岛众多的优势，加强海湾、海岛综合开发的科学规划、政策引导、资金支持和体制创新，推动形成以重要海湾为依托的临海经济密集区，构建以平潭综合实验区为龙头的海岛开发开放新格局，为全国海湾海岛综合开发积累经验、提供示范。

——推进海洋生态文明建设先行区。树立绿色生态、人海和谐的保护开发理念，科学利用岸线、滩涂、海岛、海域等资源，积极发展海洋循环经济，加强海洋环境保护和生态建设，大力弘扬特色海洋文化，建设环境优美、宜居宜业的生态家园。

——创新海洋综合管理试验区。大胆创新，先行先试，统筹推进海洋行政管理、执法监督、公共服务、技术保障等方面的基础能力建设，探索建立领导有力、协调高效、科学完善的海洋保护开发体制机制，有效提高海洋开发、控制和综合管理能力。

第四节　发展目标

到2015年，海洋生产总值年均增长14%以上，海洋生产总值达到7 300亿元；海洋三次产业比例调整为4∶44.5∶51.5，现代海洋产业体系基本建立，形成若干以重要港湾为依托，布局合理、优势集聚、联动发展的海洋经济密集区，两岸海洋经济合作核心区基本形成；海洋科技创新体系基本建立，科技创新能力明显提升，建成全国科技兴海示范基地；海洋生态环境明显改善，近岸海域一类、二类水面占海域面积力争达到65%；海洋基础设施和公共服务能力进一步提升，基本建成海洋监测、预警、预报、应急处置等防灾减灾体系以及海洋管理技术支撑体系；海洋综合管理水平显著提升，基本实现法治化、规范化、信息化。

到2020年，全面建成海洋经济强省。海洋经济持续快速发展，海洋开发空间布局显著优化，现代海洋产业体系形成；闽台海洋经济融合不断深化，形成两岸共同发展的新格局；海洋科技创新能力和教育水平居全国前列；各类海洋功能区环境质量基本达标，近海生态环境保持优良；现代海洋综合管理体制和海洋公共服务体系趋于完善。

第三章　优化海洋开发空间布局

坚持陆海统筹、合理布局，有序推进海岸、海岛、近海、远海开发，突出海峡、海湾、海岛特色，着力构建“一带、双核、六湾、多岛”的海洋开发新格局。

第一节　打造海峡蓝色产业带

以沿海城市群和港口群为主要依托，加强海岸带及邻近陆域、海域的重点开发、优化开发，突出产业转型升级和集聚发展，突出创新驱动与两岸合作，加快构建特色鲜明、核心竞争力强的现代海洋产业体系，形成以若干高端临海产业基地和海洋经济密集区为主体、布局合理、具有区域特色和竞争力的海峡蓝色产业带。

第二节　建设两大核心区

把福州都市圈、厦漳泉都市圈建设成为提升海洋经济竞争力的两大核心区。充分发挥两大都市圈产业基础好、科研力量强、港口及集疏运体系较为完备等方面的优势，加强海洋基础研究、科技研发、成果转化和人才培养，深化闽台海洋开发合作，加快发展海洋新兴产业和现代海洋服务业，率先构筑现代海洋产业体系，推动海洋开发由低端向高端发展、由传统产业向现代产业拓展，建设成为我国沿海地区重要的现代化海洋产业基地、海洋科技研发及成果转化中心。加快两大都市圈内同城化步伐，推进产业、城市、港口之间的有机衔接和互动发展，增强现代城市服务功能，提升中心城市的集聚辐射能力，形成引领海峡蓝色经济试验区和带动周边地区发展的两大海洋经济核心区。

福州都市圈。强化福州的龙头带动作用，加快推进福州市区与平潭综合实验区、闽侯县、罗源县、长乐市、连江县、福清市的一体化发展，发挥科教、人才、交通、海洋文化等方面优势，做大做强海洋新兴产业和现代海洋服务业，推动高端临海产业集聚发展、优化发展，促进海洋科技成果高效转化，增强对海峡蓝色经济试验区的科技、人才、教育、金融、现代商务、综合管理等方面的支撑服务能力。

厦漳泉都市圈。充分发挥厦门经济特区先行先试的引领示范作用，推进同城化发展，依托较好的产业基础和较为雄厚的科研力量，大力培育发展海洋生物医药、邮轮游艇、海水淡化与综合利用等海洋新兴产业，提升发展滨海旅游、港口物流、金融服务、海洋文化创意等海洋服务业，合理布局高端临海产业，建设成为我国东南国际航运中心、海洋高新技术产业基地、现代海洋服务业基地和海洋综合管理创新示范区。

第三节　推进六大海湾区域开发

依托环三都澳、闽江口、湄洲湾、泉州湾、厦门湾、东山湾六大重要海湾，坚持优势集聚、合理布局和差异化发展，建设形成具有较强竞争力的海洋经济密集区。

环三都澳区域。位于宁德市境内，拥有城澳、关厝埕、漳湾等20万~50万吨级深水岸线资源。科学推进岸线开发和港口建设，主动承接长江三角洲和台湾等地区产业转移，着力打造溪南、赛江、漳湾、沙埕等临港工业片区，重点发展新能源、装备制造、油气储备等临海产业，提升现代海洋渔业，积极培育海洋可再生能源、海洋工程装备专用设备等海洋新兴产业和滨海旅游、港口物流等海洋服务业，推进现代海洋产业集聚发展。

闽江口区域。位于福州市境内，包括闽江口、罗源湾、福清湾、兴化湾北岸等区域，拥有罗源湾、兴化湾北岸等20万~30万吨级深水岸线资源。要加快推进以罗源湾、江阴半岛为重点的临港产业基地建设，发展壮大电子信息、装备制造、新能源等高端临海产业，提升现代海洋渔业。依托省会中心城市人才集聚等优势，积极发展海洋生物医药、邮轮游艇、海洋可再生能源、海洋工程装备专用设备等海洋新兴产业和滨海旅游、金融服务、海洋文化创意、海洋环保、海洋信息服务等海洋服务业。坚持港区建设与园区发展有机联动，加快福州港基础设施建设，大力发展港口物流业，建成连接两岸、辐射内陆的现代物流中心。

湄洲湾区域。地跨莆田、泉州两市，包括湄洲湾、平海湾、兴化湾南岸等区域，拥有斗尾、罗屿等20万~30万吨级深水岸线资源。要深化岸线资源整合，推进湄洲湾南北岸合理布局和协调开发，依托港口加快发展高端临海产业，积极发展海洋可再生能源、海洋工程装备专用设备等海洋新兴产业和滨海旅游、海洋文化创意等海洋服务业，提升现代海洋渔业。重点推进泉港、泉惠、石门澳、东吴等临港工业区建设，建成现代化的临海高端制造业基地、能源基地、浆纸及木材加工基地。加快湄洲湾港口建设，促进港口物流业加快发展。

泉州湾区域。位于泉州市境内，包括泉州湾、围头湾等区域。统筹产业、港口、城市发展，加快泉州台商投资区、泉州总部经济带等区域开发建设，发展壮大装备制造、电子信息等高端临海产业，加快培育发展海洋生物医药、游艇制造、海水淡化与综合利用等海洋新兴产业和海洋文化创意、海洋信息服务等海洋服务业，提升现代海洋渔业和滨海旅游业、港口物流业，促进海洋产业加快转型升级。

厦门湾区域。地跨厦门、漳州两市，包括九龙江口（内港）和外港，拥有10万~20万吨级深水岸线资源。发挥厦门经济特区和保税港区政策优势，提升港湾一体化发展水平，加快东南国际航运中心建设。厦门要积极推进全国低碳城市试点，大力发展海洋生物医药、邮轮游艇、海水综合利用等海洋新兴产业，加快发展滨海旅游、港口物流、金融服务、海洋文化创意、海洋环保、海洋信息服务等海洋服务业，提升电子信息、装备制造等高端临海产业；漳州要积极发展以装备制造、电子信息为重点的高端临海产业，大力发展滨海旅游、港口物流等海洋服务业。

东山湾区域。位于漳州市境内，包括东山湾、诏安湾等区域，拥有20万吨级以上深水岸线资源。积极承接台湾和珠三角等地区产业转移，集聚发展高端临海产业，加快建成现代化的高端临海制造业基地、能源基地；积极培育发展海洋生物医药、海洋可再生能源、海水淡化与综合利用、游艇制造等海洋新兴产业，提升滨海旅游、港口物流等海洋服务业和现代海洋渔业。

第四节　加强特色海岛保护开发

按照“科学规划、保护优先、合理开发、永续利用”的原则，重点推进建制乡（镇）级以上海岛保护开发，探索生态、低碳的海岛开发模式；结合海岛各自特点，发展特色产业。

平潭岛。突出两岸合作，创新合作模式，着力发展电子信息、高端装备制造、海洋生物、海洋可再生能源等高新技术产业和旅游休闲、文化创意、总部经济、商务会展、金融、物流等现代服务业，加强水下文化遗产保护，打造绿色、生态、低碳、科技岛和国际知名的海岛旅游休闲目的地，成为两岸同胞合作建设、先行先试、科学发展的共同家园。

东山岛。充分发挥港湾、滨海景观、海洋生物、石英砂等资源丰富以及民间对台交流广泛的优势，加快发展滨海旅游、海产品精深加工、海洋可再生能源、光伏玻璃等产业，积极发展对台贸易。

湄洲岛。充分利用妈祖信俗这一人类非物质文化遗产资源，加快妈祖文化生态保护实验区建设，打造生态环境优美的国家旅游度假区和世界妈祖文化中心。

琅岐岛。利用靠近省会城市的区位优势，加快开发健身、游乐等休闲度假项目，建成以都市休闲为特色的生态旅游度假区。

南日岛。大力发展海珍品养殖，加快岛上及附近海域的风能开发，建成特色渔业岛和海洋可再生能源基地。

积极加强其他重要岛屿的开发和保护。充分发挥浒茂岛、大嶝岛、三都岛、西洋岛、大嵛山岛的自然和人文资源优势，分别重点发展湿地观光、休闲购物、高端商务、休闲渔业、生态旅游等特色产业。加强东壁岛、惠屿岛等其他岛屿的有效开发与保护，推进海岛及邻近海域资源的可持续利用。

第四章　构建现代海洋产业体系

积极推进海洋产业转型升级，坚持以产品高端、技术领先、投资多元为方向，提高现代海洋渔业发展水平，培育发展海洋新兴产业，加快发展海洋服务业，集聚发展高端临海产业，严格限制发展产能过剩、高污染、高耗能的产业。突出龙头带动，着力延伸产业链、壮大产业集群，构建优势突出、特色鲜明、核心竞争力强的现代海洋产业体系。

第一节　提升发展现代海洋渔业

现代海水养殖业。科学规划利用水域、滩涂，推广高效、生态、安全的海水养殖模式，积极拓展浅海湾外养殖、深水海域底播养殖，重点建设福州、霞浦、连江、福清、惠安、漳浦、东山、诏安等大型设施化生态养殖基地，漳州、莆田等立体化生态养殖示范基地，以及平潭、东山、西洋岛附近海域的海洋牧场。建设主要养殖品种原良种保种、选育以及苗种繁育生产基地。

现代海洋捕捞业。加快推进渔船和渔业机械设备标准化改造，推进海洋捕捞业转型升级。大力发展以大洋性为主、过洋性为辅的远洋渔业，建成一批境外远洋渔业生产基地、冷藏加工基地和服务保障平台，组建质量过硬、结构合理的现代化远洋捕捞船队，带动远洋渔业朝着产业化、规模化方向发展。

水产品精深加工及配套服务产业。大力发展低值水产品精深加工及综合利用，不断延伸加工产业链，集聚发展水产加工业，推进连江、福清、东山、诏安等水产品加工示范基地建设，培育发展一批龙头企业，打造一批产业集群。加快渔区产地市场和水产品物流配送中心建设，打造以福州海峡水产品交易中心、厦门闽台中心渔港为主要集散地的现代水产品流通网络。

第二节　培育发展海洋新兴产业

海洋生物医药产业。跟踪国际海洋生物医药产业动态，以关键技术研发为动力，加强海洋生物资源开发，重点发展海洋药物、海洋功能食品和生物制品、工业海洋微生物产品，支持建设诏安金都、莆田、宁德、东山海洋生物产业园，推进厦门、福州、泉州等海洋生物及医药保健品研发生产基地建设，形成具有竞争力的海洋生物医药产业集群。海洋药物方面，重点开发以海洋生物毒素、海洋生物多糖、海洋生物蛋白和海洋脂类物质为主要功效成分的一类戒毒新药、骨关节炎特效新药和抗心脑血管病、糖尿病、肿瘤、病毒性肝炎等海洋药物，积极开发以高纯度海洋胶原蛋白、海藻多糖、贝壳糖、荧光蛋白等为原料的新型医用生物材料和新型疾病诊断试剂，突破中试工程化技术瓶颈，加快海洋生物医药技术的产业化应用，推动形成一批以海洋生物医药技术为核心的产业集群。海洋功能食品和生物制品方面，针对大宗海洋低值鱼类和海珍品综合加工利用，集成创新加工新技术，优化生产工艺、设备，研发新型高值海洋精深加工系列产品，建立产品技术标准和生产示范，开发具有市场前景的功能性食品；针对海洋生物营养成分和生理活性物质，研发组合酶工程、糖工程等现代生物技术及配套工艺，研制高附加值、具有特效的海洋功能性食品和生物制品。工业海洋微生物产品方面，研发微藻规模化培养、收集和加工关键技术及装备，建立高效低耗绿色微藻生产工艺，构建微藻规模化制备系统。

邮轮游艇业。推动相关企业建立游艇技术研究中心、创意基地、中试基地，开发高端游艇品种，打造中国游艇制造重要基地。厦门市要推动引进与游艇产业相关的国家级检测中心，吸引和培育各类游艇科技中介服务机构；建设游艇休闲运动基地，开展游艇观光、水上运动、帆船赛事、游艇展会等活动；利用五缘湾游艇帆船港国际展销中心，筹建水上游艇帆船保税仓库，逐步建立起集游艇二手市场、游艇配件市场、游艇售后服务市场、游艇展示窗口于一体的游艇集散地，打造游艇交易中心；加强与漳州、泉州的产业协作，壮大游艇产业集群，共同打造集游艇制造、产品研发为一体的游艇产业基地；依托厦门东渡国际邮轮码头中心，调整优化部分岸线，完善符合国际邮轮标准的后勤服务与配套设施，大力开拓国内、国际邮轮航线及无目的航线，推动厦门发展成为国际邮轮母港。福州市要充分发挥省会中心城市和港口、旅游等资源优势，推进邮轮产业发展及相关设施建设，加强与宁德、莆田的产业协作，积极发展游艇制造、观光业，共同打造海峡两岸和国际知名的邮轮游艇基地。

海水综合利用业。加快厦门海水淡化技术和设备研发基地建设，鼓励支持沿海缺水城市、海岛、开发区组织实施较大规模的海水淡化和海水直接利用、综合利用高技术产业化示范工程，重点扶持厦门、泉州、平潭、石狮、晋江、漳浦、东山等地建设海水淡化产业化基地。积极研究开发利用电厂余热以及核能、风能、海洋能和太阳能等进行海水淡化的技术，支持沿海有条件的发电企业实行电水联产。鼓励海水直接利用和循环利用，在产业项目中推广海水冷却水和低温多效蒸馏技术，推动海水循环冷却技术产业化。鼓励泉州、莆田等沿海地区大型盐场及盐化企业，加强与高等院校、科研机构的合作，推广浓海水制盐技术，提高制盐产量。加快研发海水化学资源和卤水资源综合开发利用技术，推进海水提取钾、溴、镁等系列产品及其深加工品规模化生产，建立海水利用和海水资源综合开发产业链，有效带动盐化工产业的改造升级，推动传统制盐业逐步向海洋精细化工方向发展。

海洋可再生能源业。加强海洋可再生能源的资源普查、评价和开发利用，合理开发沿海陆上风能，积极推进莆田平海湾、宁德霞浦、漳州六鳌、平潭等海上风电示范项目建设，力争到2015年风电装机容量达250万千瓦。加强潮汐能、潮流能、波浪能、天然气水合物、海洋生物质能等海洋新能源和可再生能源的开发利用，推进福鼎八尺门、厦门潮汐电站等示范项目前期工作，推动海洋微藻制备生物柴油和氢气的海洋生物质能源产业化。选择一批条件适宜的海岛，开展集风能、太阳能等可再生能源发电为一体的海岛独立电力系统应用示范。

海洋工程装备制造业。按照规模化、集约化发展的要求，加快福州、莆田、泉州、漳州和宁德装备制造业基地建设，培育具有较强国际竞争力和现代化技术水平的海洋工程装备制造产业集群。重点发展海洋矿产资源开发装备和海水淡化利用设备，突破深水装备关键技术，提高海洋工程装备总承包能力和专业分包能力，形成特色产品优势突出、配套较为完善的海洋工程装备制造业体系。加快推进行业技术公共服务平台建设，逐步提高自主制造水平，推进海洋工程装备制造业的专业化、高端化。

第三节　加快发展海洋服务业

滨海旅游业。以建设国际知名旅游目的地为目标，挖掘整合福建丰富的岛、景、渔和海洋文化等资源，打造“海峡旅游”品牌。大力推介海峡西岸滨海游、闽南文化都市游、海峡两岸同根游、两岸四地邮轮游等主题鲜明的滨海旅游线路，积极发展厦门鼓浪屿及大嶝岛游览区、福州平潭岛及环马祖澳、莆田湄洲岛、惠安崇武、漳州滨海火山地质公园及东山岛、宁德三都澳及嵛山岛等滨海旅游精品，提升泉州海上丝绸之路文化、莆田妈祖文化等旅游品牌的市场影响力，加强福建船政建筑等文化遗产保护和利用，建设一批国际性的旅游度假胜地，大力发展融滨海度假、生态观光、商务会展、文化体验等于一体的滨海旅游产品。办好海峡旅游博览会、中国湄洲妈祖文化旅游节、厦门国际音乐节、泉州海丝文化旅游节、平潭国际沙雕节等旅游节庆活动。提升厦门、福州、泉州、漳州等中国优秀旅游城市的服务功能，加强合作，共同构建海峡蓝色旅游带。

港口物流业。以厦门、福州、湄洲湾三大港口为依托，完善集疏运设施及服务体系，积极发展多式联运，鼓励港航物流企业到内陆城市建设“陆地港”，拓展港口纵深腹地。争取到2015年全省沿海港口货物吞吐量达到5亿吨，集装箱吞吐量达到1 500万标箱。其中，厦门港货物吞吐量突破2亿吨，集装箱吞吐量突破1 000万标箱；福州港货物吞吐量达到1.5亿吨；湄洲湾港货物吞吐量超过1.5亿吨。加快建设厦门全国性物流节点城市，福州区域性物流节点城市，平潭综合实验区和泉州、漳州、莆田、宁德地区性物流节点城市，建设一批现代物流园区、专业物流基地和物流配送中心。支持内陆省份到福建沿海建设“飞地港”，积极吸引境内外大型航运、物流企业入驻福建，鼓励传统海洋运输企业功能整合和服务延伸，培育一批集运输、仓储、配送、信息为一体，服务水平高、国际竞争力强的大型现代航运物流企业。加快发展以保税物流为特征的国际物流，吸引国际知名物流企业到福建沿海设立区域总部。完善港口口岸设施条件，提升服务水平，加快发展对台客滚直航运输业务。

海洋文化创意产业。以妈祖文化、船政文化、海上丝绸之路文化、郑和下西洋文化、郑成功文化等特色海洋文化资源为依托，充分发掘海洋文化内涵，推进海洋文化与信息技术结合，培育文化博览、动漫游戏、影视制作等文化创意产业，着力打造福建海洋文化品牌，加快闽南文化生态保护实验区建设，加强海洋文化遗产保护和利用，推进海洋文化设施建设。

涉海金融服务业与海洋信息服务业。积极发展金融服务业，加强两岸金融合作，加强与境内外金融机构的业务协作和股权合作，加快引进境内外银行、保险机构和境内证券机构法人总部、地区总部和结算中心；推进金融资源整合，探索组建以服务海洋经济发展为主业的金融机构，加快发展金融租赁公司等非银行金融机构；推进完善海域使用权抵押贷款业务；拓展涉海保险领域，鼓励开发更多服务海洋经济发展的保险产品。推进海洋信息服务社会化、产业化，完善海洋通信基础传输网络，加快“数字海洋”建设，提高信息服务水平；积极发展海洋商贸服务、中介服务等海洋服务业。

第四节　集聚发展高端临海产业

海洋船舶工业。整合造船资源，优化产业布局，推进海洋船舶工业集聚发展，鼓励大型船舶企业集团参与福建船舶企业兼并重组，整合罗源湾、湄洲湾、三都澳等修造船资源，形成以沿海重要港湾为依托的船舶产业集聚区。扶持发展一批“专、精、特、新”的中小企业，不断延伸拓展船舶工业产业链。强化自主开发设计，着力提高高技术、高附加值船舶设计开发能力，积极发展远洋渔船、特种船、滚装船、工程船、工作船、游艇等专业船舶，提升船舶产业核心竞争力。

临海能源工业。以确保安全为前提，扎实推进宁德、福清核电站建设，积极参与国家核电前沿技术研发和示范。以沿海深水港口为依托，合理布局建设大型燃煤电厂，优先发展热电联产和热电冷多联供，有序推进仙游、厦门等抽水蓄能电站建设，提高区域内电力调峰调频能力。延伸液化天然气产业链，建设热电冷多联供、冷能利用、汽车（船舶）加气等示范产业园区和项目。

临海钢铁工业。依托重要港湾，利用国外矿石资源，积极推进与大型央企和台湾钢铁企业合作，合理布局建设高端临海钢铁项目，发展高附加值的特殊用钢、优质板带材产品和系列深加工项目。加快实施漳州不锈钢项目，统筹研究鞍钢宁德沿海钢铁项目及配套产业链项目。

临海新材料工业。立足厦门、泉州、福州等地的产业优势，大力培育发展新型光电材料、稀土功能材料、新一代轻纺化工材料等新材料产业。积极开发节能、安全平板玻璃深加工技术，建设漳州光伏玻璃及新材料产业基地。重点发展节能节材节地的新型墙体材料及深加工产品，推进晋江—南安建筑陶瓷、非金属矿深加工和新型利废建材等基地建设。

其他高端临海产业。推进沿海电子信息产业转型升级，加快发展新一代信息技术产业，培育壮大高技术服务业，实现基地化、集群化发展。提升沿海装备制造业发展水平，壮大汽车制造、工程机械、电工电器、环保设备、飞机维修、管道制造等具有竞争优势的产业，发展轻纺、建材等机电一体化产业装备。深化与国内外大型装备制造企业的合作，推动大型装备制造业加快向厦门湾、泉州湾、闽江口、环三都澳等临港区域集聚。规划建设兴化湾南岸、罗源湾南岸等装备制造业后备基地。

第五章　提升海洋科技创新能力

深入实施“科技兴海”战略，大力发展海洋教育事业，建立健全海洋人才培养、引进、使用机制，打造特色鲜明的区域海洋科技创新体系，强化科技创新对海洋经济发展的引领和支撑作用。

第一节　积极打造海洋人才高地

加强海洋人才培养。大力推进福建高等院校涉海学科专业建设，形成具有较高水平和办学特色的海洋人才教育体系，培养海洋经济发展需要的应用型、技能型、复合型人才。扩大厦门大学、集美大学等高等院校的涉海院系办学规模。支持有条件的院校加快建立现代海洋职业教育体系。依托海洋产业龙头企业和国家级、省级海洋技术与产品研发创新平台，加快培养学科专业带头人和创新型人才。推动厦门大学、集美大学、国家海洋局第三海洋研究所、福建省水产研究所和涉海企业共同建立海洋人才培养培训与实习见习基地。实施新型渔民科技培训工程，提高广大渔民新技术接受能力和应用水平，培养一批技术能人和带头人。

加大海洋科技人才引进。建立海洋产业人才引进绿色通道，完善人才流动机制，加强高层次海洋科技研发人才、工程技术人才、企业管理人才、专业技能人才的引进工作，使福建成为海洋高端人才的聚集地。支持省内企事业单位引进境外人才、智力服务，组织海外高层次人才和港澳台专家学者来闽提供技术、项目培训服务。围绕海洋产业升级、科技成果转化、创新平台建设集聚人才，加强面向海洋的人才服务体系建设，提高海洋人才引进和开发服务能力，促进人才与项目、技术、资本高效对接，形成广纳群贤、充满活力的人才引进格局。

优化海洋人才创新创业环境。加强和改进海洋人才资源的开发与管理，形成有利于各类人才脱颖而出、人尽其才、才尽其用的选人用人机制，激发各类人才的创新、创造和创业热情。完善海洋人才区域合作机制，推动建立与有关省市紧密联系的海洋人才交流合作平台，促进人才资源共享，共同推进海洋科技进步。

第二节　加快完善区域海洋科技创新体系

整合提升海洋科技创新资源。大力推行海洋科技合作战略，引导和支持创新要素向企业集聚，加强与国家重点高校、科研院所合作，采取技术合作、知识共享、共同开发的方式，加快构建以企业为主体、市场为导向、产学研相结合的海洋产业技术创新战略联盟。强化激励机制，加强对科研机构、高等院校及科研人员的支持，营造有助于推进自主创新的环境。加快培育一批集研发、设计、制造于一体的海洋科技型骨干企业，发挥民营科技企业、中小科技企业的生力军作用，造就一批具有核心技术、自主品牌和较强竞争力的海洋企业。

大力加强海洋科技创新平台建设。加快建设厦门海洋研究中心，支持国家海洋局第三海洋研究所建立科技兴海研发中心及产业基地。加强海洋科技中试基地建设，着力推进海洋生物活性物质分离纯化、海洋中药材利用、深海大洋基因资源利用、海洋防腐材料开发、海洋微藻利用等海洋技术的产业化应用。

积极开展重大海洋技术攻关。着力推进海洋产业重大科技创新，突破一批关键共性和配套技术，促进产业技术重点跨越和产业链延伸。围绕南方重要海水养殖生物遗传育种的核心技术攻关，逐步完善海水养殖良种培育技术体系；加快海洋生物医药与功能产品、海洋工程装备制造、海洋可再生能源利用、海水综合利用等高新技术攻关；加强海洋信息服务、海洋生态修复、海洋微生物处理污水、海洋防灾减灾等技术开发应用。

第三节　高效推进海洋科技成果转化

建立海洋科技成果高效转化机制。完善相关政策，加大专项资金投入，促进海洋科技成果快速转化和产业化。做大做强一批有市场影响力的创新型企业，大幅度提升海洋资源综合开发深度和广度。鼓励中小海洋企业采取联合出资方式委托科研院校进行研究开发，鼓励科研院校和科技人员采取技术转让、成果入股、技术承包、建立示范基地、创办技术开发实体和科工贸企业等形式，加速科技成果开发转化，促进海洋高新技术产品的示范推广。

加强海洋科技成果转化服务载体建设。充分发挥科技园区的重要作用，加快建设海洋科技企业孵化器，主动将孵化功能延伸到科研院校，形成科技成果转化便捷通道。加强海洋知识产权保护与交易管理制度建设，鼓励和引导科技中介机构积极开展与海洋科技成果转化相关的活动。加强海洋科技信息、技术转让等服务网络建设。充分利用中国·海峡项目成果交易会等公共平台，加大推动海洋科技成果与企业的对接力度，促进海洋科技成果尽快转化落地。

第六章　强化海洋资源科学利用与生态环境保护

树立绿色低碳发展理念，节约集约利用海洋资源，加大海洋生态环境保护力度，建成人海和谐、宜居宜业的海洋生态文明示范区。

第一节　科学保护与利用海洋资源

节约集约利用海洋资源。加强海域、海底、岸线、海岛等测绘工作，开展海洋生物、海底矿产、海洋能与油气等资源调查和勘探开发。健全海洋资源有偿使用制度，探索建立统一、开放、有序的海洋资源有偿使用机制。实施岸线有偿使用制度，有序开发利用岸线资源，严格保护深水岸线，推进项目沿垂直岸线方向布局，优先保证重要港口建设需要。坚持“深水深用、浅水浅用”，加强重要岸线的战略预留，保证定向投放。明确近岸海域港口、工业、航运、旅游、渔业等功能分区。制定岸线和海域投资强度标准规范，引导海洋产业集聚发展，加强沿海林地保护，合理高效利用岸线、滩涂和海域等海洋资源。大力发展海水淡化产业，将海水淡化水作为海岛的重要水源。加强海洋资源循环利用，推动技术创新，规划建设泉港、仙游、江阴等一批临港循环经济示范园区。

科学有序开展填海造地。充分利用福建省主要海湾的数模研究成果，科学论证围填海项目，认真落实海域使用管理法律法规，扎实做好区域建设用海规划环评，严格执行围填海计划，实行总量控制制度，严格控制内湾填海造地；创新围填海形式，推行透水平面设计，提倡人工岛式和区块组团式填海。引导和推动围填海向湾外拓展，临港产业向湾外转移，根据海湾生态环境承载力、水下文化遗产分布情况、陆域产业布局以及各级主体功能区规划等，重点选择厦门大嶝、晋江金井、南安石井等13个湾外海域，作为围填海备选区，科学编制湾外围填海规划。

第二节 构建蓝色生态屏障

加强陆源和海域污染控制。坚持以海洋环境容量和承载力为基础，海陆统筹、河海兼顾，协同推进近岸海域污染防治和陆域、流域环境综合整治，切实加大海洋污染治理力度。抓好沿海重点行业、重点企业的污染源治理，加快推行清洁生产，鼓励企业开展节水改造，提高水资源利用效率，努力实现工业企业污水达标排放或“零排放”。完善城乡污水处理设施，加快配套管网建设，提高管网截污率和污水处理厂的负荷率。加快建设城镇垃圾无害化处理设施，全面开展农村“家园清洁行动”。加强闽江、九龙江、晋江等主要入海河流污染治理和生态工程建设，强化各入海河流污染源的排污监控和监测。实行以环境容量为基础的污染物排海总量控制和排污许可证制度，以及主要河流入海污染物的溯源追究与生态补偿制度。切实减少农业面源污染，大力发展生态农业、生态林业，大力推广亲环境型畜禽水产养殖模式。加强海上污染源管理，严格控制港口、船舶倾泻排污，强化海洋重金属污染防治工作。

加强海洋保护区建设和生态修复。推进建设海洋自然保护区和特别保护区，加快实施闽江口、福清湾、平海湾、泉州湾、九龙江口等海洋生态保护恢复工程，建立宁德大黄鱼、厦门中华白海豚等一批生态保护区，建立长乐蚌、云霄蚶等一批海洋珍稀、濒危生物重要栖息地自然保护区。建立一批具有典型海洋生态系统和景观的海洋特别保护区及海洋公园。加强海岸防护林带的建设与保护，提高海岸带、河口的防护水平和生态质量。加强渔业资源养护和恢复，严格实行伏季休渔制度，继续推行增殖放流、封岛栽培、人工鱼礁建设，营造海洋牧场，恢复近海海洋生物种群资源。加强海洋和沿海外来物种入侵监测预警和风险防控。

加强滨海湿地生态保护。加强沼泽、红树林等重要滨海湿地保护，重点推进闽江口、九龙江口、罗源湾、兴化湾、湄洲湾、泉州湾河口等一批国家级和省级滨海湿地自然保护区建设。结合重点海域生态修复计划，因地制宜地开展红树林种植等生态修复工程，保护海洋生物多样性。加强具有特色的海岸自然和人文景观保护。

加强海岛生态保护。推进无居民海岛有序利用和管理，加大海洋特别保护区建设力度，对领海基点岛屿、具有特殊价值的岛屿及其周围海域实施严格的保护制度。加强海岛生态建设和整治修复，推进海岛防护林体系、海岛植被恢复、近岛生态功能保护区等项目建设，巩固和完善海岛绿色生态屏障。加快建设福鼎鸳鸯岛、平潭山洲列岛等一批海洋特别保护区。

第七章　加强涉海基础设施和公共服务能力建设

按照适度超前、功能配套、安全高效的要求，统筹推进沿海交通、能源、供水、信息、防灾减灾等基础设施和公共服务体系建设，增强对海洋保护开发的保障能力和适应气候变化能力。

第一节　加强涉海基础设施建设

加快港口群整合建设。加强港口资源整合，完善港口布局，推进管理体制一体化，充分发挥港口综合优势。加快发展厦门、福州、湄洲湾三大港口，加强港口协作配套，完善疏港铁路、公路和口岸配套设施，打造面向世界、连接两岸，定位明确、布局优化，分工合理、优势互补的海峡西岸现代化港口群。厦门港要着力发展国际集装箱干线运输，积极开拓外贸集装箱中转和内陆腹地海铁联运业务，强化对台贸易集散服务功能，加快建立新型第三方物流体系和航运交易市场，把厦门港口建设成为以集装箱运输为主、散杂货运输为辅、客货并举的现代化、多功能的综合性港口。福州港要进一步完善一体化管理体制，加快主要港区的专业化、规模化开发，加快大宗散货接卸转运中心建设，积极拓展集装箱运输业务，建成覆盖三都澳、罗源湾、福清湾、兴化湾北岸各主要港区，集装箱和大宗散杂货运输相协调的综合性港口。湄洲湾港要以服务临港产业发展和拓展大宗散货运输为重点，加快港口开发，推进合理布局，建成覆盖湄洲湾、兴化湾南岸、泉州湾等主要港区，大宗散货和集装箱运输相协调的重要港口。

加快综合运输大通道建设。加快推进福州、厦门、湄洲湾三大港口通往中西部及周边地区的铁路、公路网络建设，形成拓展纵深腹地的便捷通道。加快向塘—莆田（福州）、合肥—福州等铁路和主要港口支线铁路建设。全面建成福州—银川、厦门—成都、泉州—南宁、北京—福州等国家高速公路福建段，加快沈阳—海口国家高速公路福建段扩容改造，完善重点港区疏港公路。规划建设福州、厦门综合交通枢纽，完善枢纽站场配套体系和通港交通体系，提高换乘、换载效率和港口疏通能力。开展连接两岸运输通道的规划研究工作。

加强空港服务能力建设。完善机场发展布局和设施配套，完成厦门、福州机场扩能工程，加快推进莆田机场规划建设，研究建设厦门新机场、漳州机场及迁建泉州机场，形成以厦门、福州国际机场为主的干支结合的机场布局。积极引进基地航空公司，增开国内外航线航班。

加强能源保障体系和水利设施建设。积极推进罗源湾、湄洲湾等煤炭储备中转基地建设。积极推进三都澳、湄洲湾、古雷港大型石油储备基地及输油管道等项目建设，扩大石油储备周转的市场覆盖范围。加快液化天然气接收站和管网建设，完善天然气储存设施及港口配套设施。完善防洪排涝保障体系，继续推进闽江、九龙江、晋江、赛江、木兰溪等中小河流治理和重点流域堤防工程建设。加快海堤建设，健全防洪防潮工程体系，防止海水入侵。合理规划和建设具有跨区域、跨流域调节功能的水资源配置工程，加快闽江“北水南调”项目前期工作，建设具有防洪、灌溉、供水等功能的综合水利枢纽，确保城乡供水安全。

加强海岛基础设施建设。坚持陆岛统筹、经济与生态兼顾的开发模式，加强海岛交通、通信、供电、供水、排水和污水垃圾处理等基础设施建设，提高承载能力。围绕平潭、东山、湄洲、琅岐、大嶝、三都等重点海岛开发，加快推进福州—平潭铁路、平潭海峡大桥复桥、平潭220千伏输变电入岛、琅岐闽江大桥等项目建设，积极开展大嶝航空城和三都岛跨海通道等项目前期工作，加快实施平潭、东山等岛屿的岛外调水和岛上蓄水、供水工程建设，实施海水淡化示范工程，着力解决海岛群众出行难、饮水难等突出问题。加强南日、浒茂、西洋、大嵛山等有居民海岛的基础设施建设，改善海岛居民生产生活条件。

第二节　加强海洋公共服务体系建设

加强海洋防灾减灾重点工程建设。加快建设“百个渔港”，重点建设一批中心渔港和一级渔港，提升渔港标准化建设水平，完善渔港配套服务设施，增加有效避风面积，争取到2015年建成20个中心渔港和一级渔港，90个二级、三级渔港及避风锚地，形成以一级以上渔港为中轴，宁德、福州、莆田、泉州、漳州5市渔港群为片区的“一轴五区”渔港防灾减灾体系，使福建6万艘渔船就近避风率达到85%以上。加快实施“千里岸线减灾”工程，加强海堤除险加固、沿海基干林带培育和保护，建设符合国家标准和实际需要的防潮工程体系。建设和完善海岸线防灾减灾预警预报系统，加快建设20个验潮站并纳入国家海洋观测网，完成沿海33个警戒潮位的核定和重点岸段高程测量项目。加快完善“万艘渔船安全应急系统”，对福建现有3.6万艘捕捞渔船全面安装集防碰撞、船体定位、语音通讯和报警等功能于一体的船用信息终端，全面实现信息化管理。开展海洋灾害风险评估和区划工作。利用“数字海洋”平台，加快建设海域空间基础地理信息系统，建立健全海洋气象、海浪、风暴潮、赤潮、海啸等灾害的监测预报体系，推进平潭、厦门、宁德海洋气象观测基地和沿海气象探测等设施建设，全面完成中尺度灾害性天气预警系统建设任务，提高海洋灾害预警预报能力。建立健全水生动物疫病防控信息网络，提高水生动物疫病诊断、疫情信息处理、预警预报能力。运用“863”项目成果，建立完善台湾海峡及毗邻海域海洋动力环境立体实时监测网，不断提高海洋环境监测水平。

提高海洋灾害应急能力。整合现有海洋应急力量，完善海洋灾害应急管理系统，对海上渔船安全生产实行实时监控，增强海上安全生产保障、灾害应急响应和处置能力。建立健全海上人员救助、船舶危险化学品泄漏、海上消防等应急处置机制。加强与台湾、广东、浙江等地在通讯和海上救助等方面开展合作。建立快速高效的抢险救灾联动机制。

加强海洋基础信息服务平台建设。建立健全海洋基础数据调查、统计和信息发布制度，加强海洋开发基础数据、海区环境状况、区域海洋气象、海洋科技研究等信息发布和服务。完善近海海洋资源综合调查，开展台湾海峡渔业资源、海上安全通道、海岛保护开发等专项调查，推进台湾海峡海洋地理信息服务平台建设。

第八章　深化闽台海洋开发合作

发挥福建对台合作的独特优势，全面推进闽台在海洋经济各领域的交流与合作，构建两岸海洋开发深度合作平台。

第一节　全面推进闽台海洋开发合作

建设两岸高端临海产业和新兴产业深度合作基地。重点推进闽台机械、船舶等临海产业对接。引进台湾先进游艇制造技术，建设中高档游艇生产基地。借助台湾先进的机械制造技术，选择厦门、漳州、宁德、泉州等地开展海洋工程装备制造业合作，建设闽台海洋工程装备制造业合作基地。合作开展台湾海峡海域综合地质调查，加快油气资源合作勘探和开发进程。利用台湾深层海水利用技术优势，建设深层海水资源研发基地、一次加工基地，推进深层海水产品应用与产业化推广。积极推进两岸在海洋生物医药、海洋可再生能源、海水综合利用、海洋新材料、海洋油气及天然气水合物勘探开发等海洋新兴产业领域的合作。

建设两岸港口物流业合作基地。支持福建率先落实两岸经济合作框架协议和后续协议，在促进两岸贸易投资便利化、台湾海洋服务业市场准入等方面先行先试，推动两岸经贸关系制度化。推动建立闽台港口分工协作机制，推动闽台电子口岸互通和信息共享。推进两岸港区对接，增开两岸间集装箱班轮航线、滚装航线和散杂货不定期航线，发展对台贸易采购、国际中转等业务。推动两岸运输业、仓储业、船舶和货运代理合作，鼓励和支持船舶所有人选择福州港、厦门港、湄洲湾港作为船籍港，吸引台湾航运公司、商港服务等相关物流企业入驻福建或投资建设物流基础设施项目，鼓励福建物流企业到台湾设立办事机构及营业性机构。创建两岸物流合作平台，推动两岸物流信息网络相互衔接。加快福州、厦门邮政物流中心建设，做大做强对台邮政和快递物流业务。扩大厦门—金门、马尾—马祖的邮政合作范围。加强涉台邮政基础设施建设，推动建立对台邮件总包交换中心。

建设两岸海洋服务业合作基地。积极引进台资发展滨海旅游业。鼓励闽台互设旅游机构、互认导游资格，支持在两岸旅游往来证件办理、空中航线配额、邮轮航线开通、滚装车辆进出车牌互认等方面先行先试；鼓励大陆居民经福建口岸赴台旅游和台胞经福建口岸赴大陆旅游，进一步加强两岸旅游合作；推进漳州滨海火山国家地质公园与台湾澎湖列岛联手申报世界地质公园。弘扬两岸同根同源的特色文化，推进两岸文化合作。强化闽台金融合作，加快厦门海峡两岸金融合作试验区建设，促进两岸银行、保险机构双向互设、相互参股，加强两岸证券业合作交流，推动对台离岸金融业务发展。

建设两岸现代海洋渔业合作基地。条件成熟时将福州、漳州的海峡两岸渔业合作实验区扩大到福建沿海6市，全面深化闽台水产养殖、水产品加工、渔工劳务、远洋渔业、休闲观赏渔业、水产品营销以及科技等方面的交流合作。推进建设海峡两岸（漳州）海洋生物育种及健康养殖基地、南日岛海洋生态渔业合作示范区、海峡两岸（东山）水产品加工基地、平潭闽台水产品加工园区、霞浦台湾水产品集散中心、南安闽台水产品物流中心、惠安大港湾台湾渔民生态养殖创业园等一批闽台现代渔业合作示范区，鼓励台商投资漳州、宁德水产品加工贮藏和冷链物流，在东山、龙海、漳浦、诏安、蕉城、福鼎、霞浦、惠安等地建立一批闽台水产品精深加工区。支持闽台合作组建远洋渔业船队，建立远洋渔业合作基地。推动建立闽台渔业科技合作与交流中心。

第二节　构建两岸海洋经济合作示范区域

依托平潭综合实验区特殊区位与政策优势，积极打造两岸海洋经济合作示范区域。广泛吸引台湾规划机构、各界人士参与开发建设，共同拓展境内外市场，探索台湾同胞参与海洋经济发展的有效途径，实现互利共赢。积极承接台湾海洋产业转移，高起点发展海洋生物医药、港口物流、滨海旅游等产业。开展两岸海洋科技领域合作，重点建设两岸合作的低碳技术研发基地和科技示范区。开展两岸合作办学，建设海洋科教合作园区和文化产业合作基地。开辟平潭至台湾直航航线，建立以平潭为节点的两岸往来便捷综合交通体系，构建两岸区域合作前沿平台。

第三节　加强闽台海洋环境协同保护

合作开展放流增殖活动，共同养护海峡区域水生生物资源，改善水域生态环境，促进闽台水生生物资源保护合作交流；扩大闽台在台湾海峡海洋资源调查、养护、可持续利用等方面的合作交流。共同开展厦门金门海域、马尾马祖海域海漂垃圾治理和生态环境综合整治，扩大两岸海洋环境整治的合作交流范围；推进台湾海峡防污治污合作，共同开展台湾海峡海洋环境监测，建立海洋生态环境及重大灾害动态监视监测数据资料共享平台。

第四节　深化闽台海洋综合管理领域合作

加强闽台海洋与渔业执法交流合作，积极与台湾海洋、渔业管理部门开展对口交流，寻求实质合作，尝试建立台湾海峡海域海洋、渔业联合执法机制；建立闽台海洋与渔业案件的通报和协查制度，联合开展司法互助专项行动。开展台湾海峡防灾减灾与救助合作，推动建立两岸渔业搜救沟通协调机制，主动为两岸渔民服务。加强台湾海峡海事专业搜救能力和海上搜救辅助能力建设，形成全面覆盖的搜救网络，构建海、陆、空立体式的海难救助体系。强化台湾海峡搜救预报信息沟通交流，建立两岸海难事故联合救助机制。

第九章　推进海洋经济对内对外开放

实施互利共赢的开放战略，不断加大对内对外开放水平，推动形成大开放、大合作的新局面，为海洋经济加快发展提供坚强动力。

第一节　提升海洋经济开放水平

积极引导社会资金投入。引导和鼓励国内外资金、人才、技术等要素投向海洋资源开发、基础设施建设、海洋新兴产业发展等领域。破除不利于民营企业参与海洋开发的体制政策障碍，鼓励、支持民营企业积极参与海洋产业发展。

整合提升各类涉海开发区。加强各类开发区的功能整合，推进福州、厦门、泉州、漳州等台商投资区建设，支持符合条件的地区适时申请设立海关特殊监管区域。充分发挥开发区、出口加工区和保税港区等的政策优势，打造承接国际海洋产业转移的密集区。

大力开拓利用海外市场。进一步优化进出口结构，不断扩大传统优势海洋产品以及高技术、高附加值产品出口，扩大航运、养殖、修造船等劳务技术输出。支持有条件的涉海企业并购境内外相关企业、研发机构和营销网络。实施“走出去”战略，鼓励企业建立境外生产、营销和服务网络，积极参与开发境外海洋资源。完善国际经济技术交流合作机制，重点推进海洋科技创新、教育培训、金融保险等领域的国际合作。

第二节　深化闽港澳海洋经济合作

充分运用内地与港澳更紧密经贸关系安排机制，进一步提升闽港澳海洋经济合作层次和水平。利用香港海洋服务业发展优势，鼓励更多的香港金融机构来闽设立分支机构，投资海洋产业。支持涉海企业赴港上市融资。推动有条件的企业到香港设立营销中心、运营中心，扩大对港贸易和转口贸易。加强港口物流业合作，建立跨境物流网络。健全滨海旅游交流合作机制，整合两岸四地旅游资源，推动环海峡旅游圈发展。加强与香港投资促进、科技推广机构的合作，为港商来闽投资、开展两地贸易提供政策咨询、信息交流等各项服务。充分发挥澳门与欧盟、葡语系国家联系便利的优势，进一步推进闽澳在滨海旅游、涉海商务服务等领域的合作。

第三节　加强与周边地区涉海领域合作

加强与浙江海洋经济发展示范区、广东海洋经济综合试验区的合作，建立常态化交流机制，形成优势互补、良性互动、协调发展的合作新格局。充分发挥沿海港口优势，构筑以福建沿海港口为龙头向周边内陆辐射的综合交通运输网络，与周边内陆地区合作建设“陆地港”，不断完善“口岸大通关”机制，扩大区域通关覆盖范围，推进口岸通关规范化、便利化。加快福建电子口岸建设，大力发展多式联运，畅通沿海港口与内陆腹地间的物流，进一步提升福建在对外开放中的窗口和门户作用。

第十章　健全海洋科学开发体制机制

探索建立政府引导、市场运作、陆海统筹、集约利用、可持续发展的海洋开发与综合管理体制机制，进一步完善海洋开发政策体系，促进海洋经济又好又快发展。

第一节　创新海洋综合管理体制

建立科学用海新体制。严格执行海洋功能区划制度，坚持海洋生态环境保护和海洋资源开发相协调，在用海方面强化科学论证、统一规划、严格管理、规范使用。科学编制和严格实施福建省海洋功能区划和海洋主体功能区、海岸保护与利用、海洋环境保护、海岛保护、沿海防护林体系建设工程等规划，强化规划引导和控制。加强海洋资源利用论证与监管，强化海洋资源利用的评审工作。充分利用海湾数学建模研究成果，加强围填海项目的论证管理，开展海湾围填海后评估工作，防止带来海洋污染以及生态和文化遗产破坏。创新海域使用审批制度，简化重点项目海域审批手续，提高服务效率。合理划分沿海海域商船通航区与渔业作业区，实现商船航行区与渔业作业区的相对分离，促进渔业与航运业协调发展。建立健全海洋生态补偿机制和渔业补偿机制，依法依规开展渔业用海征迁工作，妥善解决渔民安置补偿问题，实现文明安迁、和谐用海。

建立协同护海新体制。完善涉海管理部门协调机制，建立健全近岸海域海洋环境协同保护机制，增强工作合力。实施海陆统筹、河海兼顾、一体化治理，加强海洋、环保、林业等部门在海洋生态环境监测观测设施建设、数据采集、联合执法等方面的配合，推进一体化建设，统一海洋观测、监测技术规范和标准，提高设施利用效率，实现资源共享。推进省、市、县（区）在海洋生态保护上的有序分工与高效合作，加强基层管理协调。探索建立相关涉海部门联合参加的海洋资源开发利用和生态环境保护工作协调机制，明确各涉海部门的工作职责，合力推动海洋资源科学、规范、有序利用。

建立依法治海新体制。进一步健全地方性海洋法律法规，完善海岸带综合管理等方面的法规体系。健全省、市、县三级海洋功能区划管理体系，严格按照海洋功能区划及有关法规进行管理监督，确保所有用海项目符合海洋功能区划。完善海域、海岛使用管理配套制度，加强海域、无居民海岛使用权属管理，强化违法责任追究。健全海洋环境监测体系和监督管理机制，完善海洋环境生态修复与保护措施。规范海洋执法程序，创新海洋综合管理模式，建立完善部门间相互配合的海上执法协调机制，强化海洋执法监督检查，提升海洋执法能力。

第二节　完善海洋开发政策

投资和财税政策。加大对海洋新兴产业、重大海洋科技专项的支持力度。国家对涉海基础设施项目建设给予支持，重点支持对台交通主通道、主枢纽、口岸以及综合交通运输体系建设。加大对中心渔港、一级渔港、二级渔港和避风锚地建设的支持力度。符合高新企业认定条件的，经认定后可享受高新技术企业所得税优惠政策。符合资源综合利用目录的海洋可再生能源利用项目，可按规定享受有关税收优惠政策。

金融政策。拓宽海洋经济发展的资金渠道，引导海峡产业投资基金加大对海洋经济的投资力度。支持涉海企业资产重组，鼓励社会各类投资主体以直接投资、合资、合作等多种方式参与海洋开发。鼓励银行业金融机构加快信贷产品创新，在风险可控的前提下，研究适当扩大贷款抵（质）押物范围，探索试行各类船舶、在建船舶抵押融资模式和海域使用权质押贷款等适应海洋经济发展的新型信贷模式。推动渔业保险发展，探索建立大宗水产品出口保险制度。支持符合条件的涉海企业发行债券、股票上市以及通过银行间债券市场融资。

园区政策。支持经济技术开发区、高新技术产业开发区等深入挖潜，优化调整结构，建设特色海洋经济园；支持符合条件的省级开发区升级，支持具备条件的国家级、省级开发区调整区位。

产业政策。建立海洋产业分类引导机制，对鼓励类产业，在项目核准、用地用海指标、资金筹措等方面予以支持；对限制类产业，严格控制规模扩张，限期进行工艺技术改造；建立产业退出机制，强制高能耗、高污染的产能退出。增加福建渔船公海渔业捕捞配额，支持福建科学发展远洋渔业。

科教政策。建立有效推进和保障机制，加大对重点海洋科技研发平台的政策和资金扶持；建立产学研项目对接和成果转化奖励机制，鼓励企业和科研院所进行科技成果转化等方面的合作。支持在闽高校和科研院所增加海洋专业的硕士、博士点和博士后流动站，加强海洋学科建设，加大人才培养力度。

人才政策。完善海洋人才培养、引进、使用的激励机制，在经费、住房、户口等方面予以倾斜支持。在贯彻实施《全国海洋人才发展中长期规划纲要（2010~2020年）》中，给予福建重点支持；在引进海外高层次人才的“千人计划”和海洋科教人才出国培训项目上，加大对福建的支持力度。

用海政策。大力推行集中集约用海，对规划确定集中集约用海区域的建设用海项目实行整体规划、整体环评、整体论证、分步实施，凡区域建设用海规划经过整体论证评审的，规划区域内的单宗用海项目可以简化论证评审程序。国家在围填海计划指标安排上给予适当倾斜，国家重点项目用海，由国家安排专项用海指标。依法减免养殖用海海域使用金。支持福建开展用海管理与用地管理衔接试点，积极推动填海海域使用权证书与土地使用权证书换发试点工作，以及凭海域使用权证书按程序办理项目建设手续试点。

环境政策。支持福建新建各类国家级海洋与渔业保护区，开展海洋生态补偿机制建设以及海岸带综合整治和海域生态修复试点，加强沿海市、县城乡环境综合整治，推进城乡统筹发展。

海岛政策。对有居民海岛的基础设施和生态环境建设给予扶持，支持符合条件的海岛开发实施“以岛养岛”政策。支持福建开展无居民海岛保护开发试点。

对台政策。支持有条件的地区新设台商投资区；在海峡两岸经济合作框架协议后续商谈中，积极研究放宽台资市场准入条件和股权比例限制；支持试验区在大陆证券业对台开放中先行先试，允许符合条件的台资金融机构依照有关规定参股设立合资证券公司、合资基金管理公司；支持设立两岸股权柜台交易市场，探索引入台湾上柜和兴柜交易机制，开展非上市涉海股份公司代办转让试点；支持在福州保税港区、厦门海沧保税港区与台湾自由贸易港区之间先行开展两岸区域合作试点，率先互认通关数据、海关标志和原产地证书；推进实施台湾海峡盆地西部油气资源调查与评价项目；支持建设福建到台湾的直通海底通信光缆；推进建设福建向金门和马祖的供水、供电工程。

开放政策。支持福建设立国家级出口农（水）产品质量安全示范基地，在检验检疫、标准化体系建设等方面给予扶持；对海洋企业对外投资在外汇审核、保险担保、检验检疫、资金筹措等方面予以支持；推进厦门港国际航运发展综合试验区建设，加快建立现代航运服务体系；积极研究将福州港、厦门港列为启运港退税政策试点。

第十一章　保障措施

充分认识打造海峡蓝色经济试验区、建设海洋经济强省对福建发展和海峡西岸经济区建设的重大意义，加强组织领导和统筹协调，加大政策支持，强化监督检查，保障规划目标的全面实现。

第一节　强化组织领导

福建省人民政府要完善领导协调和执行机制，切实加强对规划实施的组织领导，明确分工，落实责任，抓紧制订规划实施方案和工作计划，编制重点领域专项规划和重点地区区域规划，出台推进海洋经济发展试点工作的配套政策措施，推进实现规划目标任务。

国务院有关部门要结合各自职能，制定支持福建海洋经济发展的具体措施，在政策实施、项目安排、体制创新、人才培养等方面给予支持。要加强部门之间的沟通协调和对规划实施的指导，进一步增强服务意识，提高办事效率，切实帮助地方解决规划实施中遇到的问题。

第二节　加强监督检查

福建省人民政府要加强对规划实施情况的跟踪分析，进一步完善规划实施监控和绩效考评机制，定期开展督促检查。建立规划实施的公众参与机制，畅通社会监督渠道。同时，充分发挥各类媒体的宣传作用，营造有利于规划实施的舆论环境。

发展改革委要会同海洋局和福建省人民政府加强对规划实施的跟踪分析与督促检查，重大问题及时向国务院报告。

附录5

《宁波市海域使用权抵押贷款实施意见》

第一条 为规范海域使用权抵押行为，充分发挥海域使用权的融资功能，保障海域使用权抵押当事人的合法权利，根据《中华人民共和国物权法》、《中华人民共和国海域使用管理法》、《中华人民共和国担保法》、财政部和国家海洋局联合发布的《关于加强海域使用金征收管理的通知》、《宁波市海域使用权抵押登记办法》、《中华人民共和国商业银行法》、《贷款通则》等有关法律法规、规章以及规范性文件的规定，结合宁波市实际，制定《宁波市海域使用权抵押贷款实施意见》（以下简称《实施意见》）。

第二条 《实施意见》所称的海域使用权抵押贷款是指申请人以依法取得的宁波市人民政府审批及辖区内县（市）、区人民政府审批的海域使用权为担保向金融机构申请贷款。

第三条 海域使用权人以海域使用权向金融机构融资，需向金融机构提交下列材料：

（一）书面抵押贷款申请书；

（二）海域使用权证及复印件；

（三）申请人的身份证明及复印件。

金融机构在对材料进行审查时，重点审查海域使用权证是否真实有效、申请人是否有权将该海域使用权进行抵押、是否有重复设定抵押的情况、海域使用权的市场价值是否大于所担保的债权额。必要时可以向海洋部门查询该海域使用权证的相关档案材料。

金融机构在办理海域使用权抵押贷款业务时应充分了解海域使用权抵押贷款可能存在的市场风险，合理设定海域使用权抵押期限，在批准贷款申请前必须考察申请人的还款能力，以确保还款安全。

第四条 经审查拟批准抵押贷款的，金融机构必须和抵押贷款申请人签订书面海域使用权抵押合同，明确抵押双方当事人的权利义务。

抵押贷款申请书和抵押贷款合同格式文本由发放贷款的金融机构负责提供。

第五条 海域使用权抵押时，该海域上的建筑物、构筑物及其他设施一并抵押；海域上的建筑物、构筑物及其他设施抵押时，该海域的使用权一并抵押。

抵押合同对海域使用权和海域上的建筑物、构筑物及其他设施没有约定同时抵押的，视为同时抵押。

第六条 海域使用权抵押贷款额度，由金融机构组织有资质的中介机构进行海域使用权价值评估，海域使用权价值评估的结果应当作为贷款发放额度的参考或依据。

第七条 海域使用权抵押人和金融机构应当在抵押合同签订之日起15日内，持抵押合同到原批准用海的人民政府海洋行政主管部门办理海域使用权抵押登记。

第八条 办理海域使用权抵押合同登记的机关为依法批准该海域使用权的人民政府海洋行政主管部门。

第九条 有下列情形之一的，不予办理海域使用权抵押贷款：

（一）抵押人不是合法拥有海域使用权的人；

（二）海域使用权归属不明或海域使用权权属争议未解决的；

（三）未按规定缴纳海域使用金；

（四）擅自改变海域使用用途等违法用海的；

（五）非法占用的海域使用权、越权非法审批的海域使用权；

（六）使用期限已经届满的海域使用权；

（七）乡镇政府取得的养殖用海域使用权；

（八）抵押期限超出海域使用权期限或者海域使用金已缴纳期限；

（九）海域使用权抵押担保的债权额大于海域使用权的市场价值；

（十）公益性海域使用权、免缴海域使用金的海域使用权；

（十一）有违法用海行为正在立案查处尚未结案的。

第十条 属于逐年缴纳或者分期分批缴纳海域使用金的，抵押人需向海洋行政主管部门续缴抵押期限内的海域使用金后，方可办理抵押贷款申请。

海域使用权的抵押期限应当小于海域使用权有效期一年以上。

第十一条 海域使用权经抵押登记后，金融机构应当按照有关规定及时办理发放抵押贷款手续，向抵押人发放贷款。

第十二条 海域使用权抵押合同生效之日起2日内，抵押人应将其合法持有的“海域使用权证书”及其他相关权利凭证移转金融机构。海域使用权抵押合同另有约定的除外。

发放贷款的金融机构应妥善保管抵押人移转的“海域使用权证书”及其他相关权利凭证。

第十三条 抵押合同内容发生变更的，抵押当事人应当重新签订抵押合同，并在签订合同之日起15日内，持有关材料到原抵押登记机关申请办理抵押变更登记。

第十四条 抵押合同解除或终止后，抵押人和金融机构自解除或终止抵押合同之日起15日内，持有关材料到原登记机关办理海域使用权抵押注销登记手续。

第十五条 抵押人到期不能清偿债务的，发放抵押贷款的金融机构可以依法处置抵押的海域使用权，并就处置所得优先受偿。

金融机构在依法处置抵押的海域使用权前，应就处置海域使用权可能涉及的海域管理问题向海洋行政主管部门咨询或征求意见。

第十六条 处置工作结束后的30日内，海域使用权受让人、原抵押人和原贷款的金融机构持有关材料到原登记机关办理海域使用权权属变更登记手续。

发放抵押贷款的金融机构在依法处置抵押的海域使用权时不得改变该海域的原有用途。

第十七条 海域使用权到期后，抵押人未续期又没有偿还贷款的，或者属于分期分批缴纳海域使用金的情形但没有续缴剩余期限海域使用金达到法定期限的，海洋行政主管部门依法收回海域使用权证书和海域使用权，抵押双方的债务纠纷按照民事法律的有关规定处理。

第十八条 海洋行政主管部门、开办海域使用权抵押贷款业务的金融机构应加强对海域使用权抵押登记和抵押贷款档案的管理工作，每宗海域使用权抵押登记和抵押贷款卷宗应记载规范、材料完整齐全。

第十九条 海洋行政主管部门应建立海域使用情况信息查询系统，健全海域使用权抵押登记档案，为公众查询海域使用权情况提供方便。

第二十条 《实施意见》自发布之日起施行；《实施意见》由中国人民银行宁波市中心支行、宁波市海洋与渔业局负责解释。

附录 6

《宁波市海域使用权抵押登记办法》

第一条 为加强海域使用权抵押登记管理，保障抵押当事人的合法权益，根据《中华人民共和国物权法》、《中华人民共和国海域使用管理法》、《中华人民共和国担保法》等有关法律法规的规定，结合宁波市实际，制定本办法。

第二条 本办法适用于宁波市人民政府审批及辖区内县（市）、区人民政府审批的海域使用权的抵押登记。

第三条 海域使用权人抵押其海域使用权的，应当依法办理海域使用权抵押登记手续。

第四条 市或县（市）、区人民政府海洋行政主管部门根据本级人民政府的授权负责海域使用权抵押的登记工作。

第五条 海域使用权抵押登记以海域使用权登记为基础，并遵循海域使用权登记机关与海域使用权抵押登记机关一致的原则。

海域使用权抵押登记申请人（抵押人和抵押权人）应当向原核发海域使用权证的海洋行政主管部门提出抵押登记申请。

第六条 海域使用权抵押必须符合下列条件：

（一）海域使用权依法取得；

（二）海域使用权权属清晰，无争议；

（三）海域使用权期限未满；

（四）海域使用权上没有设立抵押权或者虽已设立抵押权但所担保的债权额小于海域使用权的市场价值；

（五）已足额缴纳抵押期限内应缴纳的海域使用金。

第七条 海域使用权设立抵押权后，抵押人和抵押权人应当在抵押合同签订之日起15日内，向原核发海域使用权证的海洋行政主管部门办理海域使用权抵押登记。

第八条 申请办理海域使用权抵押登记的，应当提交下列材料：

（一）海域使用权抵押登记申请书；

（二）抵押双方当事人身份证明材料（其中，单位申请的，提交企业营业执照、企业章程和企业法人代表资格证明；属于合伙企业申请的，提交所有合伙人的身份证明；个人申请的，提交本人身份证明）；

（三）海域使用权抵押合同；

（四）“海域使用权证”原件及复印件；

（五）海域使用金缴纳凭证。

属于为他人担保抵押的，应提交抵押人、抵押权人和第三人三方签订的抵押合同和担保合同及身份证明；

委托他人办理抵押登记的，提交委托人身份证明、委托书和代理人身份证件。

第九条 有下列情形之一的，不予办理海域使用权抵押登记：

（一）抵押人不是合法拥有海域使用权的人；

（二）海域使用权归属不明或海域使用权权属争议未解决的；

（三）未按规定缴纳海域使用金；

（四）擅自改变海域使用用途等违法用海的；

（五）非法占用的海域使用权、越权非法审批的海域使用权；

（六）使用期限届满的海域使用权；

（七）乡镇政府取得的养殖用海域使用权；

（八）抵押期限超出海域使用权期限或者海域使用金已缴纳期限；

（九）海域使用权抵押担保的债权额大于海域使用权的市场价值；

（十）公益性海域使用权、免缴海域使用金的海域使用权；

（十一）有违法用海行为正在立案查处尚未结案的。

第十条 市、县（市）、区人民政府海洋行政主管部门对当事人提交的海域使用权抵押登记申请材料是否齐全、形式是否合法应当依法进行审查，并根据下列情况分别作出处理：

（一）依法不属于本机关职权范围的，应当及时作出不予受理的决定，并告知申请人向有登记权的机关申请。

（二）申请材料存在错误可以当场更正的，应当允许申请人当场更正。

（三）申请材料不齐全或者不符合法定形式的，应当当场一次性告知申请人，并用规范的文字格式通知申请人需要补正的全部内容；出现特殊情况的，可以在5日内一次性告知。

（四）属于本机关职权范围，申请材料齐全、符合法律规定，或者申请人按照要求提交全部补正申请材料的，应当受理。

第十一条 市、县（市）、区人民政府海洋行政主管部门应当在受理申请之日起15日内完成对申请材料的实质性审查，并作出予以登记或者不予登记的决定。

海洋行政主管部门经审查，同意登记的，在被抵押海域使用权对应的“海域使用权登记表”和“海域使用权证书”上签注“抵押”字样，注明抵押日期和抵押期限，并向抵押双方当事人发放“海域使用权抵押登记通知书”。

“海域使用权抵押登记通知书”上注明抵押双方当事人、设定抵押的时间、抵押期限、抵押数额、经办人等事项。

“海域使用权抵押登记通知书”一式三份，抵押双方当事人和登记机关各一份。

不予登记的，应当说明理由，并告知申请人享有依法申请行政复议或者提起行政诉讼的权利。

第十二条 抵押合同发生变更的，抵押当事人应当重新签订抵押合同，并在签订合同之日起15日内，持有关材料到原登记机关申请办理抵押变更登记。

第十三条 抵押合同解除或终止后，抵押人和抵押权人自解除或终止抵押合同之日起15日内，持有关材料到原登记机关办理抵押登记注销手续。

第十四条 抵押当事人办理抵押注销登记时，应提供以下资料：

（一）“海域使用权抵押注销申请表”；

（二）抵押双方当事人的身份证明材料；

（三）“海域使用权证书”；

（四）抵押合同解除或终止的证明材料（包括抵押合同解除或终止事由的证明材料）。

第十五条 市、县（市）、区人民政府海洋行政主管部门对抵押当事人提交的有关材料进行审查。符合注销条件的，在“海域使用权证”和“海域使用权登记表”以及“海域使用权抵押通知书”上签注“注销抵押”字样及日期，予以办理抵押注销登记，并发放“海域使用权抵押注销通知书”。

不符合抵押注销条件的，应在3日内告知抵押当事人，说明理由退回材料，并告之当事人有申请行政复议和行政诉讼的权利。

第十六条 登记机关应当建立海域使用情况信息查询系统，健全海域使用权抵押登记档案，为公众查询海域使用权情况提供方便。

第十七条 抵押权人在依法处置抵押的海域使用权时不得改变该海域的原有用途。

第十八条 在海域使用权抵押登记后，海洋行政主管部门发现抵押申请材料不真实、不合法或登记错误的，有权撤销登记、重新进行登记并进行公告。

第十九条 海域使用权人将取得的海域使用权出租后又进行抵押的，或者将取得的海域使用权抵押后又出租的，或者在抵押权存续期间抵押人转让抵押物未通知抵押权人或者未告之受让人的，抵押人、抵押权人、承租人、受让人之间的权利义务关系按照民事法律的有关规定执行。

第二十条 本办法由宁波市海洋与渔业局负责解释。

第二十一条 本办法自2007年8月1日起施行。

附录 7

《宁波市渔业互助保险管理办法》

第一条 为了规范渔业互助保险行为，保护渔业互助保险活动当事人的合法权益，提高渔业生产抗风险能力，促进渔业互助保险事业的健康发展，根据《中华人民共和国农业法》、《农业保险条例》等有关法律法规，结合本市实际，制定本办法。

第二条 本市行政区域内渔业互助保险活动及其监督管理，适用本办法。

第三条 本办法所称的渔业互助保险，是指从事渔业生产的企业或者个人，通过与渔业互助保险组织订立合同成为会员并交纳互助保险费，由渔业互助保险组织对被保险的会员在渔业生产活动中因保险标的遭受自然灾害、意外事故、疫病、疾病等保险事故所造成的财产损失，或者对在渔业生产活动中因意外事故造成死亡、伤残或者疾病的会员，根据合同约定承担赔偿或者给付保险金责任的保险活动。

本办法所称渔业互助保险组织（以下简称互保组织），是指由从事渔业生产的企业或者个人自愿组成，经依法登记和批准，不以盈利为目的，以互助方式为其会员提供保险服务的保险人。

第四条 开展渔业互助保险实行政府引导、会员互助、自主自愿、财政扶持、自主经营的原则。

第五条 市和县（市）区人民政府领导、组织、协调本行政区域内渔业互助保险工作，建立健全推进渔业生产发展的工作机制，并按照有关规定对渔业互助保险实施财政补贴。

镇（乡）人民政府、街道办事处应当支持、配合相关部门和互保组织建立渔业互助保险基层服务网络。

第六条 市和县（市）区渔业行政主管部门负责本行政区域内渔业互助保险活动的推进、管理、宣传和服务工作。

发展改革、财政、农业、民政、审计、金融管理等有关行政主管部门按照各自职责协同推进实施本办法。

第七条 互保组织按照《社会团体登记管理条例》、《农业保险条例》设定的条件和程序，经社会团体登记管理部门登记后，按照有关规定开展渔业互助保险业务，并接受保险监督管理机构的监督管理。

第八条 互保组织应当依照相关法律法规的规定，建立健全组织管理机构，按照章程开展活动。

前款所称章程，是指互保组织按照《社会团体登记管理条例》和相关保险法律法规规定的程序和内容，制定的关于渔业互保组织规程和办事规则的文书，是互保组织纲领性的规章制度。

参加渔业互助保险的会员按照章程的规定和渔业互助保险合同（以下简称互保合同）的约定，享受权利、承担义务。

第九条 互保组织可以根据渔业互助保险业务的需要，设立县（市）区、镇（乡）渔业互助保险分支机构，为会员投保或者理赔提供方便。分支机构在互保组织授权范围内开展活动，不具有法人资格。

第十条 互保组织应当按照保险监督管理机构核定的业务范围，坚持会员制、封闭性原则，在核定的经营区域或者特定的风险群体中开展保险业务。

第十一条 市渔业行政主管部门应当会同发展改革、财政、农业等行政主管部门，根据国家和省有关规定，结合当地经济发展水平、产业发展规划、财力状况和渔业互助保险发展情况，拟订涉及财政补贴的渔业互助保险险种目录，提出具体的财政补贴比例建议。

涉及财政补贴的渔业互助保险险种目录，经市人民政府批准后，由市渔业行政主管部门向社会公布。

第十二条 互保组织应当按照国家和省有关规定，公平合理地拟订或者修订渔业互助保险条款和保险费率，依法报经保险监督管理机构批准或者备案。

拟订或者修订保险条款和保险费率时，应当组织专家论证，充分听取渔业、农业等行政主管部门、互保组织会员代表的意见；涉及财政补贴的，还应当征求发展改革、财政、审计等行政主管部门的意见。

第十三条 本市渔业船舶所有人、经营人以及其他从事渔业生产活动的企业或者个人可以自行投保渔业互助保险，也可以为其雇工投保。

鼓励从事渔业生产活动并聘有雇工的渔业船舶所有人或者经营人投保渔业互助雇主责任险。

第十四条 渔业互助保险双方当事人应当订立互保合同，由投保人与互保组织约定渔业互助保险的相关权利义务。

互保组织应当向投保人详细说明互保合同的条款内容，履行免责条款提示义务，并向投保人签发符合法律规定的保险凭证。保险凭证应当载明保险标的、保险责任和责任免除、保险期间和保险责任开始时间、保险金额、互助保险费以及支付办法、保险金赔偿或者给付办法、违约责任和争议处理等主要内容。

投保人应当履行向互保组织缴纳互助保险费和如实告知保险标的真实情况的义务。

在渔业互助保险之外，投保人就同一标的、同一保险利益、同一保险事故重复保险的，投保人应当将重复保险的有关情况告知互保组织。重复保险的各保险人赔偿或者给付保险金总和不得超过保险价值。除互保合同另有约定外，互保组织按比例承担赔偿或者给付保险金责任。

第十五条 投保人、被保险人应当遵守有关渔业安全生产的规定，维护保险标的安全。

互保组织及其分支机构可以根据互保合同的约定，对保险标的的安全状况进行检查，向投保人、被保险人、受益人提出消除不安全因素和隐患的意见和建议。

第十六条 保险事故发生后，投保人、被保险人或者受益人应当及时、如实地向互保组织告知保险事故发生的时间、地点和相关情况。

互保组织接到发生保险事故的通知后，应当及时组织人员进行现场查勘，会同投保人、被保险人或者受益人在互保合同约定的期限内核定保险标的的受损情况。

互保组织可以按照互保合同的约定，采取抽样方式或者其他方式核定保险标的的损失程度。采取抽样方式核定损失程度的，应当符合有关部门规定的抽样技术规范。

第十七条 法律法规、规章规定受损的保险标的应当进行无害化处理的，投保人、被保险人申请理赔时应当出具已经依法进行无害化处理的证据或者证明材料。

第十八条 互保组织应当在与被保险人达成赔偿协议后10日内，将赔偿的保险金支付给被保险人。互保合同对支付赔偿保险金的期限另有约定的，由互保组织按照约定履行赔偿保险金义务。

第十九条 发生保险事故后，投保人、被保险人为防止或者减少保险标的损失所支付的必要的、合理的救助和打捞费用，由互保组织承担。经投保人、被保险人提供相关证据，互保组织所承担的费用数额在保险标的的损失赔偿或者给付的保险金额以外另行计算，但最高不超过保险金额的数额。

第二十条 发生理赔纠纷时，渔业互助保险任何一方当事人可以向市和县（市）区渔业行政主管部门、镇（乡）人民政府或者村（居委会）基层调解组织申请调解，或者依法提起民事诉讼。

互保合同约定仲裁条款的，渔业互助保险任何一方当事人可以向有管辖权的仲裁机构申请仲裁。

第二十一条 互保组织可以委托基层渔业技术推广机构协助办理水产养殖渔业互助保险查勘定损等业务。互保组织应当与被委托单位签订书面合同，明确双方权利义务，约定费用支付方式。

第二十二条 互保组织应当按照章程规定，加强内部管理，建立完善内部控制制度，并按照有关规定建立财务管理制度。

互保组织管理人员的任职资格应当符合有关保险监督管理规定。

互保组织应当建立健全渔业互助保险信息数据库，并及时动态更新数据库信息。

互保组织应当通过适当方式与市和县（市）区发展改革、财政、农业、渔业、税务、金融管理等行政主管部门共享渔业互助保险数据库信息。

第二十三条 互保组织应当遵循安全性原则，审慎运作积累的资产，制订中长期资产运作计划，合理经营资产。

互保组织对外进行投资的，仅限于银行存款、国债、低风险固定收益类产品和经保险监督管理机构认可的其他投资形式。

任何单位和个人不得挪用、截留、侵占、私分互保组织的资产。

第二十四条 互保组织应当依法足额提取和管理各项责任准备金，完善再保险和防控大灾风险措施，分散渔业互助保险风险，健全风险应对预案。

第二十五条 互保组织应当按照有关规定妥善保存渔业互助保险查勘

定损的原始资料。

任何单位和个人不得涂改、伪造、隐匿或者违反规定销毁有关查勘定损的原始资料。

第二十六条 互保组织应当建立信息披露制度，定期向会员真实、准确、完整地披露产品、财务、组织治理、资产配置、对外投资、风险状况、偿付能力、重大关联交易及重大事项等信息，切实保障会员的知情权，并将有关信息及时向渔业、财政、农业、审计、民政等行政主管部门通报。

第二十七条 互保组织应当建立健全内部审计制度，聘请外部审计机构进行年度审计，定期向会员或者会员代表大会报告内部审计情况，并通报渔业、财政、农业、审计、民政等行政主管部门。

渔业、财政、农业、审计、民政等行政主管部门依法实施监督检查时，互保组织及其工作人员应当如实提供与渔业互助保险有关的资料，不得拒绝检查或者谎报、瞒报。

第二十八条 互保组织开展渔业互助保险业务依法享受国家、省、市有关农业保险的优惠扶持政策。

第二十九条 任何单位和个人不得以下列方式或者其他任何方式骗取渔业互助保险的保险费财政补贴：

（一）虚构或者虚增保险标的或者以同一保险标的进行多次投保；

（二）以虚假理赔、虚列费用、虚假退保或者截留、挪用保险金、挪用经营费用等方式冲销投保人缴纳的互助保险费或者财政给予的补贴。

第三十条 违反本办法的规定，法律法规已有处罚规定的，从其规定。

第三十一条 违反本办法的规定，互保组织有下列情形之一的，由渔业行政主管部门责令其限期改正：

（一）未按规定妥善保存渔业互助保险查勘定损的原始资料的；

（二）未建立或者未执行渔业互助保险信息披露制度的；

（三）未建立内部审计制度的。

第三十二条 违反本办法的规定，市和县（市）区人民政府有关部门及其工作人员不履行管理职责，或者有滥用职权、玩忽职守行为的，由其所在单位或者上级主管机关责令改正，对直接负责的主管人员和其他直接责任人予以通报批评，造成后果的，依法给予处分；构成犯罪的，依法追究刑事责任。

第三十三条 本办法所称下列用语含义：

（一）被保险人，是指其财产利益或者人身受渔业互助保险合同保障，享有保险金请求权的企业或者个人。

（二）投保人，是指与互保组织订立互保合同，并按照合同约定负有缴纳互助保险费义务的企业或者个人。投保人可以为被保险人。

（三）受益人，是指互保合同中由被保险人或者投保人指定的享有保险金请求权的人。投保人、被保险人可以为受益人。

（四）渔业船舶，是指持有合法有效渔船证书证件的捕捞船、水产运销船、冷藏加工船和油船。

第三十四条 本办法自2014年11月1日起施行。

后记

随着经济的高速发展，资源瓶颈成为发展中面临的重要问题，海洋将是未来国家抢占经济制高点和实现可持续发展的关键。2003年国务院印发《全国海洋经济发展规划纲要》，我国海洋经济发展的大幕正式拉开，社会各层面对海洋资源的重要性以及海洋经济发展的迫切性愈发重视。

把海洋经济作为一个独立内容写入国家发展规划纲要始自“十一五”，提出“合理利用海洋和气候资源”，重在保护和开发海洋资源。到“十二五”期间就明确提出“推进海洋经济发展”，要以提高海洋开发、控制、综合管理能力来实施海洋发展战略。“十三五”首次提出“蓝色经济”的概念，明确了建设海洋强国的战略。由此可见，海洋的战略意义越发突出，发展海洋经济、助力强国战略是未来的重点和方向。

为此，国家海洋局全面启动“全国海洋经济发展十三五规划系列专题研究”工作，人民银行课题组作为金融专题的项目承担者，有幸与国家海洋局合作，一起研究金融在支持海洋经济发展中的作为问题。

项目开始于2015年年初，课题立项后，围绕课题组人员选择与构成、课题大纲设计与分工安排、课题调研计划与实地考察等细节问题，课题组做了详细的方案，并严格按照计划分头开展各项工作。一年中，课题组大大小小的讨论会、碰头会开了若干次，参会人员除课题组成员及人民银行相关分支机构研究人员外，还邀请了国家海洋局、高校的相关专家和学者。会上大家集思广益、对课题的思路、框架、主要观点、重点、难点等问题进行研讨并建言献策，对课题的顺利开展和按时完成起到了重要的作用。在此，感谢参加课题讨论并给予宝贵意见的各位专家和学者。

为保证课题研究结论的可行性和实践可操作性，课题组多次组织开展实地调研，地域覆盖山东、广东、福建、宁波、天津等地。通过实地调研，课题组获取了第一手翔实的案例和数据，也为有针对性地提出问题和解决问题奠定了基础。在此，感谢参与调研的人民银行分支机构研究战线的同志们。

最后，感谢课题组所有研究人员的辛勤付出。尽管大家来自人民银行的不同分支行，但在历时一年的调研、讨论、撰写、修改、报告等活动中，大家群策群力，经常为了一个观点争得面红耳赤，也会为了一个调研的新发现欢呼雀跃，彼此的凝心聚力和不畏辛苦使课题按期完成，也希望大家的智慧成果能为中国海洋经济发展和实现海洋强国战略提供有益参考和借鉴。在此，感谢课题组组长温信祥研究员，感谢人民银行研究局唐滔、唐晓雪，感谢人民银行济南分行郭琪、王媛、王菅，威海市中心支行王菅，烟台市中心支行姜全，天津分行李西江，广州分行张浩、阮湛洋，宁波市中心支行周豪、余霞民、俞佳佳，福州中心支行杨少芬、赵晓斐、潘再见，海口中心支行肖毅、丁攀。期待下一次课题组成员的合作。

书稿虽已完成，但有些观点和结论尚待实践去验证，一些内容和文字尚欠斟酌，不当之处，敬请读者批评指正。

本书编写组